绿色建筑100问

瞿燕 编著

中国建筑工业出版社

图书在版编目（CIP）数据

绿色建筑100问/瞿燕编著. —北京：中国建筑工业出版社，2017.5
ISBN 978-7-112-20832-6

Ⅰ.①绿… Ⅱ.①瞿… Ⅲ.①生态建筑-研究 Ⅳ.①TU-023

中国版本图书馆CIP数据核字（2017）第126092号

本书依据关于绿色建筑的现行国家设计规范和相关标准，从标准规范的解读、技术体系的应用到实际案例的分享，筛选出了最受关注的100个问题，以问答的方式全方位系统地阐述绿色建筑，能全面地解答绿色建筑实施过程中遇到的各种疑难或共性问题，尤其是通过实际项目评价案例的方式，有针对性地展开剖析，从技术原理到节点构造详图，从理论和经验两个层面解答了绿色建筑设计的理论基础和设计实践的技法，帮助读者快速理解和掌握。本书具有内容丰富、技术先进、实用性强等特点，可作为建筑设计、机电设计、景观设计、绿建咨询、设计审查等专业从业人员的技术工具书。

责任编辑：范业庶 张 磊
责任设计：王国羽
责任校对：王宇枢 王雪竹

绿色建筑100问
瞿燕 编著
*
中国建筑工业出版社出版、发行（北京海淀三里河路9号）
各地新华书店、建筑书店经销
北京佳捷真科技发展有限公司制版
北京市密东印刷有限公司印刷
*
开本：787×1092毫米 1/16 印张：12½ 字数：301千字
2017年10月第一版 2017年10月第一次印刷
定价：**30.00**元
ISBN 978-7-112-20832-6
（30483）

作者简介

瞿燕，华东建筑集团股份有限公司上海建筑科创中心绿建所所长，上海既有建筑功能提升工程技术研究中心主任，国家注册咨询工程师、美国 LEED® AP、WELL® AP、德国 DGNB Consultant、全国绿建委委员、全国绿委会青委会委员、全国暖通空调学会青委会委员、上海市绿色建筑评审专家。

工作业绩：

作为主要完成人共参与课题 25 项，主持工程项目百余项，擅长机场设计领域中的绿色节能专项化分析、绿色建筑领域中各类业态的技术体系和设计方法的研究及认证。撰写著作和译著 9 部、发表论文 31 篇、参编标准规范 6 部、获专利 8 项。

获奖情况：

2016，华夏建设科学技术奖一等奖 1 项

2016，2015—2016 上海市三八红旗手

2014，第五届上海市五一巾帼奖（个人）

2016，上海市科技进步奖三等奖 1 项

2016，上海市建筑学会科技进步二等奖 2 项

2016，上海市建筑学会科技进步三等奖 1 项

2015，上海市科技进步奖三等奖 1 项

2015，全国绿色建筑创新奖一等奖 2 项

2015，上海市优秀工程咨询成果奖 5 项

2012，华夏建设科学技术奖三等奖 1 项

2016，华建集团青年启明星

2013，华建集团十大杰出青年

2012，华建集团三八红旗手

2009、2011、2012，华建集团先进生产（工作）者

2015，华建集团科技进步一等奖 1 项、二等奖 2 项、三等奖 1 项

2011，华建集团科技进步奖二等奖 1 项

前　言

随着各地政府的强制推行，绿色建筑已逐渐成为新常态出现在我们的工作与生活中。对于传统建筑设计行业而言，绿色建筑是挑战，更是机遇。为了解决广大设计师关于绿色建筑方面的困惑，更好地推动绿色建筑产业的发展，特编著此书。为了提高本书的实用性，征询了大量一线的各专业设计人员，筛选出了大家最关心的100个问题。通过笔者10年的绿色建筑设计技术应用研究及工程咨询的相关工作经验并结合所在公司的大量工程实例，依据现行国家关于绿色建筑的设计规范和相关标准，从标准规范的解读、技术体系的应用到实际案例的分享，以问答方式全方位系统地阐述绿色建筑。

本书具有内容丰富、技术先进、实用性强等特点，可作为建筑设计、机电设计、景观设计、绿建咨询、设计审查等专业从业人员的技术工具书，能全面地解答绿色建筑实施过程中遇到的各种疑难或共性问题，尤其是通过实际项目评价案例的方式，针对性地展开剖析，从技术原理到节点构造详图，从理论和经验两个层面解答了绿色建筑设计的理论基础和设计实践的技法，帮助读者快速理解和掌握。

为了能给读者呈现最专业系统的解答，特别感谢为本书校审的田炜、寿炜炜、苑素娥，提供技术支持的陈湛、胡国霞、李海峰、叶少帆、刘羽岱、刘剑、殷明刚、范昕杰。

绿色建筑未来的发展必将以高效运营为目标，以使用者为导向，更加关注绿色建筑的全过程，同时整合大数据再指导绿色设计，从而形成闭环式的良性循环，希望本书能推动绿色建筑的创新发展。

2017年2月

目　　录

【问题 1】实施绿色建筑能带来哪些益处?

绿色建筑是在全寿命期内最大程度地节约资源（节能、节地、节水、节材）、保护环境、减少污染，为人们提供健康、适用和高效的使用空间，与自然和谐共生的建筑。

因此从环境效益方面看，实施绿色建筑可以减少能源与资源的浪费、减少废弃物的排放，改善生态环境，提高整体环境品质，减少碳排放，缓解温室效应，从而实现环境的可持续良性发展。

从社会经济发展方面看，绿色建筑可促进资源的综合利用，使建筑业向低投入、低能耗、低污染和高效益的建设投资生产方式转变，可促进房地产业结构转变，改变建筑业增长方式，为建筑行业带来持续的经济效益。

从使用者角度，绿色建筑可以为人们提供更加舒适的生活、工作与休憩环境，改善生活品质、降低生活成本。就室外环境而言，通过合理的规划与设计，绿色建筑可为人们的室外活动提供良好的通风、遮阴环境；就公共服务而言，绿色建筑强调整合公共资源、提供便利的公共服务与交通，使得生活、出行都更加便利；就室内环境而言，通过有效的绿色设计，将采光通风、绿色建材和智能控制等高新技术结合，保证了室内环境品质，从声、光、热及空气品质等全方位提供舒适的生活环境；就能耗水平而言，被动式的节能设计、高效设备利用、新能源利用等设计，使得绿色建筑的能耗与资源消耗均达到较低的水平，从而可在保证生活品质的前提下，降低生活成本，从而使建筑的使用者最终受益。见图 1、图 2。

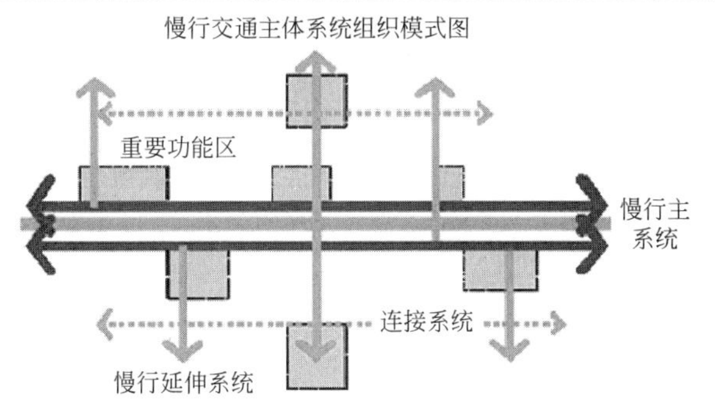

图 1　良好的交通服务、公共资源与环境

从开发商角度，绿色建筑代表了高品质的建筑，以较少的增量投入可达到较高的品质品牌效应，获得可观的预期收益。同时，很多地方对绿色建筑有财政的补贴政策，如上海

图 2　良好的室内环境

市对符合绿色建筑示范的项目，二星级绿色建筑运行标识项目每平方米补贴 50 元，三星级绿色建筑运行标识项目每平方米补贴 100 元。随着绿色建筑技术的日益成熟，绿色增量成本下降，实施绿色建筑的性价比越来越高。

综上，实施绿色建筑从宏观环境、经济与社会发展到微观的建筑开发商、使用者，均可受益，是建筑发展的必然趋势。

【问题 2】不同星级实施绿色建筑的增量成本有多少？基于全寿命期的增量成本估算方法需要注意哪些方面？

从成本方面考虑，可以将绿色建筑技术分为四大类：

（1）负增量成本技术：不仅不会增加建筑成本，反而能够降低建筑成本的技术，如使用本地建材、本地植物、建筑结构优化、人均用地面积控制等；

（2）零增量成本技术：在规划、设计阶段进行方案优化，采取措施引入被动节能技术，改善室内环境，如自然采光、自然通风、噪声控制、公共交通接入等。另外，随着相关行业标准的提高，一级市政配套设施的完善，一些常规技术成为零增量成本技术，如用能、用水分项计量、市政中水、节水器具、预拌混凝土等技术；

（3）低增量成本技术：指在经济、技术合理的前提下，采取投资回收期短、效益明显的技术，如围护结构保温隔热、太阳能热水技术、节能灯具、节水灌溉、透水地面、屋顶绿化、分室设置自动温控装置等绿色技术措施；

（4）高增量成本技术：指投资回收期长，需要投入成本较大的技术，如太阳能光伏、带自控装置的可调节外遮阳等。

采用不同的技术路线可以使同一评价等级的绿色建筑增量成本产生较大差异，高星级不一定高成本才能达到。个别绿色建筑有绿色建筑技术堆砌的现象，过度“绿色”而造成不经济，不低碳。经过几年的摸索与实践，绿色建筑技术趋于成熟，被动式技术得到广泛采用，绿色建筑零增量成本、低增量成本技术运用得越来越多，高增量成本的技术使用相对较少，使得绿色建筑增量成本呈不断下降趋势。

以往绿色建筑项目的统计结果：公共建筑一星级的增量成本为 29.9 元/m^2；二星级的增量成本为 87.3 元/m^2；三星级的增量成本为 216.4 元/m^2。目前一般对绿色建筑增量成

本的估算如表1所示。但有些地区，如上海市已强制实施绿色建筑，因此已经不存在增量成本问题。

绿色建筑增量成本估算 **表1**

星级	绿色一星	绿色二星	绿色三星
单位面积增量成本(元/m^2)	8～14	21～29	80～120

以某商业办公项目实施绿色二星为例，总建筑面积247891.13m^2。由于单体面积超过2m^2，是政府强制要求做到绿色二星，因此不存在增量成本。考察由于实施绿色二星而涉及的具体技术，本项目优先选择被动式节能设计，通过自然采光、围护结构保温等设计手法改善建筑热工性能与室内外环境，以最少的经济代价获得绿色节能效果。其中绿色所涉及的技术中有些是通过设计手法改进，不会造成成本的增加，如合理布局避免噪声干扰、自然采光等；有些技术与增量成本无直接关系，如节水器具的价格与其用水效率相关性不大，而跟具体品牌有关；如灵活隔断替代砌体墙体，成本不一定增加；有些技术与造价相关，但是上海市政策要求强制设置的，非因绿色建筑而增加，如太阳能热水系统的设置等，也有些方案设计本身设计就满足绿色要求，如外窗可开启比例超过35%，地下车库采用诱导风机带有CO监控，其造价不计入绿色增加的成本中。因此主要涉及绿色增加成本的技术主要有透水地面、冷水机组效率提高、排风热回收、节水灌溉、雨水回用系统、CO_2监控等。见表2。

（1）设置透水地面，按6363m^2计，增加成本约12.7万元；

（2）冷水机组效率提高8%，增加成本约20万；

（3）增设排风热回收，增加成本约12.4万元；

（4）采用微喷灌的节水灌溉方式，按绿化总面积约5455m^2，增加成本约为1.9万元；

（5）雨水回用系统，增量成本约50万元；

（6）CO_2监控，按30个探头计，增量成本约15万元。

某商业办公项目增量成本测算（建筑面积247891.13m^2） **表2**

序号	增加技术项	增加成本(万元)
1	室外透水铺装	12.7
2	冷水机组效率提高	20
3	排风热回收	12.4
4	节水灌溉	1.9
5	雨水回用系统	50
6	CO_2监控	15
总计		112
单位面积增加		4.5元/m^2

可见绿色二星所导致的绿色成本的增加已很少，经济性较好。

以上只是对建设期的技术增量投入。基于全寿命期的增量成本估算方法要求不仅要将前期建设投入的成本计算在内，也需要统筹考虑运营维护的人工与技术投入、绿色技术带来的运营收益及节省的运营费用。

如某项目有A、B两栋塔楼，其中A楼地上总建筑面积为31577.6m^2，为商业建筑。B楼地上总建筑面积为15494.7m^2，商业和办公建筑组成。地下三层，建筑面积为32251.1m^2，一层主要功能房间为车库、设备用房、餐厅及会议室，二层、三层为设备用房和车库。其中餐厅及会议室面积约为2427m^2。上海市办公建筑平均单位建筑面积能耗值为111.96kWh/(m^2·a)（空调、照明、办公设备、生活热水供热），上海市商业建筑平均单位建筑面积能耗值为300kWh/(m^2·a)（空调、照明、办公设备、生活热水供热）。考虑到该项目B楼一部分商业功能，地下室主要为设备用房和车库，则A、B楼地上以及地下室按照年平均单位建筑面积能耗为154kWh/(m^2·a)（空调、照明、办公设备、生活热水供热）计算，则按满足上海市公共建筑节能设计标准进行计算，全年运行费用为1222万元（空调、照明、办公设备、生活热水供热）。

实施绿色二星设计后可以减少建筑运行能耗的绿色节能技术如下（图3）：

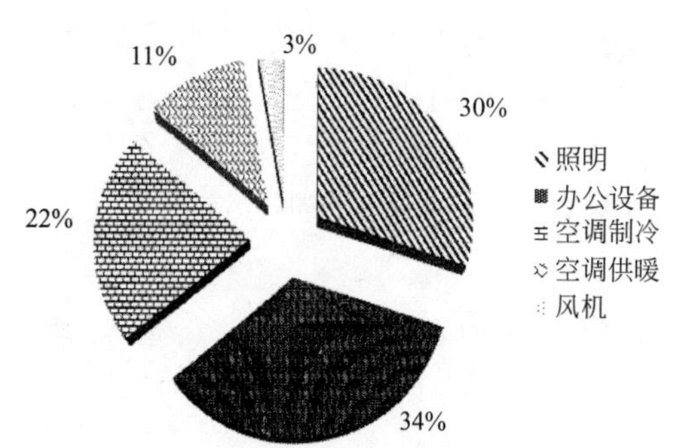

图3　办公类建筑各部分能耗组成

（1）围护结构热工性能比国际现行标准提高10%。降低建筑冷热负荷，减少空调系统运行能耗；

（2）人员密度变化大的区域增设空气质量监控系统并与新风、通风联动。减少空调新风系统能耗；

（3）地下车库设置CO监测装置，并与排风设备联动。减少通风输送能耗；

（4）新风设置排风能量回收系统。减少新风系统运行能耗；

（5）照明功率密度值按照现行国家标准《建筑照明设计标准》GB 50034规定的目标值设计，减少照明系统能耗。

根据上述各项减少建筑运行能耗的技术措施，并结合办公类建筑各部分能耗所占比例，初步估算按照绿色建筑二星设计目标进行设计，建筑能耗可比上海市现有办公类建筑节能10%以上，其平均单位建筑面积运行能耗约为138.6kWh/(m^2·a)，则全年运行费用约为1099万元，比上海市其他办公、商业类建筑减少运行费用约为123万元。

此外，全寿命期成本估算还需要注意设备、材料更换的周期与成本。

【问题3】绿色建筑评价有哪几类认证？实施的阶段和关注点有什么区别？

绿色建筑的评价分为设计评价和运行评价。设计评价应在建筑工程施工图设计文件审查通过后进行，运行评价应在建筑通过竣工验收并投入使用一年后进行。评定等级分为一星级、二星级、三星级（三星级级别最高），一、二星级由地方住房和城乡建设管理部门负责，三星级由住房和城乡建设部委托建设部科技发展促进中心负责。

“设计评价”评设计，主要关注绿色节能技术措施在施工图的落实情况；“运行评价”评建筑，关注技术是否落地以及技术实施后的效果。设计阶段评价内容为“四节一环保”五大类指标＋“提高与创新”。运行阶段评价内容为“四节一环保”、“施工管理”、“运营管理”七大类指标＋“提高与创新”。见图 4。

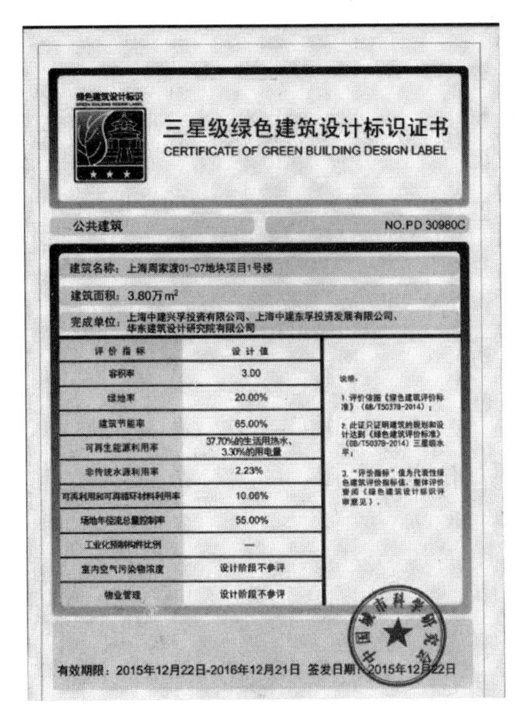

绿色建筑设计标识

三星级绿色建筑设计标识证书

CERTIFICATE OF GREEN BUILDING DESIGN LABEL

公共建筑　　NO.PD 30980C

建筑名称：上海周家渡01-07地块项目1号楼

建筑面积：3.80万 m^2

完成单位：上海中建兴孚投资有限公司、上海中建东孚投资发展有限公司、华东建筑设计研究院有限公司

评价指标	设计值
容积率	3.00
绿地率	20.00%
建筑节能率	65.00%
可再生能源利用率	37.70%的生活用热水、3.30%的用电量
非传统水源利用率	2.23%
可再利用和可再循环材料利用率	10.06%
场地年径流总量控制率	55.00%
工业化预制构件比例	—
室内空气污染物浓度	设计阶段不参评
物业管理	设计阶段不参评

说明：

1. 评价依据《绿色建筑评价标准》（GB/T50378-2014）；

2. 此证只证明建筑的规划和设计达到《绿色建筑评价标准》（GB/T50378-2014）三星级水平；

3. “评价指标”值为代表性绿色建筑评价指标值，整体评价要阅《绿色建筑设计标识评审意见》。

有效期限：2015年12月22日-2016年12月21日　签发日期：2015年12月22日

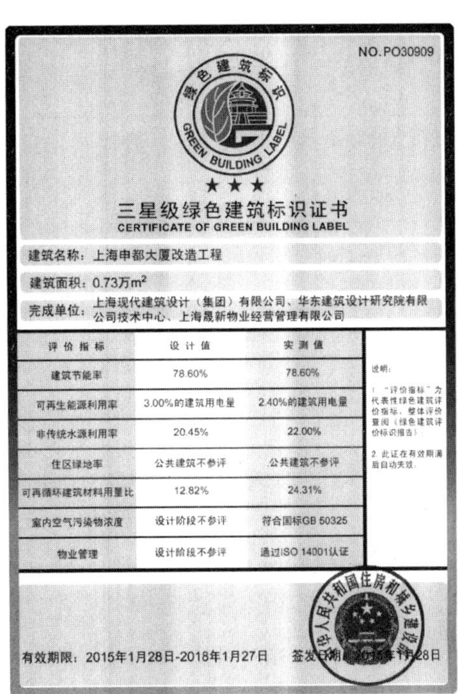

NO.PO30909

绿色建筑标识 GREEN BUILDING LABEL

★★★

三星级绿色建筑标识证书

CERTIFICATE OF GREEN BUILDING LABEL

建筑名称：上海申都大厦改造工程

建筑面积：0.73万 m^2

完成单位：上海现代建筑设计（集团）有限公司、华东建筑设计研究院有限公司技术中心、上海晟新物业经营管理有限公司

评价指标	设计值	实测值
建筑节能率	78.60%	78.60%
可再生能源利用率	3.00%的建筑用电量	2.40%的建筑用电量
非传统水源利用率	20.45%	22.00%
住区绿地率	公共建筑不参评	公共建筑不参评
可再循环建筑材料用量比	12.82%	24.31%
室内空气污染物浓度	设计阶段不参评	符合国标GB 50325
物业管理	设计阶段不参评	通过ISO 14001认证

说明：

1. “评价指标”为代表性绿色建筑评价指标，整体评价要阅《绿色建筑评价标识报告》；

2. 此证在有效期满后自动失效。

有效期限：2015年1月28日-2018年1月27日　签发日期：2015年1月28日

图 4　绿色建筑标识证书

【问题 4】绿色建筑评价指标体系的构成和打分方式是什么？

绿色建筑评价指标体系由节地与室外环境、节能与能源利用、节水与水资源利用、节材与材料资源利用、室内环境质量、施工管理、运营管理 7 类指标组成。每类指标均包括控制项和评分项。评价指标体系还统一设置加分项。设计评价时，不对施工管理和运营管理 2 类指标进行评价。运营评价则包括这 7 类指标的评价。

评价指标体系 7 类指标的总分均为 100 分。7 类指标各自的评分项得分 Q_1、Q_2、Q_3、Q_4、Q_5、Q_6、Q_7，按参评建筑该类指标的评分项实际得分值除以适用于该建筑的评分项总分值再乘以 100 分计算，提高和创新为 10 分（Q_8），7 大项通过加权平均计算出分。一星：（50～60）；二星：（60～80 分）；三星：80 分及以上。除各大项分数需满足最低不应少于 40 分外，各项技术指标可以相互补充，可根据项目特点因地制宜的设计技术方案，具有一定的灵活性。

绿色建筑评价的总得分按下式进行计算，其中评价指标体系 7 类指标评分项的权重 w_1～w_7 取值参考《绿色建筑评价标准》GB 50378—2014，如表 3 所示。计算公式如下：

$$\sum Q = w_1 Q_1 + w_2 Q_2 + w_3 Q_3 + w_4 Q_4 + w_5 Q_5 + w_6 Q_6 + w_7 Q_7 + Q_8$$

绿色建筑分项指标权重 **表 3**

		节地与室外环境 w_1	节能与能源利用 w_2	节水与水资源利用 w_3	节材与材料资源利用 w_4	室内环境质量 w_5	施工管理 w_6	运营管理 w_7
设计评价	居住建筑	0.21	0.24	0.20	0.17	0.18	—	—
	公共建筑	0.16	0.28	0.18	0.19	0.19	—	—
运行评价	居住建筑	0.17	0.19	0.16	0.14	0.14	0.10	0.10
	公共建筑	0.13	0.23	0.14	0.15	0.15	0.10	0.10

【问题 5】如何理解控制项、评分项和加分项？

绿色建筑评价系统分为控制项、评分项和加分项三个层次：

（1）所有控制项必须满足；

（2）对各评分项逐条评分，再分别计算各一级指标得分；每类指标的评分项得分不应小于 40 分；

（3）加分项是鼓励技术、管理上的创新和提高。加分项最高 10 分，累加于计算得到的加权得分值之上。可分为两个方向，规定性方向：有具体指标要求，侧重于“性能提高”；可选方向：没有具体指标，侧重于“创新”。见表 4。

提高与创新方向梳理 **表 4**

	条文编号	条文	评价满分	备注
提高创新	11.2.1	围护结构热工性能指标比现行标准高 20%，或全年计算负荷降低 15%	2	规定性方向
	11.2.2	供暖空调系统的冷、热源机组的能源效率优于现行标准节能评价值	1	规定性方向
	11.2.3	采用分布式热电冷联供技术，系统全年能源综合利用率不低于 70%	1	规定性方向
	11.2.4	卫生器具的用水效率均为国家现行有关卫生器具用水等级标准规定的 1 级	1	规定性方向
	11.2.5	采用资源消耗少和环境影响小的建筑结构体系	1	可选方向

续表

	条文编号	条文	评价满分	备注
提高创新	11.2.6	对主要功能房间采取有效空气处理措施	1	规定性方向
	11.2.7	室内游离甲醛、苯、氨、氡和TVOC等空气污染物浓度不高于现行国家标准《民用建筑工程室内环境污染控制规范》GB 50325规定值的70%	1	规定性方向
	11.2.8	建筑方案充分考虑当地资源、气候条件、场地特征和使用功能，进行技术经济分析，显著提高资源利用效率、提高建筑性能	2	可选方向
	11.2.9	合理选用废弃场地进行建设。对已被污染的废弃地，进行处理并达到有关标准要求	1	可选方向
	11.2.10	在建筑的规划设计、施工建造和运行维护阶段应用建筑信息模型(BIM)技术	2	可选方向
	11.2.11	进行建筑碳排放计算分析，采取措施降低单位建筑面积碳排放强度	1	规定性方向
	11.2.12	采取节约能源资源、保护生态环境、保障安全健康的其他创新，并有明显效益	2	可选方向

【问题6】在绿色建筑评分体系中，出现不参评项，总分值该如何进行计算？

对于具体的参评建筑而言，由于它们在功能、所处地域的气候、环境、资源、自身设计特点等方面上的差异，总有一些条文不适用。当出现不参评的条款时，对不适用的评分项条文不予评定。这样，适用于各参评建筑的评分项的条文数量和实际可能达到的满分值就小于100分了，称之为“实际满分”。

实际满分＝理论满分(100分)－∑不参评条文的分值＝∑参评条文的分值

评分时，每类指标的得分：$Q_{1\sim7}$＝(实际得分值/实际满分)×100分。

例如：Q_1＝(70/90)×100＝77.78分，其中，70为参评建筑的实际得分值，90为该参评建筑实际可能达到的满分值。

【评价案例】

通过住宅和公建项目来阐述如何对绿色建筑的得分进行计算，绿色二星得分计算如表5、表6所示。

某住宅项目绿色二星得分计算示例 **表 5**

	得分项					加分项
	节地与室外环境	节能与能源利用	节水与水资源利用	节材与材料资源利用	室内环境质量	
	共 15 项	共 16 项	共 12 项	共 14 项	共 13 项	共 12 项
参评分值	100	94	86	75	89	16
项目得分	74.00	47.00	63.00	43.00	47.00	1
修正得分	74.00	50.00	73.26	57.33	52.81	1.00
权值	0.21	0.24	0.20	0.17	0.18	1
得分汇总	62.44					
★★要求分值	60					

某公建项目绿色二星得分计算示例 **表 6**

	得分项					加分项
	节地与室外环境	节能与能源利用	节水与水资源利用	节材与材料资源利用	室内环境质量	
	共 15 项	共 16 项	共 12 项	共 14 项	共 13 项	共 12 项
参评分值	100	94	86	74	98	16
项目得分	63.00	47.00	63.00	46.00	55.00	2
修正得分	63.00	50.00	73.26	62.16	56.12	2.00
权值	0.16	0.28	0.18	0.19	0.19	2
得分汇总	62.55					
★★要求分值	60					

【问题 7】行业内从最初强调绿色建筑设计慢慢发展到关注最终能否真正实现绿色建筑运营，需要注意哪些方面以切实保障和推进绿色建筑的运营实效？

切实保障和推进绿色建筑的运营实效，需要从设计、施工到运营全过程把握，并应对运营中的数据、经验进行积累并反馈回设计，以推进绿色建筑。

（1）以终为始的绿色设计：首先在建筑设计之初即以高效运营为导向，确立合理的绿色目标；建筑设计、技术选择与技术组合始终围绕最终的高效、节能效果展开；对技术的可行性、具体落实的方法、最终效果的预期都应在设计阶段充分考虑，避免纸上谈兵；设计充分考虑空间的利用形式与使用者习惯，并通过设计引导使用者行为，实现建筑的高效运营与使用者的身心愉悦。

如某展览建筑在中部设置沟通上下层的缓坡及楼梯，并沿中部坡道设置玻璃天窗，坡道两侧墙上设墙洞，以增强中部天窗对二层空间的采光效果，改善空间效果，并引导参观者沿楼梯向上，既活跃氛围，又减少照明能耗，同时引导参观者使用楼梯减少电梯使用。见图5。

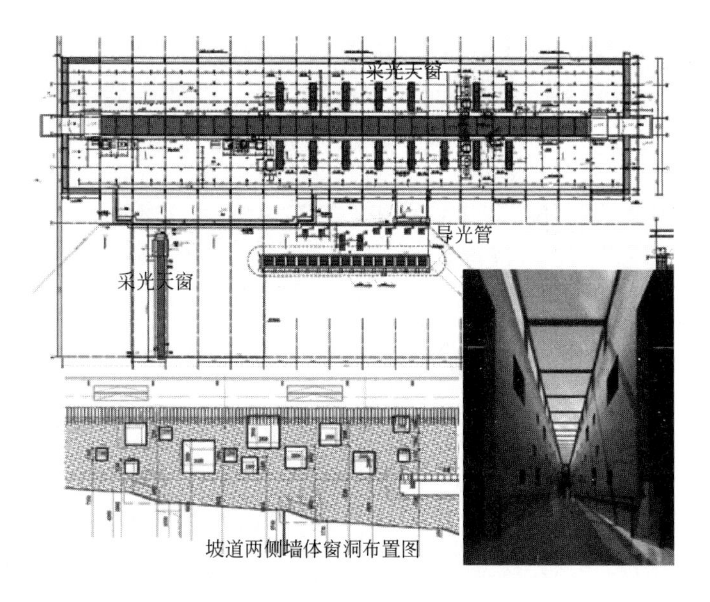

图5　某展览建筑引导使用者的采光设计

（2）保障性能的绿色施工：在项目开工前，编制绿色施工策划和绿色施工方案，建立绿色施工管理体系和相关制度，并根据绿色施工目标，进行指标分解；对绿色建筑重点内容专项交底，将绿色建筑内容重点向施工方做详细介绍，从而让施工各方在施工开始前即对相应的绿色建筑实施内容有清晰的了解；技术落实时多方沟通与深化，使技术的实施能与各方面协调，从而保证运行性能；进行精细化施工，对施工品质质量进行严格控制；制定绿色施工专项方案，成立专门的绿色施工小组，并通过例会对全过程把控；对绿色技术的招标、技术深化、绿色施工、记录跟踪进行协调和组织；设备材料招标环节的严格把控，将绿色标准写入招标文件并对中标材料进行绿色审核。见图6、图7。

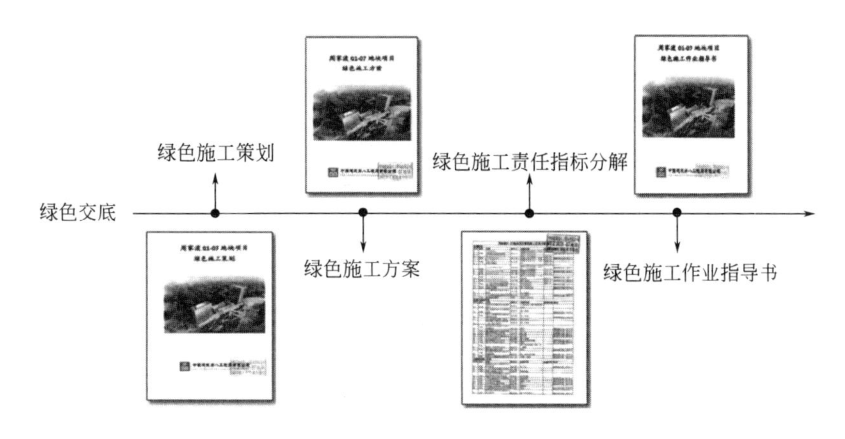

图6　绿色施工组织

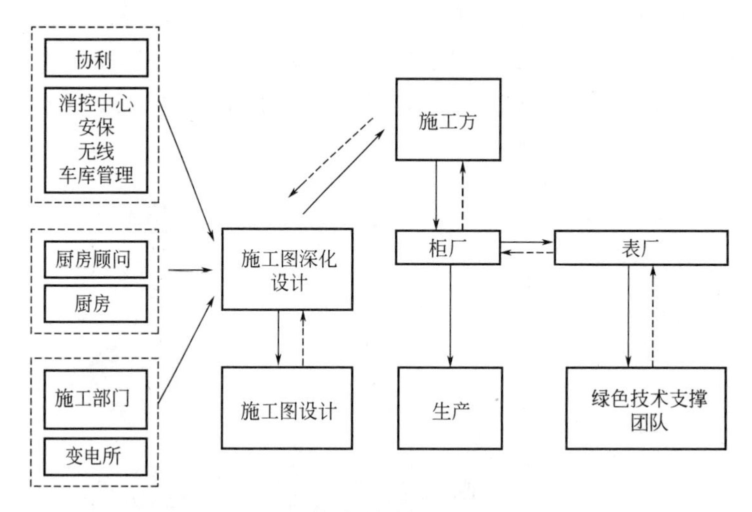

图 7　绿色技术施工深化

（3）绿色高效运营：与普通运行管理相比，绿色建筑的运维除了相应增加绿色技术服务的内容，如雨水回用系统、太阳能热水系统、太阳能光伏发电系统、分项计量系统、垂直绿化、屋顶绿化系统等系统或设备等的运行维护外，从整体运维模式上也需要转变。

1）利用信息化手段提高运营管理水平：借助 BIM 技术、BA 技术、能源管理信息技术替代常规手段，转变运维服务模式，提高管理服务水平，降低物业成本。见图 8。

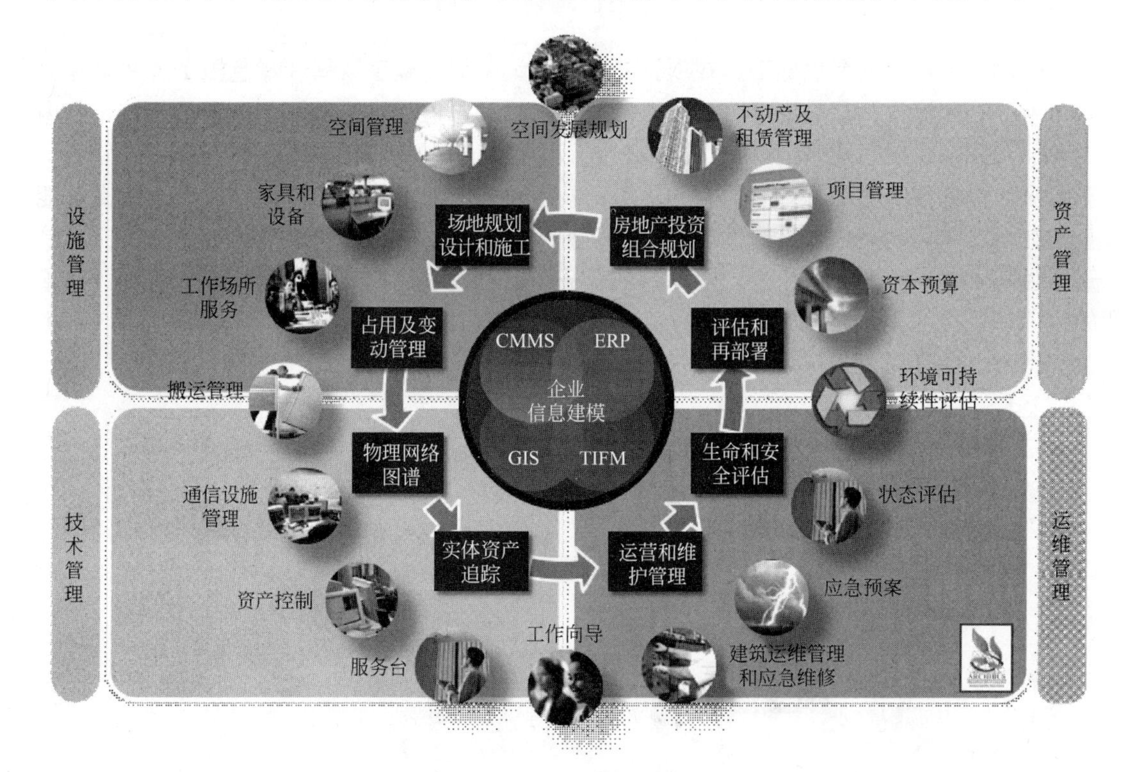

图 8　信息化运营管理

2）从安全功能管理向高效管理升级：不仅保证系统安全可靠的正常运行，还要高效，舒适，能够适应环境的变化，如空调新风系统运行与室外环境、室内二氧化碳的关系、空调系统运行与室内外温湿度的关系、雨水系统运行与集水量、降雨量的关系等。持续开展的综合效能调“适”，包括早期设计阶段的审核、施工阶段的质量审查、施工安装、试运转的测试、培训、运行维护阶段根据运行工况的不断调整、维护与培训，直到建筑整体性能达到最优：在设计、施工、验收乃至运行阶段进行全过程的监督与管理；根据实时情况调整，保证建筑按用户需求，实现安全、高效的运行与控制；避免设计缺陷、施工质量和设备运行问题影响建筑的正常使用。根据实际运行情况，不断调整绿色运营目标，完善运行策略，实现建筑的高效运行。见图 9。

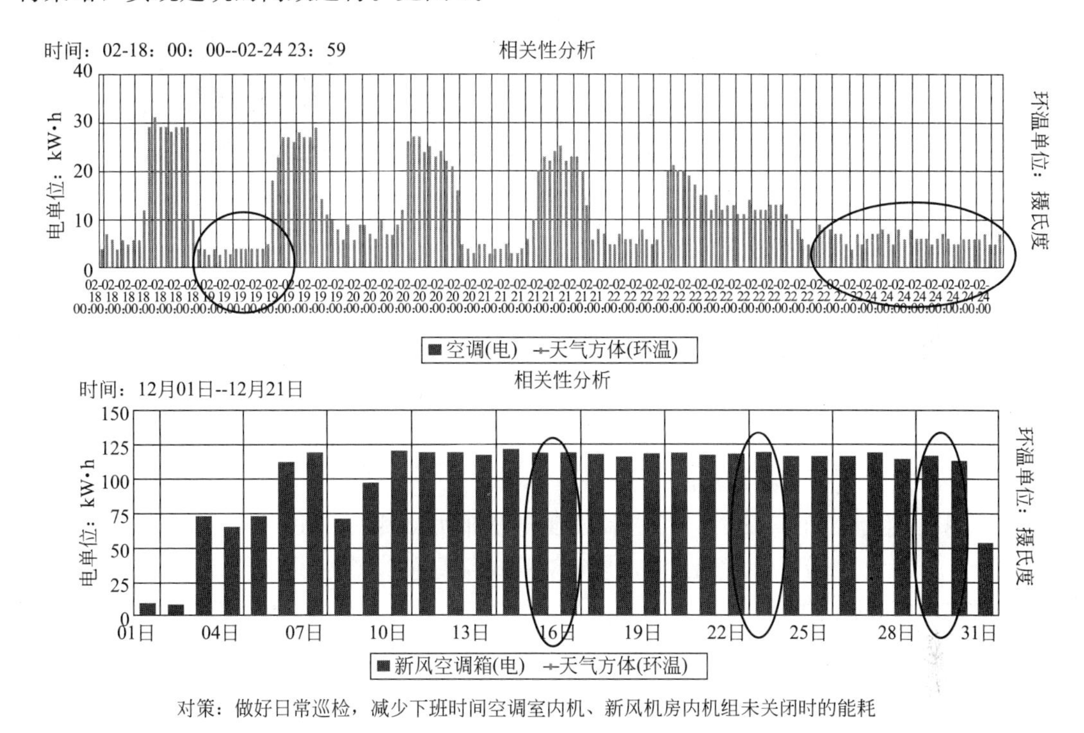

图 9　提高能效的管理分析

3）关注使用者感受与参与：将使用者的感受、行为模式纳入到整个运营维护考虑范围内，注重使用者感受、反馈，引导使用者也参与建筑的运行维护过程中。确立建筑为使用者服务的理念，重视使用者感受，从使用者体会出发改善建筑室内环境；将使用者纳入运营管理体系中，采用“用者自治”，用户根据自身需求出发，提高管理效率。见图 10。

（4）运营反馈设计：对建筑建成后的运营效果进行后评估，评测原有的绿色设计的实际能效，验证设计效果，从而提出改进设计的意见。从运营收集的数据、发现的问题寻找对设计的启发与可改进之处，从而反馈到设计，从设计源头加以改善，完成从设计到运营再回到设计的良性循环，推动绿色建筑的不断创新发展。

- 屋顶绿化设为菜园式，日常管理实施了责任田分包制，即由入住单位的一个部门或小组或个人承包，承包人负责菜地的耕种、维护和收割
- 这种模式增加了工作人员参与度，提升生活情趣，且节约了专业维护成本

图 10　使用者参与的屋顶绿化维护

【问题 8】国家对评星建筑的补贴标准是多少，如何可以申请国家补贴？

（1）国家对绿色建筑补贴标准

2012 年 4 月 24 日，财政部、住房和城乡建设部联合发布《关于加快推动我国绿色建筑发展的实施意见》（下称《意见》），规定对高星级绿色建筑给予财政奖励，对于满足标准要求的二星级及以上的绿色建筑给予奖励。2012 年的奖励标准为：二星级绿色建筑 45 元/m^2，三星级绿色建筑 80 元/m^2。

（2）国家补贴申报

《意见》自发布以来，还未出台相应的实施细则，目前还未有相关单位申请获得国家绿色建筑补贴，不过各省市根据《意见》相继出台相应的补贴政策及实施细则。

（3）部分补贴省市的最新补贴标准及申报流程

1）上海市

① 补贴要求及补贴标准：2016 年 6 月 3 日上海市出台《上海市建筑节能和绿色建筑示范项目专项扶持办法》沪建建材联［2016］432 号。见表 7。

② 补贴需要提交资料

申报单位提交的资料需要按照《2016～2017 年上海市建筑节能和绿色建筑示范项目专项扶持资金》申报指南要求提交相应的申报材料，提交如下 8 项申报材料：

a. 上海市建筑节能与绿色建筑示范项目专项扶持资金申报书；

b. 建筑产权证明或能证明建筑面积的其他材料；

c. 建筑竣工验收备案证书或其他竣工验收文件；

d. 有效期内的绿色建筑运行标识证书；

上海市绿色建筑补贴要求及补贴标准 **表 7**

申报项目要求	补贴标准
绿色星级要求：获得二星或三星级绿色建筑运行标识的居住建筑和公共建筑 建筑规模：二星级居住建筑的建筑面积 2.5 万 m^2 以上、三星级居住建筑的建筑面积 1 万 m^2 以上。二星级公共建筑单体建筑面积 1 万 m^2 以上，三星级公共建筑单体建筑面积 0.5 万 m^2 以上 建筑要求：公共建筑实施分项计量，且与本市国家机关办公建筑和大型公共建筑能耗监测平台数据联网	二星级绿色建筑运行标识项目每平方米补贴 50 元，三星级绿色建筑运行标识项目每平方米补贴 100 元。单个项目的最高补贴 600 万元。其他渠道获得市级财政资金支持的项目，不得重复申报

e. 绿色建筑运行标识评价资料；

f. 专项财务审计报告；

g. 公共建筑项目需要提交上海市国家办公建筑和大型公共建筑能耗监测系统基础信息及数据上传表；

h. 业主与授权委托人的使用人或授权委托的物业管理单位签订的相关委托授权文件。

③ 补贴申报流程（图 11）

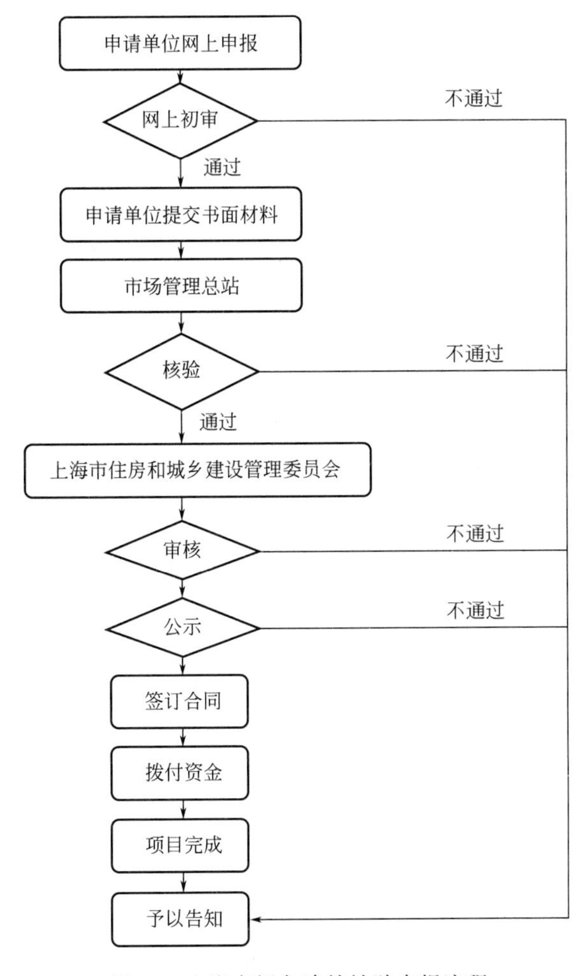

图 11　上海市绿色建筑补贴申报流程

2）江苏省

① 政策文件

a. 苏建科〔2016〕55 号：《省住房城乡建设厅省财政厅关于组织申报 2016 年度省级节能减排（建筑节能）专项引导资金项目的通知》。

b. 苏财规〔2015〕11 号：根据《江苏省省级节能减排（建筑节能和建筑产业现代化）专项引导资金管理暂行办法》。

c. 2016 年度省级节能减排（建筑节能）专项引导资金。

② 补贴要求及补贴标准（表 8）

江苏省绿色建筑补贴要求及补贴标准 **表 8**

申报项目要求	补贴标准
• 获得绿色建筑评价运营标识的项目或者获得绿色建筑评价设计标识、通过竣工验收投入使用并获得建筑能效测评标识的项目 • 项目经省绿标办备案。优先支持获得绿色建筑运营标识的纪念性建筑，文化、教育、医疗卫生建筑和交通枢纽建筑等，重点支持既有建筑绿色化改造项目，采用装配式建筑技术，获得绿色建筑标识的建设项目和成品住房	一、二、三星级设计标识分别奖励 15 元/m^2、25 元/m^2、35 元/m^2，获得运营标识再奖励 10 元/m^2。单项绿色建筑项目奖励最高不超过 300 万元

③ 申报说明

申报主体有业主或物业管理单位申报，采用网上申报和纸质材料报送并行的方式，申报单位在网上（http：//www. jscin. gov. cn 专项资金项目申报）填报完成后，将网上生成的申报表提交至江苏省住房和城乡建设厅。

④ 申报流程（图 12）

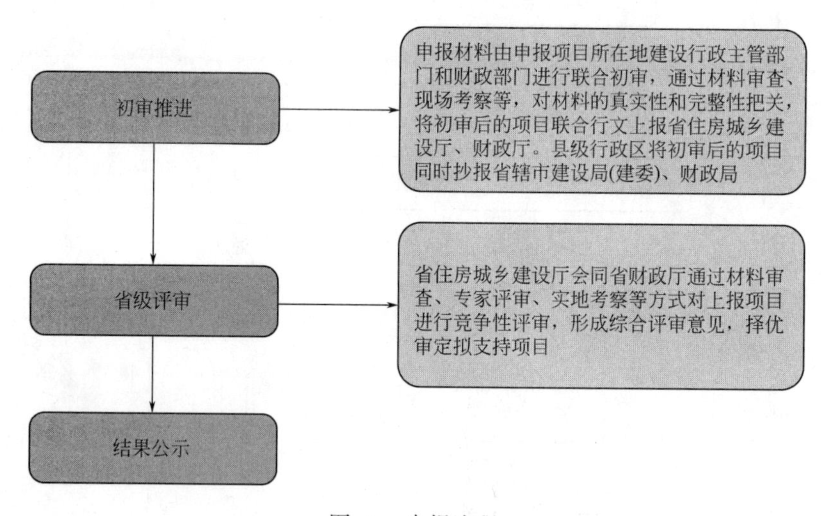

图 12 申报流程

⑤ 补贴对象在向绿色运营标识方向倾斜

从公示的项目来看，江苏省绿建补贴逐渐向运营标识项目倾斜。2015 年获得绿色建筑补贴的项目共计 14 个，其中 5 个三星设计标识项目，7 个二星设计标识项目，2 个一星

设计标识项目，并且通过相应的能效测评星级认证。获得补贴的项目全部是设计标识项目。2016年获得绿色建筑补贴的项目共计21个，其中有18个项目是获得运营标识的项目，只有3个设计标识项目。获得补贴的项目以运营标识项目为主。

部分重点省市绿色建筑补贴政策一览表见表9。

部分重点省市绿色建筑补贴政策一览表 **表9**

序号	省、市	发布日期	文件名称	奖励措施
1	北京市	2014.05.30	北京市发展绿色建筑推动绿色生态示范区 建设奖励资金管理暂行办法	• 奖励标准为二星级标识项目22.5元/m^2，三星级标识项目40元/m^2
2	上海市	2016.06.03	《上海市建筑节能和绿色建筑示范项目专项扶持办法》沪建建材联[2016]432号	• 获得二星或三星级绿色建筑运行标识的居住建筑和公共建筑，二星级绿色建筑运行标识项目每平方米补贴50元，三星级绿色建筑运行标识项目每平方米补贴100元 • 单个项目奖励最高不超过600万元
3	广东省	2016.08.05	《关于修订〈广东省省级节能降耗专项资金管理办法〉的通知》(粤财工〔2015〕349号) 广东省住房和城乡建设厅关于申报2017年度省级节能降耗专项资金(建筑节能)入库项目的通知	获得国标或省标二星(含二星)以上等级的绿色建筑设计评价标识，并且按对应的绿色建筑评价标识等级要求进行设计、施工和竣工验收合格的绿色建筑示范项目 • 二星级每平方米补助25元，单位项目最高不超过80万元 • 三星级每平方米补助45元，单位项目最高不超过130万元
4	厦门市	2015.9.30	厦门市绿色建筑财政奖励暂行管理办法》(厦建科〔2015〕40号)	• 一星级绿色建筑(住宅)每平方米30元；二星级绿色建筑(住宅)每平方米45元；三星级绿色建筑(住宅)每平方米80元 • 除住宅、财政投融资项目外的星级绿色建筑每平方米20元。省级、国家级奖励可同时获取 • 对购买二、三星级绿色建筑商品住房的业主给予返还契税的奖励。对购买二星级绿色建筑商品住房的业主给予返还20%契税，购买三星级绿色建筑商品住房的业主给予返还40%契税的奖励
5	浙江省	2015.12.4	浙江省绿色建筑条例	• 使用住房公积金贷款购买二星级以上的绿色建筑的，公积金贷款额度最高可以上浮20%
6	江苏省	2015.06.01	《江苏省省级节能减排(建筑节能和建筑产业现代化)专项引导资金管理暂行办法》	• 一、二、三星级设计标识分别奖励15元/m^2，25元/m^2，35元/m^2，获得运营标识再奖励10元/m^2 • 单个项目奖励最高不超过300万元

续表

序号	省、市	发布日期	文件名称	奖励措施
7	湖南省	2013.03.31	关于印发《绿色建筑行动实施方案》(湘政发[2013]18号)	•对因绿色建筑技术而增加的建筑面积，不纳入建筑容积率核算 •在"鲁班奖"、"广厦奖"等评优活动，将获得绿色建筑标识作为民用房屋建筑项目入选必备条件
8	海南省	2016.06.28	关于加快推进绿色建筑发展的意见(琼建科〔2016〕160号)	•取得二、三星级运行标识的绿色建筑分别返还20%、40%城市基础设施配套费
9	江西省	2015.12.16	民用建筑节能和推进绿色建筑发展办法(省政府令第217号)	•外墙保温层的建筑面积不计入建筑容积率 •使用住房公积金贷款购买二星级以上绿色建筑的，贷款额度可以上浮20%
10	吉林省	2014.04.04	吉林省建筑节能奖补资金管理办法	•三星级25元/m^2，二星级15元/m^2
11	陕西省	2013.07.24	《关于加快推进我省绿色建筑工作的通知》及《省绿色建筑行动实施方案》	•一、二、三星级绿色建筑的奖励标准，分别为每平方米10元、15元、20元

【问题9】住宅小区中商住两用的建筑应如何开展绿色建筑体系策划和得分策略？

对于商住两用的建筑，应按照《绿色建筑评价标准》GB/T 50378—2014中的全部条文逐条对适用的区域进行评价，确定各评价条文的得分，即以各个评价条款为基本评判单元，对于某一条文，只要建筑中有相关区域涉及，则该建筑就参评并确定得分总体处理原则按照优先权级，分别是：

原则一：只要有涉及即全部参评。以商住楼为例，虽然只有底商的一、二层适用于第5.2.4条（冷热源机组能效），面积比例很小，但仍要参评，并作为整栋建筑的得分（而不是按照面积折算）。

原则二：系统性、整体性指标应总体评价。例如住宅小区里的配套公建或者底层商业，在评价4.2.1条时，要按照整个地块的容积率进行评价。

原则三：所有部分均满足要求才给分（允许部分不参评，但不允许部分不达标）。

原则四：就低不就高。在原则三的基础上，如遇递进式的分档分值，如商住两用的建筑，根据5.2.2条，住宅开窗面积比例达到35%，得6分；商业部分开窗面积比例30%，得4分，该条最终得分还是4分。

原则五：特殊情况特殊处理。此类特殊情况，如已经在《绿色建筑评价标准》或《绿色建筑评价技术细则》中明示的，应遵照执行。个别条文评价还需加权计算总指标，这些条文一般都属于对多个功能区分设指标要求，而且指标要求还分档的情况。例如，第6.2.10条非传统水源利用率。见图13。

图 13　沿街商住楼项目

【问题 10】开展既有建筑绿色化改造时，可适用两本评价标准：《绿色建筑评价标准》GB/T 50378—2014 和《既有建筑绿色改造评价标准》GB/T 51141—2015，它们之间的侧重面和差异点在哪里，该如何选择？

相比较于《绿色建筑评价标准》GB/T 50378－2014，《既有建筑绿色改造评价标准》GB/T 51141－2015 是一部针对既有建筑改造的评价标准。其在技术选项的要求、条文的分值和比重等方面更加突出强调建筑改造的技术可实现性以及改造后的建筑功能和性能的提升，以下就两部标准的评价体系、评价条文的技术选择偏重以及标准的选择等方面的差异作相应比较：

（1）评价体系的比较

在评价体系上，两部标准完全相同，均是将具体的评价条文分为几大类并赋予各个评价条文相应的分数，各个条文按项目的具体技术实现程度打分，进而得到每一类条文的总得分。再对各类条文赋以相应的分值比值，最后得到修正后的总得分，并依据总得分的多少来判定绿色建筑的等级。在具体的星级划分上，均是按得分的多少分为一星级、二星级和三星级，三个等级所对应的分值要求也均为 50 分、60 分和 80 分。

存在差异之处在于：《绿色建筑评价标准》GB/T 50378－2014 的绿色建筑等级判定除了对评价指标的总得分有要求，对每一类指标还有最低分要求，具体数值为 40 分。即不仅需要总得分达到对应评价星级的分值要求，还需各类评价指标均达到 40 分以上，才能满足评价要求。对于《既有建筑绿色改造评价标准》GB/T 51141—2015 而言，由于既有建筑改造多为非全面改造，难以保证覆盖标准所要求的每一类指标，所以标准未对单类指标的最低分作要求。

（2）评价条文的比较

在具体的技术评价条文的分类上，《绿色建筑评价标准》GB/T 50378—2014 的设计评价分为节地与室外环境、节能与能源利用、节水与水资源利用、节材与材料资源利用、室内环境质量 5 类（运行评价还有施工管理和运营管理 2 类）；《既有建筑绿色改造评价标准》GB/T 51141—2015 的设计评价分为规划与建筑、结构与材料、暖通空调、给水排水和电气 5 类（运行评价还有施工管理和运营管理 2 类）。虽然两者的条文分类存在差异，但在条文的具体技术选择上大致相同，这是由于《既有建筑绿色改造评价标准》GB/T 51141—2015 的条文分类考虑了既有建筑改造的存在非全面改造的现实情况。例如，项目可能仅对暖通、电气设备进行改造而不对结构进行改造，因而将条文按照专业进行分类更为贴近实际项目操作情况。

在具体条文的技术要求上，两部标准对部分绿色技术的要求存在差异，其主要存在于建筑和景观两个专业的实施上。对于既有建筑而言，建筑和场地景观方面实施大的改造或改善较为困难，因而《既有建筑绿色改造评价标准》GB/T 51141—2015 在绿化率（就公共建筑而言，绿色建筑的评价标准的满分要求为 40%以上，而既有建筑评价标准的要求为 25%以上）、场地透水铺装比例（绿色建筑的评价标准的满分要求为 50%以上，而既有建筑评价标准的要求为 30%以上）、地下空间开发（就公共建筑而言，绿色建筑的评价标准的得分要求为地下建筑面积与用地面积的比例达到 0.5 以上，而既有建筑评价标准没有此项要求）、建筑构件隔声性能、建筑自然采光、围护结构热工性能等方面的要求均相对较低。其他专业的技术措施要求则大致相同。

（3）标准的选择

基于前述比较，可以发现：《既有建筑绿色改造评价标准》GB/T 51141—2015 更贴合改造项目特点，在评价指标和具体的技术要求上，更侧重于改造项目的实际改造过程及对象以及可实现程度，增大了一些改造中节能贡献率大的技术措施的得分比重，同时弱化或去除了一些改造项目中难以操作或实现难度大的技术措施的要求。从标准的适用性和更高绿色建筑评价等级的获得两个角度出发，对于标准的选择，有如下建议：

1）对于既有建筑改造项目，建议优先选用《既有建筑绿色改造评价标准》GB/T 51141—2015，其评价指标的设置和要求与项目的契合度更高。

2）对于不进行结构改造的既有建筑改造项目，应选用《既有建筑绿色改造评价标准》GB/T 51141—2015；若采用《绿色建筑评价标准》GB/T 50378—2014，则在节材与材料资源利用部分将出现较多条文无法得分而使得项目达不到绿色建筑等级要求的情况。

3）对于既有建筑改造项目，若采用《绿色建筑评价标准》GB/T 50378—2014 进行评价时存在某一类评价指标无法达到最低分（40 分）要求时，应选用《既有建筑绿色改造评价标准》GB/T 51141—2015 进行评价。

4）对于建筑和景观专业的评价指标方面的条件较好的项目，即绿地率、地下空间开发、场地透水铺装比例等指标均可满足《绿色建筑评价标准》GB/T 50378—2014 要求的项目，建议优先选用《既有建筑绿色改造评价标准》GB/T 51141—2015，这是由于该标

准中“规划与建筑”类的权重较高（就公共建筑设计评价而言，既有建筑改造标准中“规划与建筑”的权重为0.21，而绿色建筑评价标准中“节地与室外环境”的权重为0.16），可降低其他专业的得分要求，也可酌情选用《绿色建筑评价标准》GB/T 50378－2014。

【问题11】建筑技术是有属地原则的，能否就南北方气候差异性谈谈绿色建筑的适宜性技术应用？

建筑技术有适用条件，其中气候差异也会造成其适用性或应用形式的不同。如北方地区冬季寒冷且持续时间长，因此其绿色节能技术选择主要以加强围护结构保温、增加太阳辐射为主，体现在建筑上即为厚实的墙体或双层墙体设计、增加保温、设置太阳房等技术。而在南方地区，如夏热冬冷地区，主要矛盾在于漫长的夏季炎热、潮湿，需要解决的问题是建筑的隔热、通风与遮阳，因此建筑技术选择以围护结构隔热、自然通风、建筑遮阳等为主。见图14、图15。

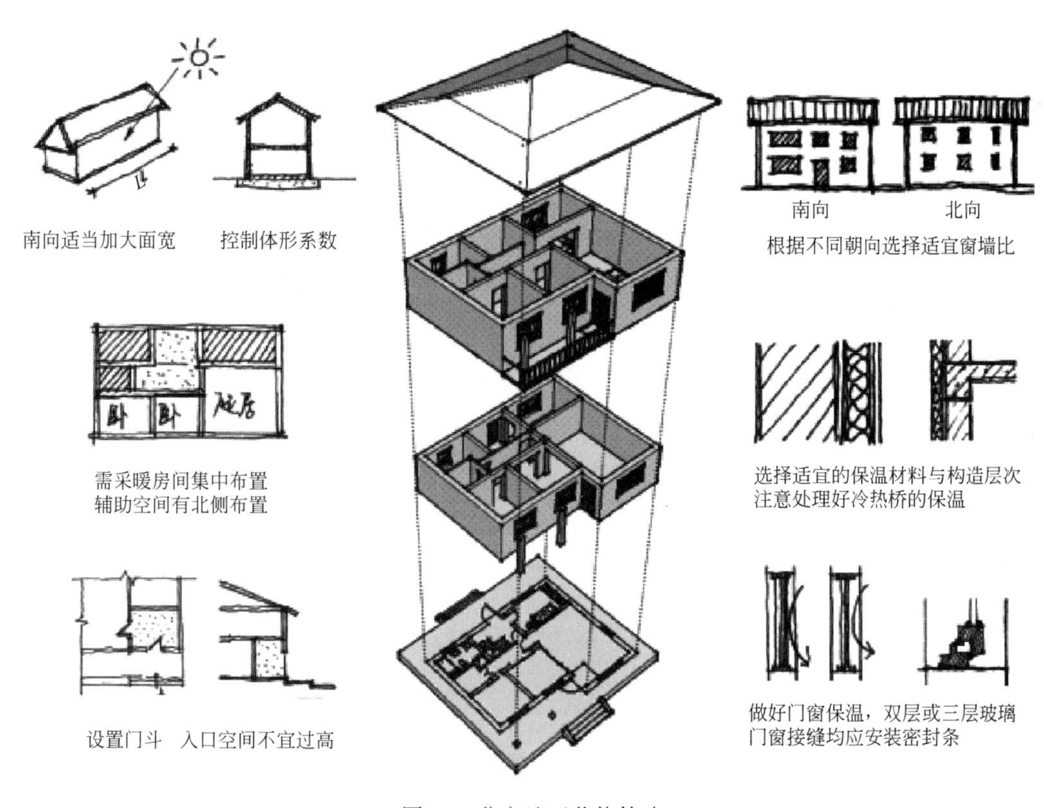

图14　北方地区节能策略

以围护结构保温隔热为例，北方地区主要以保温为主，因此墙体一般设计得较为厚实，在东北三省甚至有370mm、480mm厚的墙体或双层墙，屋面也需要设置较厚的保温层。见图16、图17。

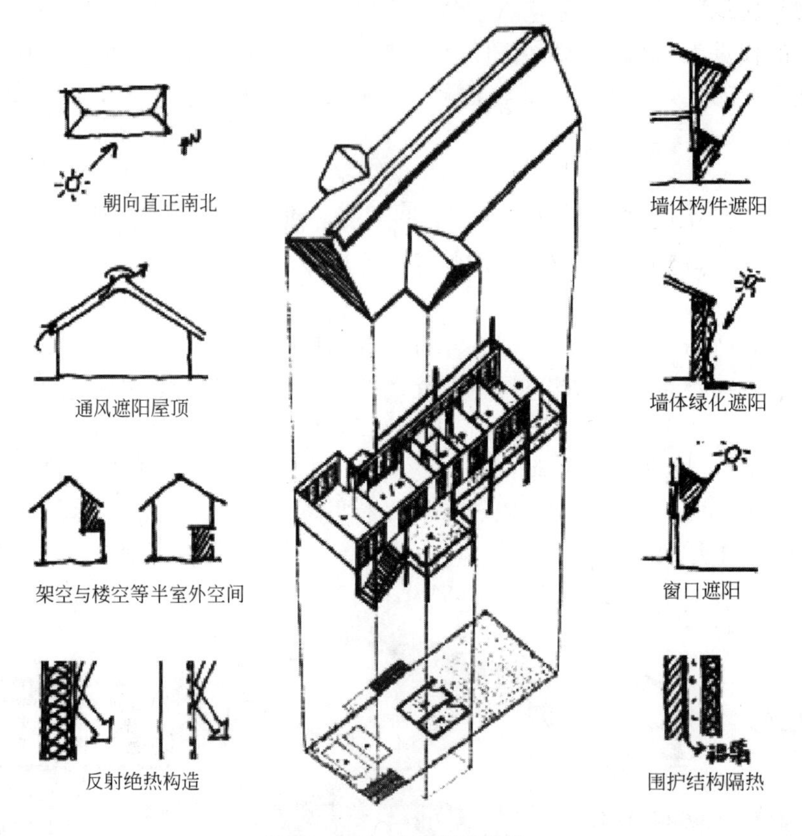

图 15　南方地区节能策略

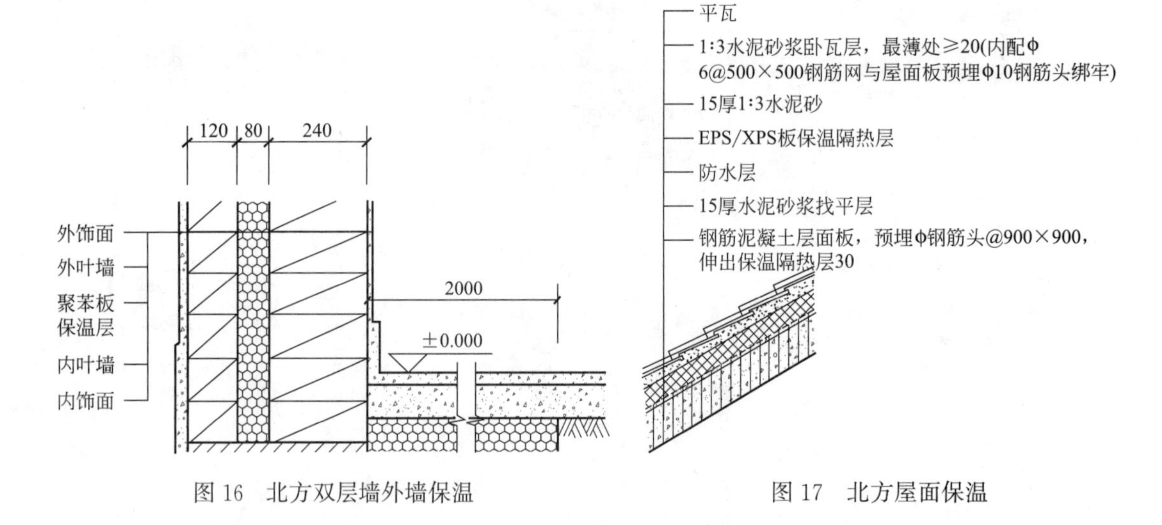

图 16　北方双层墙外墙保温

图 17　北方屋面保温

南方地区则主要以隔热散热为主，只需要兼顾保温即可，因此其围护结构不需要做很厚重，保温层也不需要做很厚，但强调其阻隔热量与太阳辐射的能力。如上海地区保障性住房中，最常用的做法一般为 40mm 内保温膏料配合外墙面刷反射涂料或者水泥基无机保温砂浆（外 40mm 内 20mm）。某些农房中的屋顶铺设反射隔热膜以解决夏季隔热的主要矛盾。见图 18、图 19。

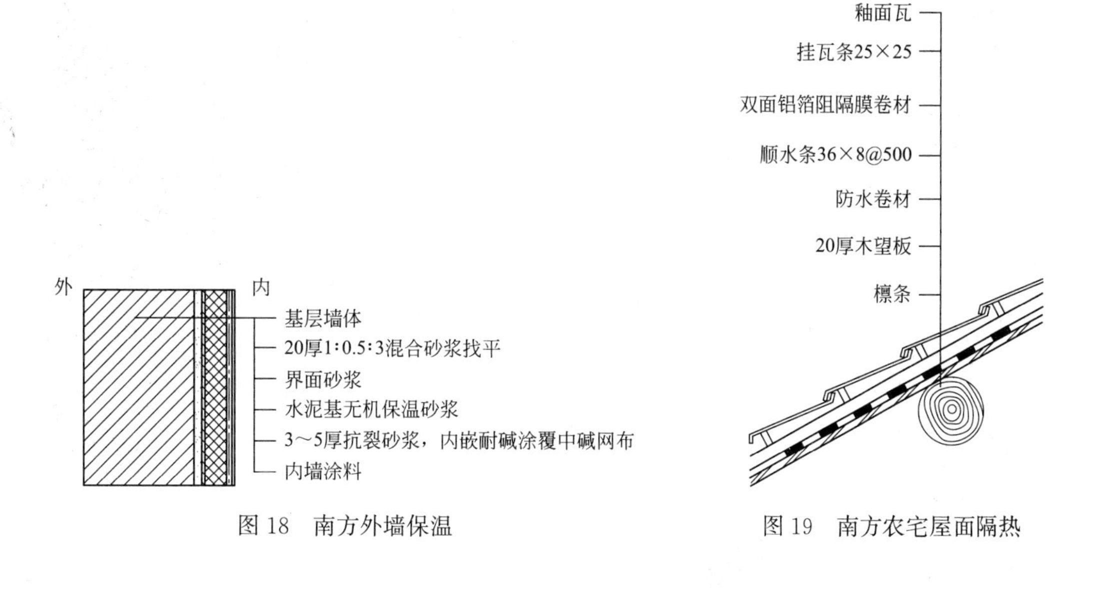

图 18　南方外墙保温

图 19　南方农宅屋面隔热

【问题 12】被动式设计中，自然采光、自然通风与遮阳等设计对节能的贡献率大致是多少？通过设计形式分析能耗敏感度，有无普遍的节能设计方法供参考？

以上海地区办公建筑为例，被动式技术措施主要包括围护结构保温隔热设计、遮阳、自然通风和自然采光等，该节能技术总计节能贡献率约为 10%。其中，自然通风的贡献率较高，贡献为 5%左右，这是因为过渡季节采用自然通风，可以有效降低空调设备的启用时间。自然采光能贡献 3%的节能率，其不仅可以给室内人员带来更满意的视觉舒适性，还可以有效地降低照明系统的能耗。外遮阳措施通过减少夏季建筑立面辐射量，有效降低了空调负荷，节能率为 1.5%左右。对于白天持续空调或者供暖的办公建筑，一味追求低的围护结构传热系数，节能效果并不明显，节能率一般在 1%以内。

目前，我国常见的建筑节能设计工具主要有节能标准、专家意见、设计导则及软件模拟辅助设计等。然而，这些方法各有弊端。专家意见并非每个工程都能获得，节能标准是面向“对象”的，而不是面向“过程”的。例如，只规定了围护结构热工参数的限定值，而无法针对具体方案、具体的设计过程提供有效参考，缺乏具体问题具体分析能力；辅助模拟软件评估作用较强，指导能力较弱，且往往需要除建筑专业之外的工种进行配合辅助设计；设计导则是一种通过文字、指标、简化公式及图表较为定性地引导设计者进行节能设计的工具，可以便于理解，易于实施，同时表现形式多样，指导意义较强，但是尚无针对各类公共建筑的节能设计导则。因此实际工程中，可以借助建筑性能模拟工具来分析建筑设计方式对能耗的敏感度。见图 20。

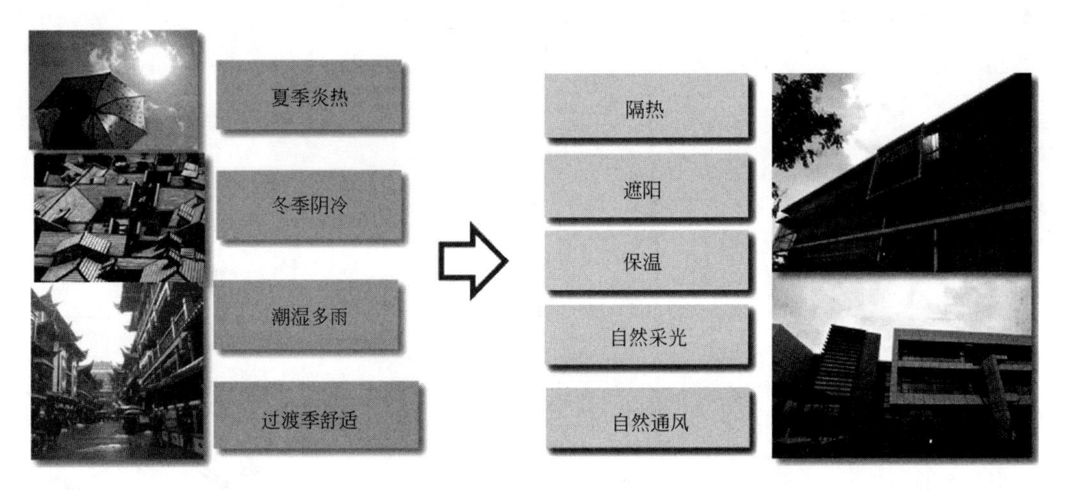

图 20　上海地区建筑被动式技术设计策略

【评价案例】

崇明陈家镇能源中心位于实验生态社区 4 号公园内，考虑到建筑位于生态公园的景观主轴上，建筑为东西朝向。作为整个生态公园的配套服务中心，项目负担了生态社区的展示功能与公众活动功能。总建筑面积为 5511.2m^2，用地面积 55816.9m^2。建筑设计采用极简的“一”字形体，方正简约。宽约 20m，长约 100m，二层外挑 3m，并在两侧设置自然堆土草坡，使二层外挑的形体漂浮在公园的绿意之中。见图 21。

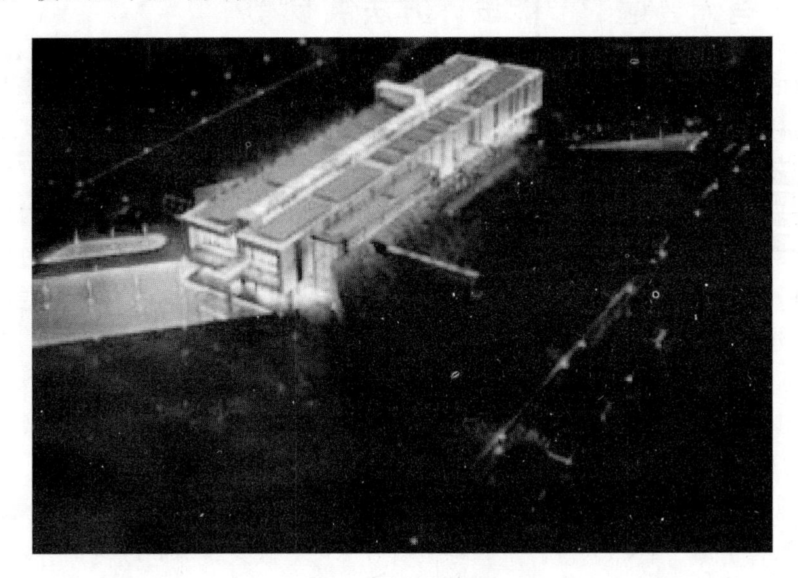

图 21　建筑效果图

不利朝向下建筑本体被动节能设计策略：

(1) 充分利用建筑体形自遮阳、适当设置固定百叶的遮阳设计：针对建筑东西不利朝向，首先利用东西侧 8.1m 高土坡及二层建筑出挑、玻璃内凹等设计手法对玻璃幕墙部分进行自遮阳，可减少西向 43.73％的辐射量。同时在二层东、西外墙外设穿孔铝板幕墙对

整个立面进行遮阳，大幅降低建筑负荷。在此基础上根据遮阳分析，在需要遮阳的二层东南侧玻璃幕墙外设置少量固定的横向金属百叶补充遮阳，使整个建筑夏季所受太阳辐射均控制在较低的水平。见图 22。

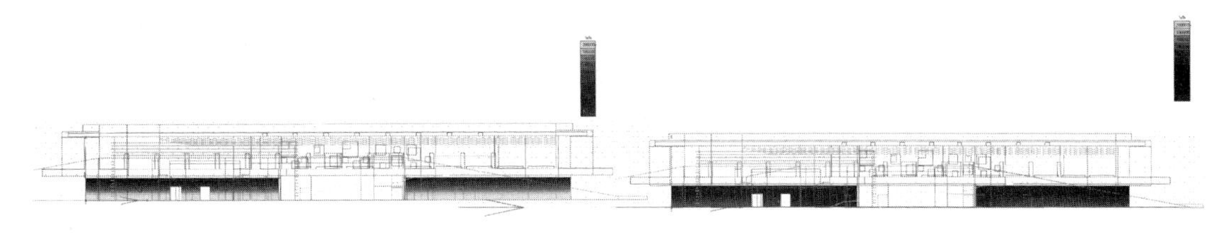

图 22　建筑立面辐射值

（2）采光天窗、隔墙窗洞与导光管相结合的采光优化设计：根据建筑展厅的功能性质，为防止眩光，东、西向只设置了矮窗与窄竖条窗并利用穿孔铝板进行遮挡。为改善采光效果在展厅及中部坡道顶部增设采光天窗，采光系数可由 1.15％提高到 4.41％。同时对内部隔断优化，坡道两侧墙上开设墙洞，增强中部天窗对二层空间的间接采光效果。此外，东侧土坡下书法交流中心上部对应位置分散设置 10 个导光管，将天然光引入到草坡下的交流中心空间，采光系数由 1.23％提高到 3.58％。见图 23。

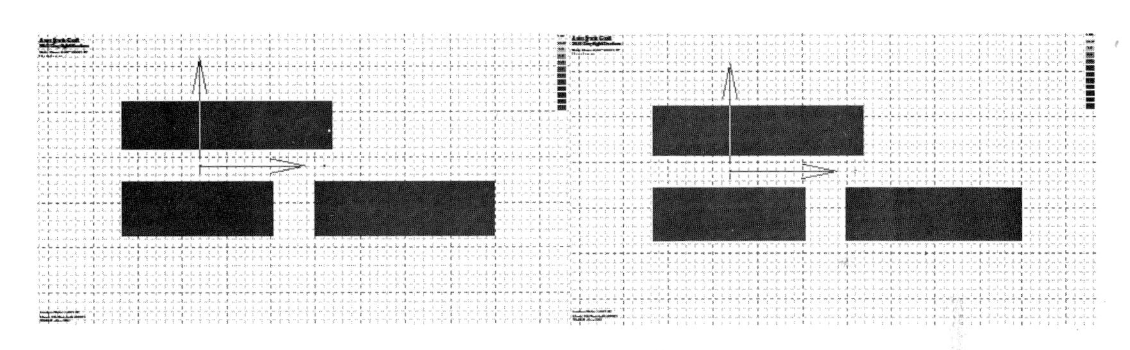

图 23　室内采光系数

（3）开放式幕墙、中转窗与拔风天窗合理组织风路的自然通风设计：利用东西两侧墙的矮窗与竖向条窗组织通风，将外层穿孔幕墙为开放式。南北两侧设置落地中转窗，可以全部打开通风。中轴顶部设置拔风天窗，内部设置中庭与上下连通的坡度，使气流上下贯通。90％的房间通风换气次数超过 5 次/h。见图 24。

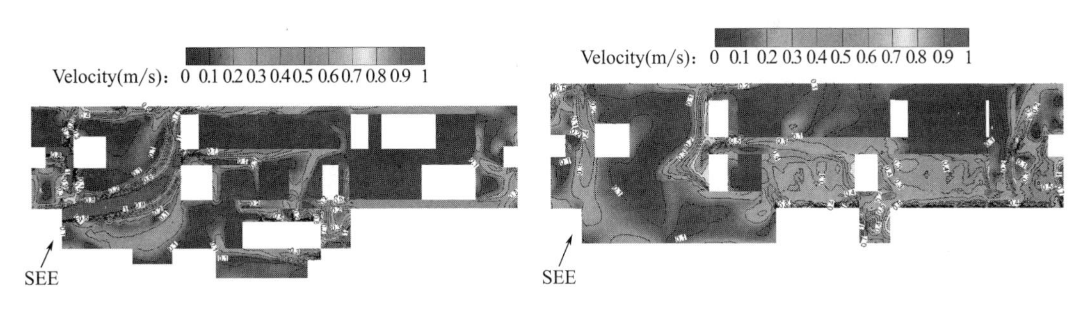

图 24　室内自然通风速度云图

（4）围护结构性能提升：①建筑外墙是室内外空间的一道屏蔽，墙体的面积和构造设计对室内的微环境有着非常重要的影响，因此，建筑外墙设计是建筑节能设计中一个重要的组成部分。考虑到建筑朝向为东，东西两侧一层高度均有草堆土坡，因此只在建筑二层采用双层幕墙结构，面层铝板为表面亚光，有效避免光污染的产生，并对内部墙体及下层玻璃幕墙都形成有效遮阳，玻璃幕墙采用中空双银 Low-E 玻璃幕墙。②围护结构节能设计中，屋面由于直接受太阳辐射面积大、时间长而成为节能设计的关键部位，又由于其他因素影响，屋面保温结构不宜选择重度大的材料，以防屋面重量、厚度过大，同时保温材料对防水性能要求较高。因此，节能屋面设计考虑因素较多，从施工难易角度出发，屋面更适合采用复合保温隔热构造。能源中心平屋面类型（自上而下）构造为：细石混凝土（内配筋）（60.00mm）＋水泥砂浆（20.00mm）＋1∶8 水泥陶粒混凝土找坡最薄处（35.00mm）＋泡沫玻璃保温板（125.00mm）＋钢筋混凝土（120.00mm）。见表 10。

围护结构热工参数 **表 10**

<table>
<tr><th>围护结构部位</th><th colspan="4">参照建筑[W/(m²·K)]</th><th colspan="3">设计建筑[W/(m²·K)]</th></tr>
<tr><td>屋面</td><td colspan="4">0.5</td><td colspan="3">0.5</td></tr>
<tr><td>外墙</td><td colspan="4">0.8</td><td colspan="3">0.69(*)</td></tr>
<tr><td>架空楼板</td><td colspan="4">0.8</td><td colspan="3">0.77</td></tr>
<tr><td>外窗</td><td>朝向</td><td>窗墙比</td><td>遮阳系数</td><td>传热系数[W/(m²·K)]</td><td>窗墙比</td><td>遮阳系数</td><td>传热系数[W/(m²·K)]</td></tr>
<tr><td rowspan="4">单一朝向幕墙</td><td>东</td><td>0.32</td><td>0.4</td><td>2.8</td><td>0.32</td><td>0.37</td><td>2.6</td></tr>
<tr><td>南</td><td>0.63</td><td>0.3</td><td>2.2</td><td>0.63</td><td>0.37</td><td>2.6</td></tr>
<tr><td>西</td><td>0.26</td><td>0.45</td><td>3.2</td><td>0.26</td><td>0.38</td><td>2.6</td></tr>
<tr><td>北</td><td>0.57</td><td>0.4</td><td>2.2</td><td>0.57</td><td>0.38</td><td>2.6</td></tr>
</table>

注：* 为全部外墙加权平均传热系数。

（5）节能率分析：见表 11。

能源中心建筑被动式节能技术节能率 **表 11**

单项节能措施	技术措施	节能率(%)
围护结构	提供围护结构热工性能	0.28
自然采光	充分利用室内自然采光,减少照明运行时间	3.05
自然通风	改善建筑自然通风,减少空调系统在过渡季节工况的使用(减少 5 月与 3 月的空调开启时间)	5.58
外遮阳	通过外遮阳减少夏季建筑立面辐射量,降低空调负荷	1.55
节能率总计		10.46

【问题 13】不同业态的建筑，如办公商业、酒店，在开展绿色建筑策划和选择技术体系时需要注意哪些方面？

不同业态的建筑由于功能需求不同，其用能、用水形式与需求也不相同，决定了其适用的技术不同，因此在进行绿色策划与技术选择时，不能单纯参照绿色标准机械照搬，而应该根据不同功能特点，选择适宜的技术体系。

如可再生能源利用一项一般技术较成熟、较易实现的是太阳能热水系统的应用，特别适用于设置有餐厅、食堂、健身等的商业办公建筑，由太阳能供餐饮、淋浴热水的热量需求，按绿色最低得分要求满足20%是较易实现的。但建筑若为纯办公功能，除卫生间洗手基本无其他热水需求，而洗手热水一般均为断续短时使用，若由太阳能系统供热水，要么启动加热时间慢，要么需要热水不停循环，造成循环水泵能耗及巨大的管线热损耗，因此不适宜采用。而若功能业态为酒店，客房洗浴、布草换洗、厨房、泳池等均有大量热水需求，虽然适合采用太阳能热水系统供一部分热水热量，但由于需求量过大，一般建筑屋顶设置的太阳能集热面积无法满足20%的热水需求，因此在绿色建筑评价体系中很难得分。

再如建筑隔声一项，一般办公楼或商业建筑采用开敞式大空间设计后，内部采用灵活隔断划分空间，一般如轻钢龙骨石膏板或玻璃隔断，其隔声性能满足基本隔声要求即可，除特别要求设计不会特意提高其内隔墙、楼板的隔声性能。因此，若要在绿色策划时选择提高建筑隔声性能一项的技术得分，则会造成增量成本的增加；但一般酒店建筑、特别是高等级的酒店本身对客房的隔声设计非常重视。有些高级酒店甚至会聘请专门的声学顾问设计处理隔墙、楼板的隔声，因此在这一类建筑绿色策划时，提高建筑隔声性能一项往往可以选择较高的分数。

而建筑采光一项，对于办公建筑而言是设计规范的强制要求，因此在绿色策划时自然采光很容易得分；酒店建筑一般采光设计良好，也是一项适宜选择的被动式技术。

因此，针对不同功能业态建筑进行绿色策划时，需要充分分析其功能需求、设计特点，在此基础上选择适宜技术体系。

【评价案例】

上海迪士尼度假区酒店二项目，由于酒店本身需要为旅客提供良好的休息环境，对声学要求较高。因此酒店本身进行了声学专项设计，特别是对客房与电梯、机房间的隔墙、客房之间隔墙与幕墙的交接处等位置均进行了特别的隔声处理，客房均铺设地毯，建筑构件隔声很容易满足绿色要求。因此在技术选择时，选择了声环境与建筑构件隔声相关条款得分。见图 25、图 26。

图 25　上海迪士尼度假区酒店二项目效果图

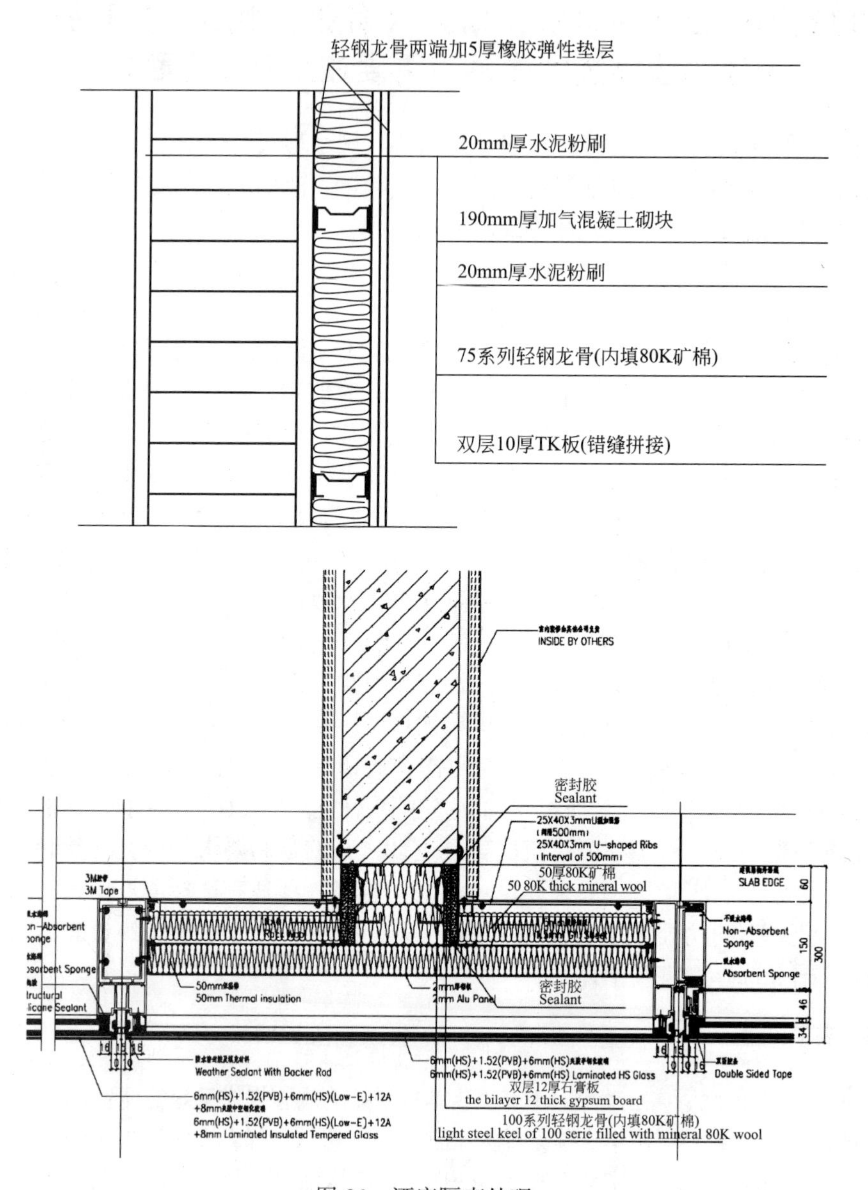

图 26　酒店隔声处理

【问题 14】超高层建筑与常规建筑相比，在实施绿色建筑设计时有哪些局限性和特殊性，应如何开展？

超高层塔楼在实施绿色建筑时会受到自身特点限制，有较大困难或需要较高的投入才能达到较高的绿色星级。

以无锡某超高层办公建筑为例，建筑为 44 层的超高层，容积率 8.0，建筑密度 66.5%，总建筑面积 183658m^2，但屋顶面积只有 7938m^2。见图 27。

（1）屋顶面积紧张，屋顶绿化、太阳能利用困难，需充分利用

可以看到超高层建筑建筑规模大，但相对屋顶面积却很小。而且超高层建筑本身需要的设备较多，很多也是需要放置在屋顶上。因此屋面面积非常紧张，此时屋顶生态绿化或太阳能光伏、光热设备的放置就需要很小心的计算，需要充分利用裙房屋顶。

图 27　无锡某超高层办公建筑

（2）太阳能热水技术全面应用困难，需要分区考虑

可再生能源利用技术中太阳能热水系统相对较为成熟，但对于超高层建筑，如果功能为办公，则太阳能热水需求不大；如果是酒店功能，用户多、对热水量需求非常大，仅靠太阳能热水又很难满足绿色对可再生能源利用量的要求。而且建筑 44 层，太阳能集热效率最高的是放置在屋顶上，这样对于相对低层的功能空间，热水管线过长，热量损耗很大，相对应用经济性与舒适性均会变差。本项目功能中仅有 1/4 面积为酒店、会所功能，因此设计时仅设置了少量太阳能集热器，供应顶部会所和上部几层酒店客房的热水，以规避管线过长与屋顶面积不足的问题。见图 28。

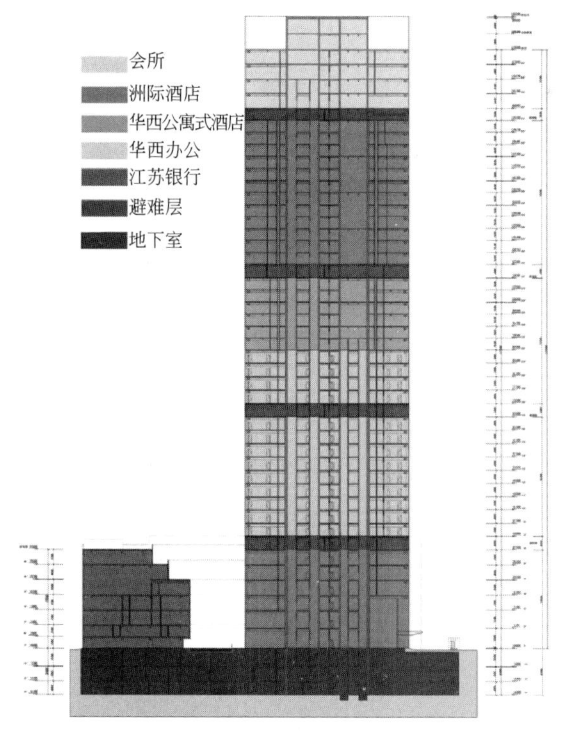

图 28　项目功能分布

（3）太阳能光伏技术应用困难

近年太阳能光伏技术应用也较多，但在超高层建筑中光伏转化效率最高的屋顶面积有限，只能再增加设置光伏幕墙来满足可再生能源利用率的要求，这对建筑立面的设计会产生决定性影响，且立面光电转换效率不高，光伏幕墙要么设置面积过大造成增量成本的巨大投入，要么就无法满足可再生能源利用率的要求。因此，在超高层建筑中应用太阳能光伏技术还需要特别谨慎，需要进行仔细的可行性与经济性分析。本项目未采用光伏系统。

（4）雨水回用系统应用困难，有条件下可引入市政中水

雨水回用系统一般优先收集较为清洁的屋面雨水进行回用，但超高层建筑屋顶面积小很难满足雨水收集量的要求，因此也需要收集地面雨水，对雨水过滤系统的要求相对较高，提高处理工艺的复杂程度，也增加增量成本。同时，场地、屋顶面积相对于建筑体量而言均较小，所收集的雨水与建筑整体耗水量相比非常小，远不能满足非传统水源利用率的要求。本项目因此除了雨水回用系统外，还大量引入了市政中水，以提高非传统水源利用率。若周边市政无中水条件，则很难满足此项要求。

如下绿色建筑技术措施较适应超高层建筑特点：

（1）节能电梯：超高层建筑电梯能耗占比较高，在电梯设计和选型时应采用高效节能电梯与有效的控制技术，可优先考虑能量再生反馈型电梯。见图 29。

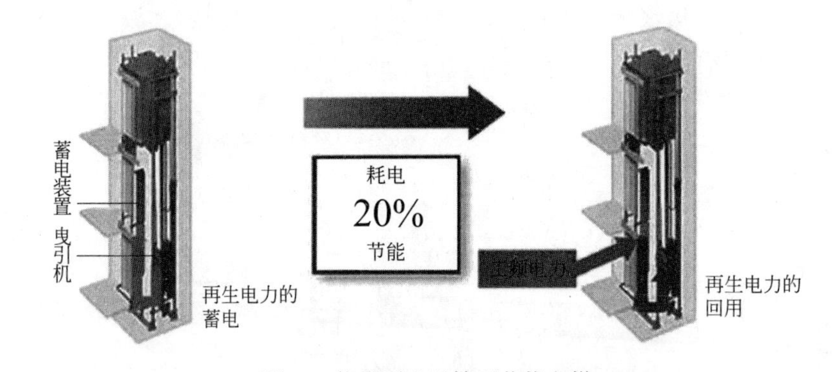

图 29　能量再生反馈型节能电梯

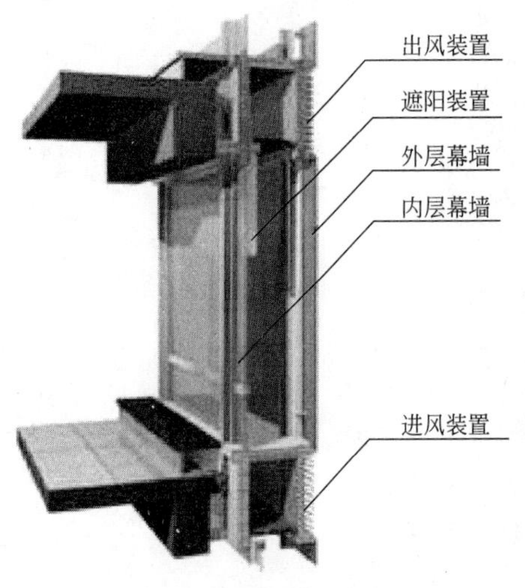

图 30　呼吸式幕墙体系

（2）围护结构节能优化设计：超高层建筑通常采用大面积的玻璃幕墙设计，幕墙热工性能对空调能耗影响较大，应考虑采用更高性能的幕墙形式。如高性能玻璃、呼吸式幕墙以及结合设置的可调节外遮阳设计等措施。见图 30。

（3）自然采光设计：同样由于大面积的玻璃幕墙，可以为室内带来良好的自然采光效果。应兼顾考虑幕墙的节能性和可见光透射性，以在满足节能的前提下，尽可能多地利用自然采光。见图 31。

（4）幕墙通风器：超高层建筑由于高层风压问题，不适宜直接开窗自然通风，为了解决通风问题，可采用幕墙通风器。见图 32。

图 31　自然采光设计

图 32　幕墙通风器

（5）余热利用：超高层建筑空调机组容量较大，有大量的余热可供利用，可采用余热方式供应部分生活热水需求。见图 33。

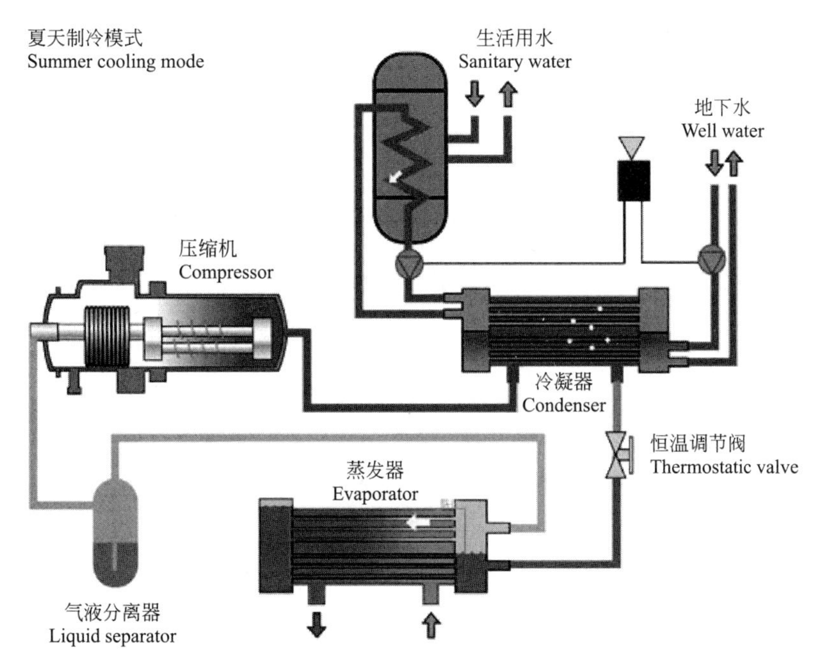

图 33　空调冷凝热回收

（6）风力发电技术：超高层建筑的屋顶部位风速高，具备利用风力发电的良好条件。如上海中心大厦、广州珠江城等超高层建筑有采用。见图 34。

（7）结构优化设计：超高层建筑结构复杂，建筑材料用量大，具备较大的结构优化设计潜力，应该从节材角度开展结构优化设计。见图 35。

图 34　涡轮风力发电

图 35　结构优化设计

【问题 15】一个建筑单体中能否选择一部分作为绿色建筑评价对象？一个地块内有若干个建筑单体，可否选择其中一栋作为绿色建筑评价对象？需要注意哪些指标？

绿色建筑申报对象为建筑单体或建筑群为参评对象，参评建筑本身应为完整的建筑，不得从中剔除部分区域，因此不能选择一个建筑单体中的一部分作为绿色建筑的评价对象。

若一个地块中有若干个建筑单体，可以根据项目的具体情况，选择一栋建筑单体作为申报对象。在申报过程时，无论选择一个地块的一栋建筑或者建筑群，申报时需要注意整体性、系统性的选择。需要注意该指标所覆盖的范围或区域进行总体评价，计算区域的边界应选择合理、口径统一、能够完整覆盖。常见的系统性、整体性指标有人均用地、容积率、绿地率、人工公共绿地面积、年径流总量控制等。

【评价案例】

青浦区徐泾镇潘中路南侧 23-02 地块，该地块分为住宅和公共建筑，本次申报选择 23-02 地块（1～6 号楼）住宅作为申报对象。见图 36。

申报工程的总体指标以整个 23-02 地块为准，由于《绿色建筑评价标准》条文 4.2.1/4.2.2 的总体数据因涉及住户人数，商办部分无法统计，因此该部分条文是基于申报对象（1～6 号楼住宅部分）；景观及雨水系统是以整个 23-02 地块进行整体设计，因此《绿色建筑评价标准》条文 4.2.7/4.2.13/4.2.15 的总体数据是基于整个 23-02 地块范围（1～6 号楼住宅部分及 7～10 号楼公建部分），无法单以申报对象（1～6 号楼住宅部分）进行统计。

如在计算人均用地时，计算如下，23-02 地块住宅部分 1～6 号楼规划用地面积

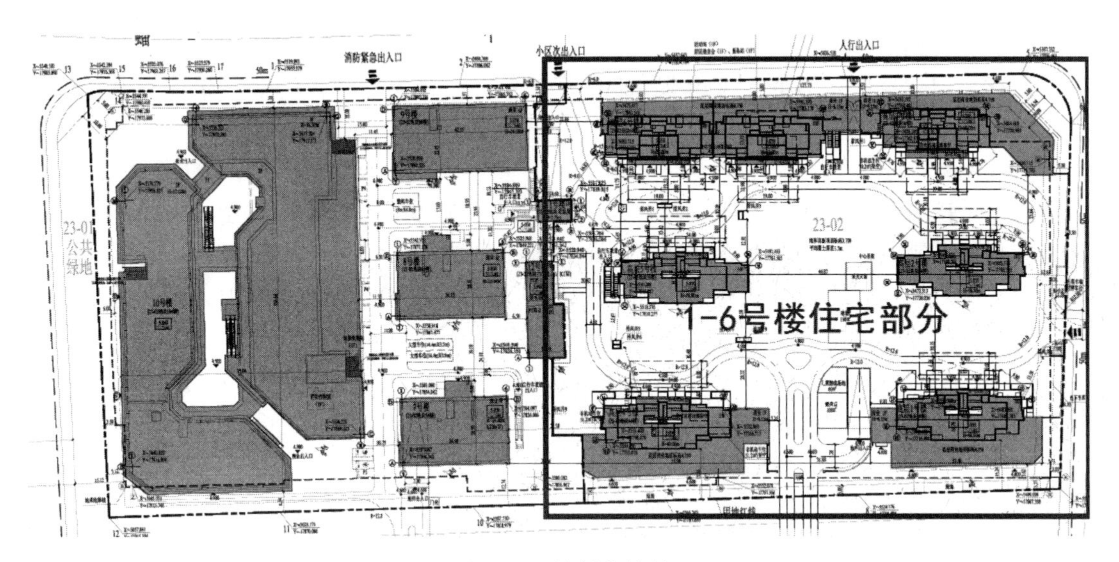

图 36　地块划分情况

20276.58m²，住户总数为 484 户，居住人口（每户 3.2 人）为 1549 人，人均居住用地指标为 13.09m²/人。

【问题 16】两栋或多栋单体，功能上和建筑设计上完全不相同，是否可以作为一个申报对象进行评价，如果可以，具体每个条文如何计算分数？

分享上海市的相关经验。

根据《上海市控制性详细规划技术准则（2016 年修订版）》沪府办〔2016〕90 号：

3.4.1 当一个地块内某类使用性质的地上建筑面积占地上总建筑面积的比例大于 90% 时，该地块被视为单一性质的用地。混合用地是指一个地块内有两类或两类以上使用性质的建筑，且每类性质的地上建筑面积占地上总建筑面积的比例均大于 10%的用地。

因此，当一个地块中某类使用性质的地上建筑面积占地上总建筑面积的比例超过 90%时，该地块视为单一性质的用地（住宅或者公建），应作为一个申报对象进行申报。当一个地块中的两类或两类以上使用性质的建筑，且每类性质的地上建筑面积占地上总建筑面积的比例均超过 10%的用地，则称为混合用地，混合用地的比例一般按照建筑面积的比例进行拆分计算。用户用地的人均用地、容积率、绿地率及地下空间等指标，按不同使用性质用地面积计算。

【问题 17】建筑设计中常用的术语“体形系数”、“窗墙比”、“玻墙比”，各自的区别，出发点是什么？

体形系数是建筑物与室外空气直接接触的外表面面积与其所包围的体积的比值（其中外表面积不包括地面和不供暖楼梯间内墙的面积）。体形系数越大，单位建筑面积对应的外表面面积就越大，室内外温差较大时热量交换就越大。因此，体形系数对建筑空调、供暖能耗有影响。特别是对于严寒和寒冷地区室内外温差较大的地区，影响非常明显，需要严格控制。

窗墙比即为窗墙面积比，是建筑某个立面的窗户洞口面积与该立面的总面积之比。窗墙面积比是针对热工节能的一项指标，其中窗户洞口仅指立面上透光部分，如有些幕墙做法是玻璃后衬铝板，则依然算作外墙，而不是计入洞口面积。一般普通窗户（包括阳台门的透光部分）的保温隔热性能比外墙差很多，因此窗墙面积比越大，供暖空调能耗也越大，因此从节能的角度出发，需要限制窗墙面积比。

玻墙比是建筑立面的全部玻璃面积（如果有背衬铝板或不透明玻璃等的不透光面积，只要外表面是玻璃均算在玻璃面积里）与全部建筑外立面面积之比。玻墙比是针对环境评估的一项指标，玻璃光反射比较大，因此玻墙比主要考察的是立面对建筑外部环境光污染的程度，与建筑表面玻璃用量有关，而与其在立面上是否透光无关。

以图 37 为例，A 段为玻璃布置区域，其上、下两段区域均背衬了岩棉保温层，因此不透光，实际透光部分为 B 段区域。则计算窗墙面积比时，主要计算的是 B 段与墙体的面积比例；而计算玻墙比时，主要计算 A 段区域与整个立面面积之比。

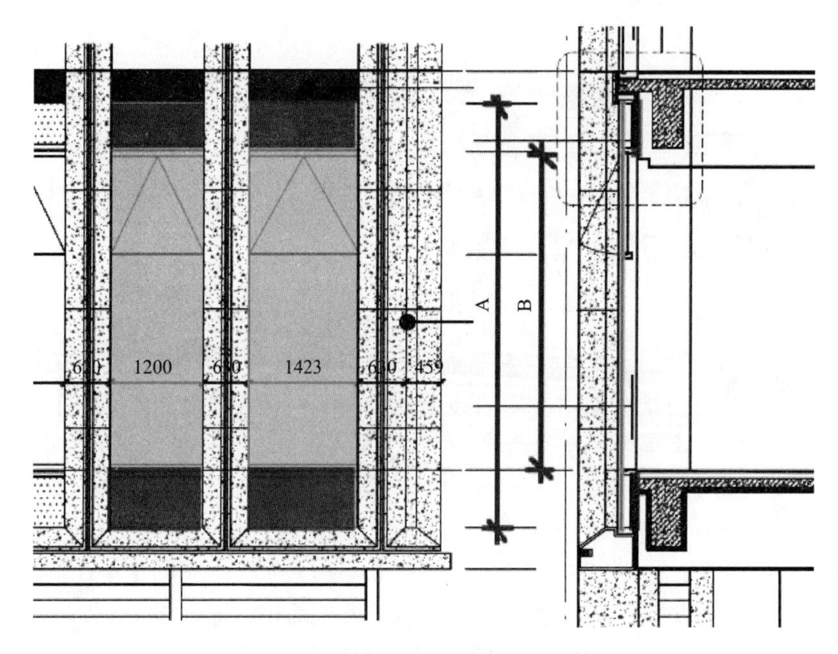

图 37 玻墙比与窗墙比计算示意

【问题 18】关注的地下空间开发利用指标有哪些？如何做最合理？

绿色建筑要求在条件允许的情况下尽可能多地利用地下空间，以节约用地；要求地下室开发利用与地上建筑及其他相关城市空间紧密结合，统一规划，且要满足安全、卫生、便利的需求。但同时考虑场地雨水入渗、地下水补给、减少径流外排与增加生态恢复，不

鼓励地下室的满膛开发，因此对地下一层建筑面积与总用地面积的比率做了适当限制。具体指标有公共建筑地下建筑面积与总用地面积之比 R_{p1} 要求达到 0.5 及以上才能得 3 分。在此基础上，R_{p1} 进一步达到 0.7 及以上，同时地下一层建筑面积与总用地面积的比率 R_{p2} 小于 0.7，可以再得 3 分。

如图 38 所示案例，地下室几乎满膛开发，其地下空间面积虽然远超过用地总面积的 70%，但由于整体开发，地面均为硬质地面，不利于雨水的入渗与疏导，虽然设置了透水地面，但大部分透水地面均设在地下室顶板之上，需要设置疏水板将入渗的雨水引导到周边土壤中，增加了土壤涵养的难度。因此在现有绿色评价标准的地下空间利用一项中只能得 3 分，而不能得满分 6 分。

图 38　某地块地下室满膛开发示意

再如图 39 所示案例，红线内用地面积 17955m²，地下建筑共 3 层，总地下面积 27034m²，与总用地面积之比为 150.6%。而其地下一层建筑面积仅 8199m²，地下一层建筑面积与总用地面积的比率 45.7%。既满足充分利用地下空间的要求，也满足了场地雨水入渗、保护生态环境的要求，因此在现有绿色评价标准的地下空间利用一项中可得满分 6 分。

因此，当地下开发总量一定的情况下，多层地下室空间开发，同时控制地下一层建筑面积不超过用地面积的 70%可以获得最多绿色得分。但多层地下室开发受场地土质、地基情况限制，同时也会增加造价，需要综合考虑。

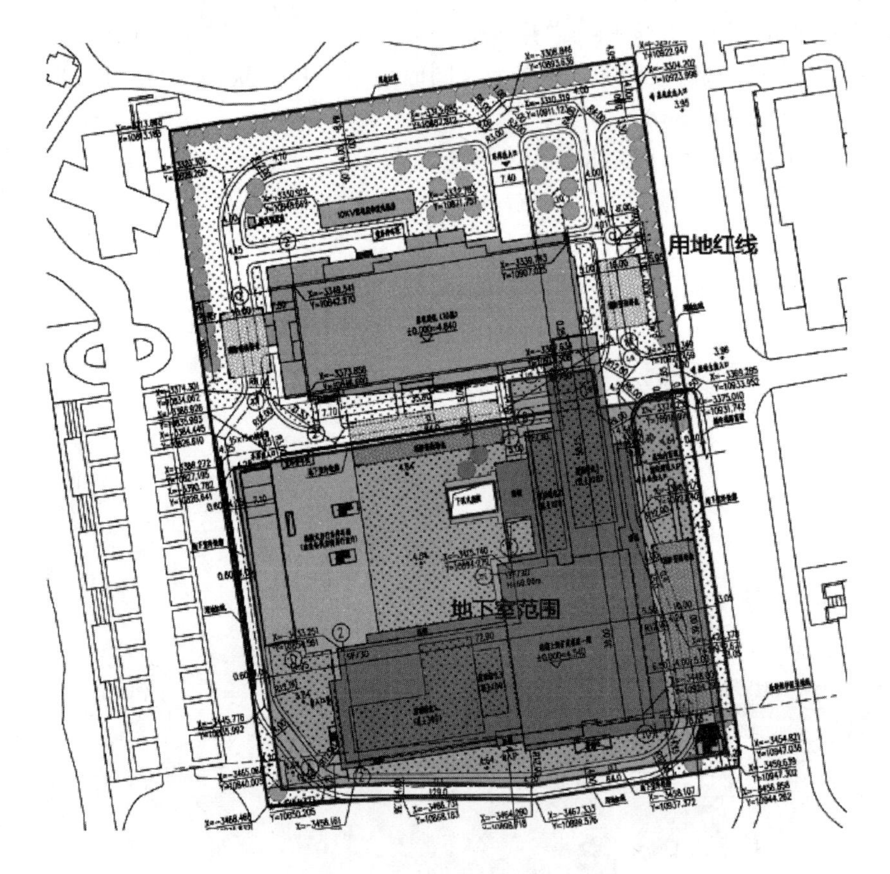

图 39　某项目地下室部分开发示意

【问题 19】室内外风环境，如何定义典型风速和风向？能否给出统一的取值？

室内外风环境模拟的典型风速和风向一般可参考《实用供暖空调设计手册》、《中国建筑热环境分析专用气象数据集》、《建筑节能气象参数标准》JGJ/T 346－2014、《建筑环境数值模拟技术规程》DB31/T 922－2015 或者当地气象局历史数据。对于不同季节，如果主导风向、风速不唯一，宜分析两种主导风向下的情况。部分城市的风环境模拟计算工况统计如表 12 所示，仅供参考。

风环境模拟计算工况　　　　**表 12**

城市	工况	基本情况	风向	风速(m/s)	评价内容
北京	工况 1	夏季平均风速	SE(东偏南 45°)	2.5	自然通风
	工况 2	冬季平均风速	NNW(北偏西 22.5°)	4.3	防风
	工况 3	过渡季平均风速	NE(北偏东 45°)	2.4	自然通风

续表

城市	工况	基本情况	风向	风速(m/s)	评价内容
上海	工况 1	夏季平均风速	SE(东南)	3.1	自然通风
	工况 2	春季平均风速	ESE(东南偏东)	3.8	自然通风
	工况 3	秋季平均风速	NNE(东北偏北)	3.1	自然通风
	工况 4	冬季平均风速	NW(西北)	3.9	防风
苏州	工况 1	春、夏季平均风速	SE(南偏东 45°)	3.83	自然通风
	工况 2	秋季平均风速	NE(东偏北 45°)	3.4	自然通风
	工况 3	冬季平均风速	NW(北偏西 45°)	3.63	防风节能
安阳	工况 1	全年主导风向 10%大风	S(南风)	6.0	行人舒适性及防风节能
	工况 2	过渡季 10%大风	N(北风)	3.0	行人舒适性
	工况 3	全年主导风向平均风速	S(南风)	3.6	自然通风及防风节能
	工况 4	过渡季平均风速	N(北风)	5.0	自然通风
常德	工况 1	夏季、过渡季、冬季 10%大风	N	5.0	行人舒适性及防风节能
	工况 2	夏季 10%大风	S	4.0	行人舒适性
	工况 3	夏季、过渡季、冬季平均风速	N	2.5	行人舒适性及防风节能
	工况 4	夏季平均风速	S	2.7	自然通风
大连	工况 1	夏季、过渡季 10%大风	S(正南)	8.0	行人舒适性
	工况 2	过渡季、冬季 10%大风	N(正北)	9.0	行人舒适性及防风节能
	工况 3	夏季、过渡季平均风速	S(正南)	4.7	自然通风
	工况 4	过渡季、冬季平均风速	N(正北)	6.4	自然通风及防风节能
鄂尔多斯	工况 1	夏季、过渡季、冬季 10%大风	S(正南方向)	5.00	行人舒适性及防风节能
	工况 2	过渡季、冬季 10%大风	NW(西北方向)	5.00	行人舒适性及防风节能
	工况 3	夏季、过渡季、冬季平均风速	S(正南方向)	3.51	自然通风及防风节能
	工况 4	过渡季、冬季平均风速	NW(西北方向)	3.97	自然通风及防风节能
泰州	工况 1	夏季、过渡季 10%大风	E(正东)	4.0	行人舒适性
	工况 2	冬季 10%大风	NW(北偏西 45°)	5.0	行人舒适性及防风节能
	工况 3	夏季、过渡季平均风速	E(正东)	2.5	自然通风
	工况 4	冬季平均风速	NW(北偏西 45°)	2.7	防风节能
佛山	工况 1	夏季、冬季 10%大风	SE(东偏南 45°)	4.0	行人舒适性
	工况 2	过渡季、冬季 10%大风	NNE(北偏东 22.5°)	4.0	行人舒适性,防风节能
	工况 3	过渡季、冬季 10%大风	NNW(北偏西 22.5°)	3.0	行人舒适性,防风节能
	工况 4	夏季、冬季平均风速	SE(东偏南 45°)	2.0	自然通风
	工况 5	过渡季、冬季平均风速	NNE(北偏东 22.5°)	2.2	行人舒适性,防风节能
	工况 6	过渡季、冬季平均风速	NNW(北偏西 22.5°)	2.2	行人舒适性,防风节能

续表

城市	工况	基本情况	风向	风速(m/s)	评价内容
福州	工况 1	夏季、过渡季、冬季 10%大风	SE(东南风)	6.0	行人舒适性及防风节能
	工况 2	过渡季、冬季 10%大风	NW(西北风)	6.0	行人舒适性及防风节能
	工况 3	冬季 10%大风	N(北风)	4.0	行人舒适性及防风节能
	工况 4	夏季、过渡季、冬季平均风速	SE(东南风)	3.0	自然通风及防风节能
	工况 5	过渡季、冬季平均风速	NW(西北风)	2.7	自然通风及防风节能
	工况 6	冬季平均风速	N(北风)	3.1	防风节能
广州	工况 1	夏季、过渡季平均风速	SE(东偏南 45°)	2.0	自然通风
	工况 2	过渡季、冬季平均风速	NNE(北偏东 22.5°)	2.4	自然通风及防风节能
	工况 3	过渡季、冬季平均风速	NNW(北偏西 22.5°)	2.2	自然通风及防风节能
杭州	工况 1	夏季、过渡季、冬季平均风速	SSW(南偏西 22.5°)	2.6	自然通风、防风节能
	工况 2	夏季、过渡季平均风速	E(东风)	2.9	自然通风
	工况 3	过渡季、冬季平均风速	NNW(北偏西 22.5°)	2.7	自然通风、防风节能
合肥	工况 1	夏季、过渡季、冬季 10%大风	E(东风)	5.0	行人舒适性及防风节能
	工况 2	夏季 10%大风	SSE(南偏东 22.5°)	4.0	行人舒适性及防风节能
	工况 3	冬季 10%大风	NNW(北偏西 22.5°)	6.0	行人舒适性及防风节能
	工况 4	夏季、过渡季、冬季平均风速	E(东风)	3.0	自然通风及防风节能
	工况 5	夏季平均风速	SSE(南偏东 22.5°)	3.1	自然通风
	工况 6	冬季平均风速	NNW(北偏西 22.5°)	3.3	防风节能
柳州	工况 1	夏季、过渡季、冬季 10%大风	E(东风)	3.0	行人舒适性及防风节能
	工况 2	过渡季、冬季 10%大风	NE(东北风)	4.0	行人舒适性及防风节能
	工况 3	夏季 10%大风	W(西风)	2.0	行人舒适性
	工况 4	夏季、过渡季、冬季平均风速	E(东风)	1.9	自然通风及防风节能
	工况 5	过渡季、冬季平均风速	NE(东北风)	2.2	自然通风及防风节能
	工况 6	夏季平均风速	W(西风)	1.2	自然通风
呼和浩特	工况 1	夏季 10%大风	NE(东北风 45°)	3.0	行人舒适性
	工况 2	夏季、过渡季 10%大风	SW(西南风 225°)	6.0	行人舒适性
	工况 3	过渡季、冬季 10%大风	NW(西北风 315°)	7.0	行人舒适性及防风节能
	工况 4	夏季平均风速	NE(东北风 45°)	1.9	自然通风
	工况 5	夏季、过渡季平均风速	SW(西南风 225°)	2.6	自然通风
	工况 6	过渡季、冬季平均风速	NW(西北风 315°)	3.2	自然通风及防风节能

续表

城市	工况	基本情况	风向	风速(m/s)	评价内容
惠州	工况 1	夏季平均风速	S(正南)	1.7	自然通风
	工况 2	过渡季平均风速 冬季平均风速	N(正北)	1.9	自然通风及防风节能
	工况 3	冬季平均风速	ENE(东偏北 22.5°)	2.1	防风节能
鸡西	工况 1	夏季 10%大风	E	5.0	行人舒适性
	工况 2	夏季、过渡季 10%大风	SW	6.0	行人舒适性
	工况 3	夏季、过渡季、 冬季 10%大风	W	8.0	行人舒适性及防风节能
	工况 4	夏季平均风速	E	3.3	自然通风
	工况 5	夏季、过渡季平均风速	SW	2.8	自然通风
	工况 6	夏季、过渡季、 冬季平均风速	W	3.2	自然通风及防风节能
济南	工况 1	夏季 10%大风	ENE(东偏北 22.5°)	5.0	行人舒适性
	工况 2	过渡季 10%大风	S(正南方向)	8.0	行人舒适性
	工况 3	冬季 10%大风	ESE(东偏南 22.5°)	4.0	行人舒适性及防风节能
	工况 4	夏季平均风速	ENE(东偏北 22.5°)	3.0	自然通风
	工况 5	过渡季平均风速	S(正南方向)	4.49	自然通风
	工况 6	冬季平均风速	ESE(东偏南 22.5°)	2.75	防风节能
济宁	工况 1	夏季平均风速	SSW(西南风)	2.4	行人舒适性及自然通风
	工况 2	夏季最多风向平均风速	SSW(西南风)	3.0	行人舒适性及自然通风
	工况 3	冬季平均风速	S(南)	2.5	行人舒适性及防风节能
	工况 4	冬季最多风向平均风速	S(南)	2.8	行人舒适性及防风节能
昆明	工况 1	夏季、过渡季、 冬季平均风速	S	2.0	自然通风/防风节能
	工况 2	夏季、过渡季、 冬季平均风速	SW	2.1	自然通风/防风节能
	工况 3	过渡季、冬季平均风速	WSW	2.9	自然通风/防风节能
丽江	工况 1	夏季 10%大风	ESE(东南风)	5.0	行人舒适性
	工况 2	过渡季、冬季 10%大风	W(西风)	7.0	行人舒适性，防风节能
	工况 3	夏季平均风速	ESE(东南风)	2.9	自然通风
	工况 4	过渡季、冬季平均风速	W(西风)	4.7	自然通风，防风节能
吕泗	工况 1	过渡季平均风速	NNE(北偏东 22.5°)	4.27	自然通风
	工况 2	夏季平均风速	SE(东南风)	3.7	自然通风
	工况 3	冬季平均风速	WNW(西偏北 22.5°)	3.89	防风节能

续表

城市	工况	基本情况	风向	风速(m/s)	评价内容
南昌	工况 1	夏季 10%大风	SW(西南风)	4.0	行人舒适性
	工况 2	夏季 10%大风	NNE(北偏东 22.5°)	4.0	行人舒适性及防风节能
	工况 3	过渡季 10%大风 冬季 10%大风	SW(西南风)	2.9	自然通风
	工况 4	夏季平均风速	NNE(北偏东 22.5°)	3.1	自然通风及防风节能
南京	工况 1	夏季、过渡季平均风速	SE(南偏东 45°)	2.8	自然通风
	工况 2	冬季平均风速	NE(北偏东 45°)	2.9	防风节能
南宁	工况 1	全年 10%大风	ENE	3.0	行人舒适性,防风节能
	工况 2	冬季 10%大风	NNW	4.0	行人舒适性,防风节能
	工况 3	全年平均风速	ENE	1.52	自然通风,防风节能
	工况 4	冬季平均风速	NNW	2.3	防风节能
宁波	工况 1	夏季、过渡季 10%大风	SE(东南风)	3.60	行人舒适性
	工况 2	冬季 10%大风	NW(西北风)	5.65	行人舒适性及防风节能
	工况 3	夏季、过渡季平均风速	SE(东南风)	1.93	自然通风
	工况 4	夏季平均风速	S(南风)	2.21	自然通风
	工况 5	过渡季平均风速	NW(西北风)	2.60	自然通风
	工况 6	过渡季平均风速	N(北风)	2.75	自然通风
	工况 7	冬季平均风速	NW(西北风)	3.48	防风节能
营口	工况 1	夏季 10%大风	SSW(南偏西 22.5°)	6.0	行人舒适性
	工况 2	过渡季 10%大风	SSW(南偏西 22.5°)	8.0	行人舒适性
	工况 3	冬季 10%大风	N(北风)	6.0	行人舒适性及防风节能
	工况 4	夏季平均风速	SSW(南偏西 22.5°)	4.3	自然通风
	工况 5	过渡季平均风速	SSW(南偏西 22.5°)	5.29	自然通风及行人舒适性
	工况 6	冬季平均风速	N(北风)	3.6	防风节能
沈阳	工况 1	夏季、过渡季、 冬季 10%大风	SSW(南偏西 22.5°)	7.0	行人舒适性,防风节能
	工况 2	过渡季、冬季 10%大风	NNE(北偏东 22.5°)	8.0	行人舒适性,防风节能
	工况 3	夏季、过渡季、 冬季平均风速	SSW(南偏西 22.5°)	4.0	自然通风,防风节能
	工况 4	过渡季、冬季平均风速	NNE(北偏东 22.5°)	4.0	自然通风,防风节能
台州	工况 1	夏季 10%大风	SE(东南风 135°)	6.0	行人舒适性
	工况 2	过渡季 10%大风、 冬季 10%大风	NW(西北风 315°)	4.0	行人舒适性及防风节能
	工况 3	夏季平均风速	SE(东南风 135°)	3.53	自然通风
	工况 4	过渡季平均风速、 冬季平均风速	NW(西北风 315°)	2.74	自然通风及防风节能

续表

城市	工况	基本情况	风向	风速(m/s)	评价内容
太原	工况 1	夏季 10%大风	SE	4.0	行人舒适性
	工况 2	夏季、过渡季、冬季 10%大风	NW	7.0	行人舒适性及防风节能
	工况 3	夏季平均风速	SE	2.49	自然通风
	工况 4	夏季、过渡季、冬季平均风速	NW	3.12	自然通风及防风节能
天津	工况 1	夏季 10%大风	SSE	3.0	行人舒适性
	工况 2	过渡季、冬季 10%大风	SW	4.0	行人舒适性及防风节能
	工况 3	冬季 10%大风	E	5.0	行人舒适性及防风节能
	工况 4	夏季平均风速	SSE	1.7	自然通风
	工况 5	过渡季、冬季平均风速	SW	2.2	自然通风及防风节能
	工况 6	冬季平均风速	E	2.9	防风节能
通辽	工况 1	夏季 10%大风	S(正南风)	7.0	行人舒适性
	工况 2	过渡季、冬季 10%大风	WNW(西西北风)	8.0	行人舒适性及防风节能
	工况 3	夏季平均风速	S(正南风)	4.3	自然通风
	工况 4	过渡季、冬季平均风速	WNW(西西北风)	4.2	自然通风及防风节能
潍坊	工况 1	夏季、过渡季 10%大风	S(南风)	6.0	行人舒适性
	工况 2	冬季 10%大风	NW(西北风)	7.0	行人舒适性及防风节能
	工况 3	夏季、过渡季平均风速	S(南风)	3.69	自然通风
	工况 4	冬季平均风速	NW(西北风)	4.63	行人舒适性及防风节能
温州	工况 1	夏季、过渡季 10%大风	ESE(东东南)	6.0	行人舒适性
	工况 2	冬季 10%大风	WNW(西西南)	5.0	行人舒适性及防风节能
	工况 3	夏季、过渡季平均风速	ESE(东东南)	3.3	自然通风
	工况 4	冬季平均风速	WNW(西西南)	2.7	防风节能
乌鲁木齐	工况 1	夏季、过渡季、冬季平均风速	NW	3.25	自然通风及防风节能
	工况 2	冬季平均风速	NE	1.87	防风节能
武汉	工况 1	全年 10%大风	NE(北偏东 45°)	3.0	行人舒适性及防风节能
	工况 2	过渡季、冬季 10%大风	NNW(北偏西 22.5°)	3.0	行人舒适性及防风节能
	工况 3	全年平均风速	NE(北偏东 45°)	1.63	自然通风及防风节能
	工况 4	过渡季、冬季平均风速	NNW(北偏西 22.5°)	1.88	自然通风及防风节能

续表

城市	工况	基本情况	风向	风速(m/s)	评价内容
西安	工况 1	夏季、过渡季、冬季 10%大风	NE(北偏东 45°)	4.0	行人舒适性及防风节能
	工况 2	夏季、过渡季 10%大风	SW(西偏南 45°)	4.0	行人舒适性
	工况 3	夏季、过渡季、冬季平均风速	NE(北偏东 45°)	2.8	自然通风及防风节能
	工况 4	夏季、过渡季平均风速	SW(西偏南 45°)	2.6	自然通风及防风节能
徐州	工况 1	夏季平均风速	SSE	3.1	自然通风
	工况 2	夏季、过渡季、冬季平均风速	E	2.9	自然通风/防风节能
	工况 3	冬季平均风速	NW	2.4	防风节能
兖州	工况 1	夏季、过渡季 10%大风	S(南风)	5.0	行人舒适性
	工况 2	冬季 10%大风	NE(东北风)	5.0	行人舒适性，防风节能
	工况 3	夏季、过渡季平均风速	S(南风	3.2	自然通风
	工况 4	冬季平均风速	NE(东北风)	3.0	防风节能
枣庄	工况 1	夏季最多风向平均风速	ESE(东南风)	2.7	行人舒适性及自然通风
	工况 2	冬季平均风速	NE(东北风)	2.8	行人舒适性及防风节能
	工况 3	冬季最多风向平均风速	NE(东北风)	4.0	行人舒适性及防风节能
长沙	工况 1	夏季、过渡季、冬季 10%大风	NW	5.0	行人舒适性及防风节能
	工况 2	夏季 10%大风	S	5.0	行人舒适性
	工况 3	夏季、过渡季、冬季平均风速	NW	2.8	行人舒适性及防风节能
	工况 4	夏季平均风速	S	2.6	自然通风
郑州	工况 1	夏季、过渡季 10%大风	S(正南方向)	5.0	行人舒适性
	工况 2	过渡季、冬季 10%大风	NE(东北方向)	6.0	行人舒适性，防风节能
	工况 3	冬季 10%大风	WNW(西偏北 22.5°)	6.0	行人舒适性，防风节能
	工况 4	夏季、过渡季平均风速	S(正南方向)	3.1	自然通风及防风节能
	工况 5	过渡季、冬季平均风速	NE(东北方向)	3.5	自然通风及防风节能
	工况 6	冬季平均风速	WNW(西偏北 22.5°)	4.0	防风节能
重庆	工况 1	夏季 10%大风 冬季 10%大风	NW(北偏西 45°)	3.0	行人舒适性，防风节能
	工况 2	过渡季 10%大风	NNW(北偏西 22.5°)	3.0	行人舒适性
	工况 3	夏季平均风速 冬季平均风速	NW(北偏西 45°)	1.84	行人舒适性，防风节能
	工况 4	过渡季平均风速	NNW(北偏西 22.5°)	2.0	自然通风

续表

城市	工况	基本情况	风向	风速(m/s)	评价内容
株洲	工况 1	过渡季、冬季 10%大风	NNW	4.0	行人舒适性及防风节能
	工况 2	夏季 10%大风	SSE	4.0	行人舒适性
	工况 3	过渡季、冬季平均风速	NNW	2.8	自然通风及防风节能
	工况 4	夏季平均风速	SSE	2.5	自然通风

【问题 20】场地风环境模拟分析边界条件及基本要求有哪些，如计算区域、计算模型、输出结果等？针对《绿色建筑评价标准》4.2.6 条部分，对于只有一排的建筑，是否可以直接得分？

（1）计算区域：以目标建筑为中心，半径 5H 范围内为水平计算域。计算模型：采用湍流模型，选择标准 κ-ε 模型。输出结果：不同季节不同来流不同风向下，场地范围内 1.5m 高处的风速、冬季室外活动区的风速放大系数、建筑首层及典型楼层迎风面与背风面表面的风压力分布。

【评价案例】

上海某绿色三星项目，以目标建筑（高度 H）为中心，半径 5H 范围内为水平计算域。在来流方向，建筑前方距离计算区域边界大于 2H，建筑后方距离计算区域边界大于 6H。计算模型如图 40。

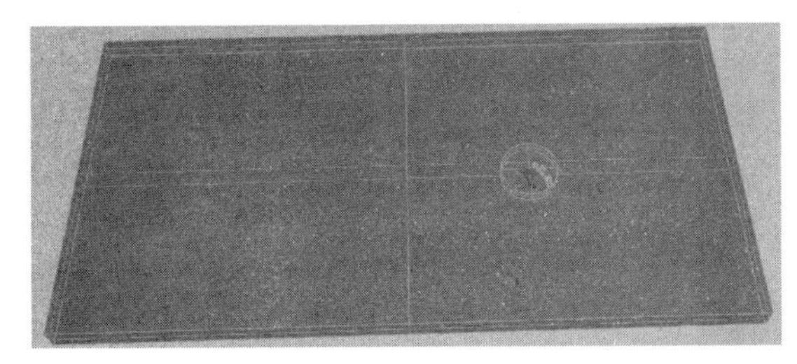
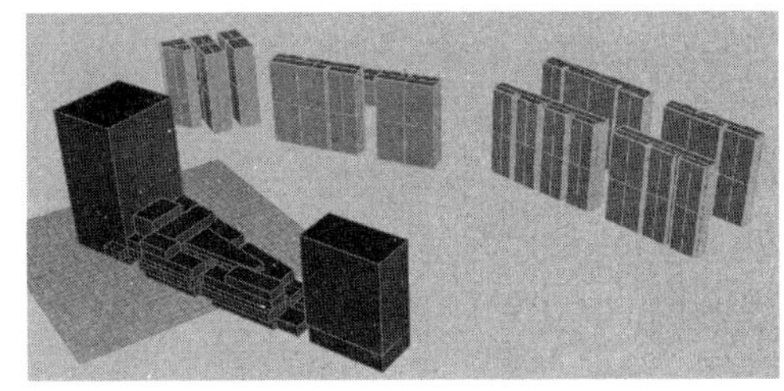

图 40　通风分析区域与建筑几何模型

（2）对于只有一排的建筑，“建筑迎风面与背风面表面压力差不大于 5Pa”该项可以直接得分。

【问题 21】什么样的面层或铺装材料才能满足太阳辐射反射系数不小于 0.4 的要求？

目前《绿色建筑评价标准》GB/T 50378—2014、《绿色建筑评价技术细则》(2015)、《绿色建筑评价标准应用技术图示》15J904 中均未给出常用材料的太阳辐射反射系数清单。

目前可供参考的材料如下：

（1）国家标准《民用建筑热工设计规范》（有部分屋面、墙面、涂料的参数）

《民用建筑热工设计规范》GB 50176—2016 中，给出了一些常用材料的太阳辐射吸收系数值。对于普通的屋面和路面来说，太阳辐射不会直接穿透，因此认为太阳辐射吸收系数＋太阳辐射反射系数应该等于 1，从而可以间接算出常用材料的太阳辐射反射系数。表 13～表 15 是根据《民用建筑热工设计规范》GB 50176—2016 中附表换算出部分结果：

太阳辐射反射系数主要与面层材料的颜色有关：

不同材料的屋面太阳辐射反射系数　　表 13

面层类型	颜色	太阳辐射反射系数
红褐色陶瓦屋面	红褐色	0.26～0.35
灰瓦屋面	浅灰色	0.48
水泥屋面	素灰色	0.26
水泥瓦屋面	深灰色	0.31
石棉水泥瓦屋面	浅灰色	0.25
绿豆沙保护屋面	浅黑色	0.35
白石子屋面	灰白色	0.38
黑色油毛毡屋面	深灰色	0.14

不同材料的墙面太阳辐射反射系数　　表 14

面层类型	颜色	太阳辐射反射系数
石灰粉刷墙面	白色	0.52
白水泥粉刷墙面	白色	0.52
水刷石墙面	浅色	0.32
水泥粉刷墙面	浅灰	0.44
砂石粉刷面	深色	0.43
浅色饰面砖	浅黄、浅白	0.50
红砖墙	红色	0.22～0.3
混凝土砌块	灰色	0.35
混凝土墙	深灰	0.27

不同材料的涂料太阳辐射反射系数　　表 15

面层类型	颜色	太阳辐射反射系数
浅色涂料	浅黄、浅红	0.50
红涂料、油漆	大红	0.26
棕色、发色喷泉漆	中棕、中绿色	0.21

除《民用建筑热工设计规范》以外，一些地方如广东省的节能规范，也提供有类似上述材料的太阳辐射吸收系数。

（2）国家标准《城市居住区热环境设计标准》（有部分地表材料的参数）

《城市居住区热环境设计标准》JGJ 286—2013 提供了部分材料的太阳辐射吸收系数值，换算成太阳辐射反射系数如表 16：

不同材料的太阳辐射反射系数 **表 16**

地表类型	地面特征	太阳辐射反射系数
道路、广场	普通水泥	0.26
	普通沥青	0.13
	透水砖	0.26
	透水沥青	0.11
	植草砖	0.26
绿地	草地	0.20
	乔、灌、草绿地	0.22
水面	—	0.04

该标准未区分铺装的颜色，如果考虑颜色，该指标应该还有进一步区分的空间。

通过两部标准中的数据可以发现，如果要求屋面、路面的太阳辐射反射系数不小于 0.4，控制面层材料颜色是比较可行的办法，其核心是要求采用浅色，比如屋面采用白色面砖或者浅色面砖（浅黄色、浅白色）则可以满足太阳辐射反射系数要求。对于屋面，除了通过面层材料的选择，还可以额外地增加热反射涂料来提高屋面的太阳辐射反射系数。

【问题 22】采取措施降低热岛强度，要求超过 70%的道路路面、建筑屋面的太阳辐射反射系数不小于 0.4。这里的道路路面具体指的是什么？除车行道外，是否包括室外活动场地当中的步道、广场和停车场？

室外场地热岛效应的产生，是道路路面以及其他的硬质铺装共同作用的结果，因此从降低热岛强度的角度，不仅要控制车行道的太阳辐射反射系数，也应该对步道、广场和停车场对区域进行控制。

【评价案例】

某办公商业综合体在设计时考虑室外采用降低热岛效应措施，在室外铺装设计时，部分采用浅色花岗岩，另外屋面全部采用浅色面砖材料，保证屋面＋室外硬质场地中太阳辐射反射系数大于 0.4 的区域面积比例达到 73.11%，满足绿色建筑评价标准得分要求。见表 17。

室外场地太阳辐射反射系数统计　　**表 17**

室外场地	材料	太阳辐射反射系数	面积(m^2)
屋面	浅色面砖	0.50	5945
车道＋步道＋广场	浅灰色花岗岩	0.42	4150
	烧面花岗岩	0.32	3460
停车位	植草砖	0.26	252
屋面和室外硬质场地面积总面积			13807
太阳辐射反射系数不小于 0.4 的区域面积			10095
太阳辐射反射系数不小于 0.4 的区域面积比			73.11%

【问题 23】场地与公共交通设施的距离以及场地出入口到达公共服务的步行距离指的是直线距离还是步行距离？

考察场地距离公共交通设施与公共服务设施的距离主要是从方便建筑使用者利用公共资源、减少机动车出行需求以减少交通能耗与污染的角度出发，因此其距离指的是步行距离。交通调查显示，我国居民步行出行平均速度为 3～5km/h。500m 大约步行 5～10min，是居民步行可承受的距离，因此要求公交站、学校、商业服务设施等均应在步行 500m 范围内。由于幼儿行走较慢，因此幼儿园步行距离要求更近，不超过 300m。800m 大约步行需要 8～16min，是居民对轨道交通可承受的距离。

如某项目周边公交站点的分布如图 41 所示，从场地出入口到公交站点的距离应选择

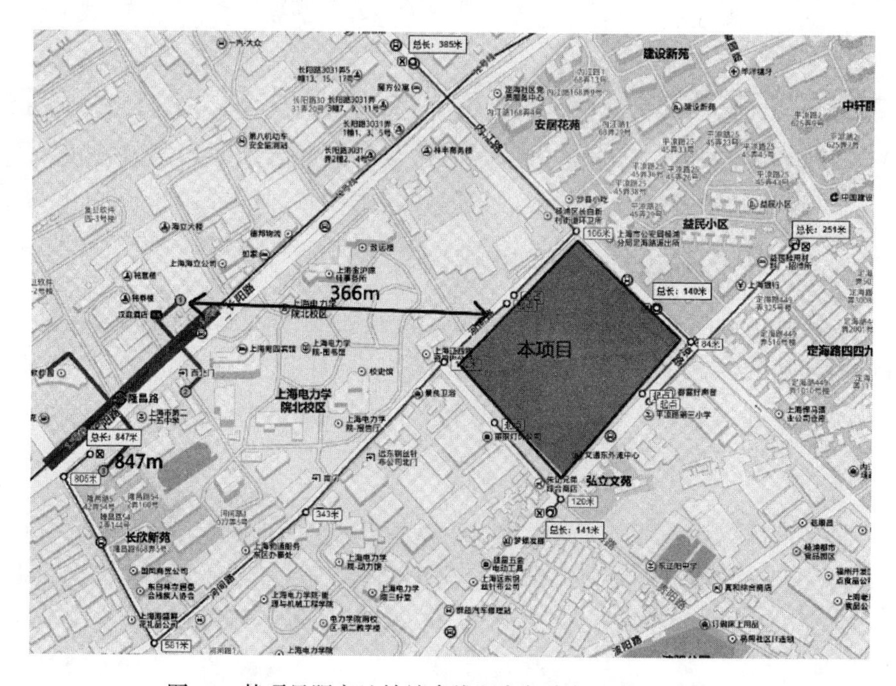

图 41　某项目距离地铁站直线距离与步行距离差异对比

步行可达的路线进行测距，虽然距离轨道交通直线距离不到 800m，但根据步行道路测距已超出了 800m，因此不能计算在得分中。而从场地出入口步行至周边公交车站，其步行距离均在 500m 范围内，因此可以获得公交站点的相应分数。

再如图 42 所示案例，从主要出入口步行至地铁站距离均不超过 100m，可直接得分。

图 42　某项目主要出入口步行至地铁站距离均不超过 100m

【问题 24】建筑与小区层面如何落实海绵城市的相关要点？

海绵城市是指城市能够像海绵一样，在适应环境变化和应对自然灾害等方面具有良好的“弹性”，下雨时吸水、蓄水、渗水、净水，需要时将蓄存的水“释放”并加以利用。在建筑与小区层面海绵城市的建设包括透水铺装、下凹式绿地、人工湿地、屋顶绿化、植草沟等绿色雨水基础设施，以及渗管/渠、蓄水模块、雨水回用系统等灰色雨水基础设施。各项措施的技术要点如下：

（1）透水铺装

① 透水铺装应满足路基强度和稳定性要求；

② 当透水铺装设置在地下室顶板上时，顶板覆土厚度不应小于 600mm，并应设置排水层；

③ 土地透水能力有限时，应在透水铺装的透水基层内设置排水管或排水板。见图 43。

（2）下凹式绿地

① 下凹式绿地的下凹深度应根据植物耐淹性能和土壤渗透性能确定，一般为 100～200mm；

图 43　透水铺装

② 下凹式绿地内一般应设置溢流口（如雨水口），保证暴雨时径流的溢流排放，溢流口顶部标高一般应高于绿地 50～100mm。见图 44。

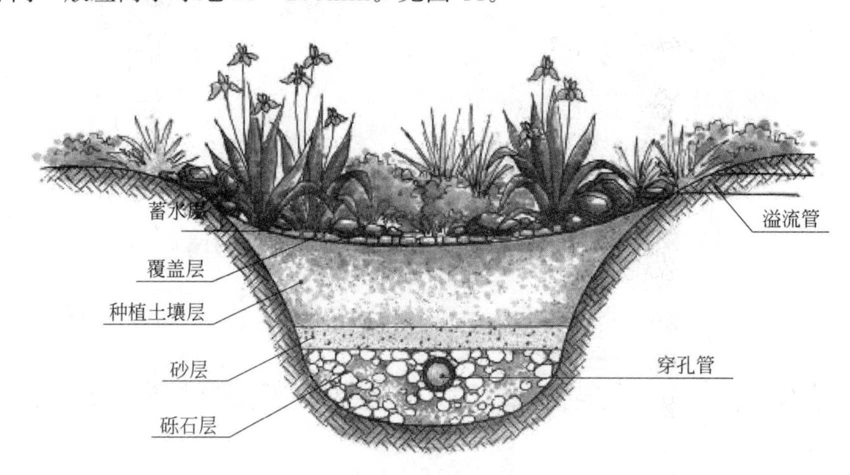

图 44　下凹式绿地

关于下凹式绿地的设置，应结合海绵城市要求综合考虑。项目需标注下凹式绿地距离建筑物的距离，如果距离过小，需设置防水膜。

（3）人工湿地

① 进水口和溢流出水口应设置碎石、消能坎等消能设施，防止水流冲刷和侵蚀；

② 湿地应设置前置塘对径流雨水进行预处理；

③ 湿地根据水深不同种植不同类型的水生植物。见图 45。

（4）屋顶绿化

① 简易式绿色屋顶种植土厚度应不小于 100mm，花园式绿色屋顶种植土厚度应不小于 900mm；

② 屋顶楼板承重应满足绿化种植、蓄水、覆土等荷载要求。见图 46。

图 45　人工湿地

图 46　屋顶绿化

（5）植草沟

① 断面形式宜采用倒抛物线形、三角形或梯形；

② 植草沟的边坡坡度（垂直：水平）不宜大于 1∶3，纵坡不应大于 4%。纵坡较大时宜设置为阶梯形植草沟或在中途设置消能台坎；

③ 植草沟最大流速应小于 0.8m/s，曼宁系数宜为 0.2～0.3；

④ 转输型植草沟内植被高度宜控制在 100～200mm。见图 47。

（6）渗管/渠

① 渗管/渠应设置植草沟、沉淀（砂）池等预处理设施；

② 渗管/渠开孔率应控制在 1%～3%之间，无砂混凝土管的孔隙率应大于 20%；

③ 渗管/渠的敷设坡度应满足排水的要求；

④ 渗管/渠四周应填充砾石或其他多孔材料，砾石层外包透水土工布，土工布搭接宽度不应少于 200mm；

⑤ 渗管/渠设在行车路面下时覆土深度不应小于 700mm。见图 48。

图 47　植草沟

图 48　渗管

（7）蓄水模块

① 应考虑周边荷载的影响，其竖向荷载能力和侧向荷载能力应大于上层铺装和道路荷载与施工要求；

② 蓄水模块水池内应具有良好的水流流动性，水池内的流通直径应不小于 50mm；

③ 塑料模块外围包有土工布层，并根据渗透要求确定防渗膜的设置。见图 49。

图 49　蓄水模块

（8）雨水回用系统

① 根据雨水原水水质情况，考虑弃流设施的设置；

② 雨水处理以沉淀过滤消毒工艺为主，处理水质满足相应的回用要求；

③ 系统应防止废渣、臭气等二次污染的产生。见图 50。

建筑与小区中海绵城市各项技术的选择和规模的确定应基于对项目基础条件进行详细的资料收集和现状调研进行，具体操作流程如图 51 所示。

图 50　雨水回用系统

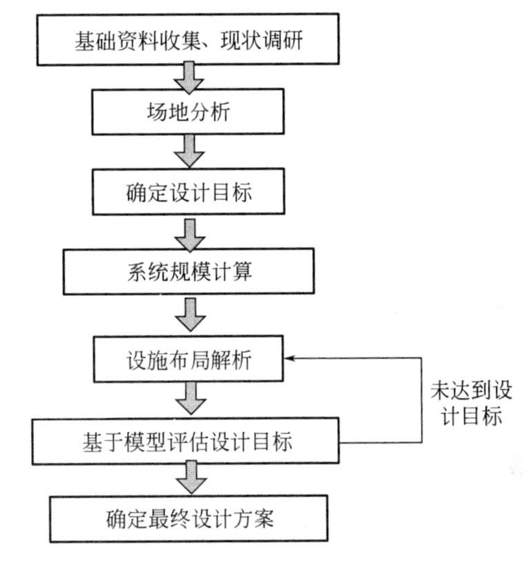

图 51　构建海绵设施技术流程图

【问题 25】什么是生态补偿，如何进行生态补偿？

生态补偿是以保护和可持续利用生态系统服务为目的，以经济手段为主调节相关者利益关系的制度安排，主要是对生态系统和自然资源保护所获得效益的奖励或破坏生态系统和自然资源所造成损失的“赔偿”。

在建筑项目建设过程中，有可能会对原有生态系统中的自然水域、自然湿地、自然植被等进行破坏。例如对现有的水域、湿地进行填埋，有些会对现有的植物砍伐或移植。针对项目的破坏内容，采取的生态补偿措施有所不同：

（1）对自然水域的补偿主要应考虑其承担的雨水调节、行泄洪作用以及满足下游水体自净流量作用。可以通过另外开辟行泄洪通道，在开发项目中设置雨水基础设施满足雨水调蓄以及排放的要求。

（2）对自然湿地的补偿主要应考虑到人工提供自然湿地原有生态系统中动植物栖息地条件，自然湿地的水污染控制作用。通过设置人工湿地并对建设项目的排水水量和水质提出削减要求，使现有生态系统的负荷不高于项目开发之前。

（3）对自然植被的补偿主要应考虑到其在保持水土、维持生物多样性等方面起到的作用。可以通过对场地内原有的植被进行修复来进行补偿，其中应注意对场地表层土的保护与回收。

【评价案例】

某自然湿地区域需新建办公建筑。项目开发需对 1500m² 自然湿地进行填埋占用，并需、移除湿地周边灌木约 300 株。

项目按照生态补偿要求进行设置。根据湿地的径流控制功能，该区域湿地的径流控制量约为 800m³，通过在新建项目中设置景观人工湿地，满足场地雨水径流控制 70%要求，约 820m³ 径流控制量。通过节水器具和中水回用系统的设置，减少污废水排放量。对 300 株灌木重新布置于项目绿化中，对灌木生长土壤表层土进行分层堆放保留，重新用做场地绿化种植土。

【问题 26】净地交付所指的概念是什么，项目的二期建设是否可以归为净地交付？

目前国家对净地没有准确的定义，通常认为“净地”包含两个层面的含义：一是从法律关系上看，“净地”是指权属清楚、界址明确，完成农用地征转用、农民补偿到位、原土地使用权收回且不存在抵押、查封等情况的地块；二是从经济关系上看，“净地”是指完成地面、地上、地下建筑物、构筑物拆除后的地块。至于通平条件，由于没有统一的标准，应该遵从各地的规定。

项目如为净地交付，在《绿色建筑评价标准》GB/T 50378－2014 中的 4.2.12 条可不参评。通常在土地出让合同中会注明项目的交付条件，在绿色建筑评价中可用土地出让合同作为证明材料。见图 52。

> 第五条　本合同项下出让宗地的用途为<u>　商办、餐饮旅馆业用地　</u>。
>
> 第六条　出让人同意在<u>　2014年2月24日　</u>前将出让宗地交付给受让人，出让人同意在交付土地时该宗地应达到<u>　净地　</u>。

图 52　土地出让合同中的交付条件约定

【问题 27】下凹式绿地和雨水花园等雨水基础设施应如何进行设置？

下凹式绿地和雨水花园均是通过将公共绿地高程设置低于周围路面利用开放空间承接和贮存雨水，达到减少径流外排的作用。根据下凹式绿地的作用，可将其分为净化型、调蓄型以及综合功能型。这类绿地设置应满足以下要求：

（1）绿地高程低于周边道路或设置低于周边道路的孔洞使径流雨水可以流入；

（2）绿地中设置溢流口，溢流口以下的空间为雨水贮存空间；

（3）绿地中土壤的渗透能力应当足够保证雨水的快速下渗；

（4）需要对雨水渗透水量进行平衡分析，使下渗量、蒸发量、植物蒸腾量与进入的雨水量保持平衡。见图 53～图 55。

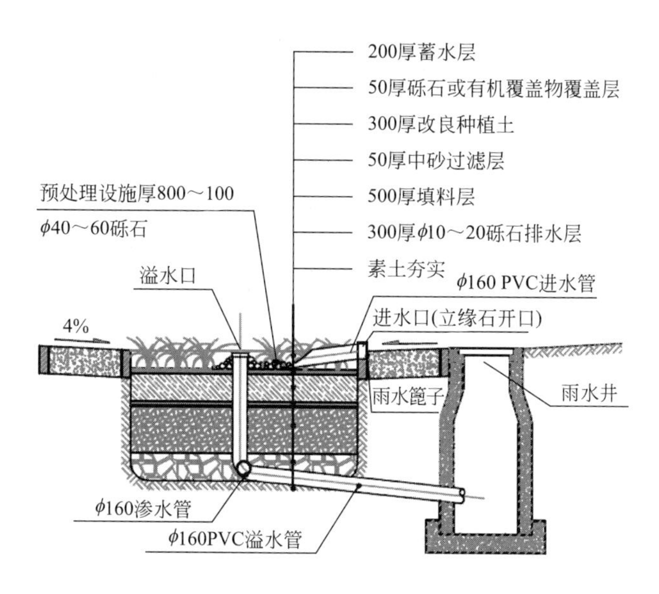

图 53　净化型下凹式绿地设计构造做法

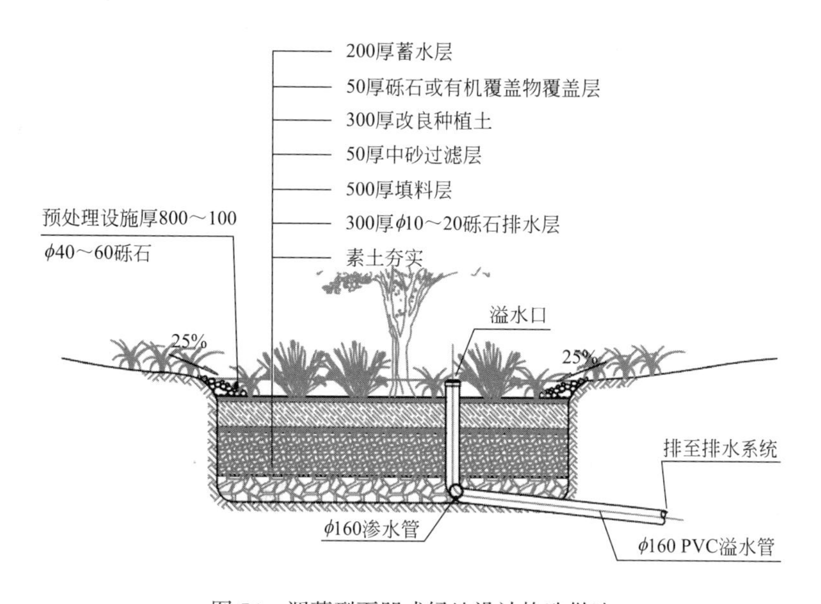

图 54　调蓄型下凹式绿地设计构造做法

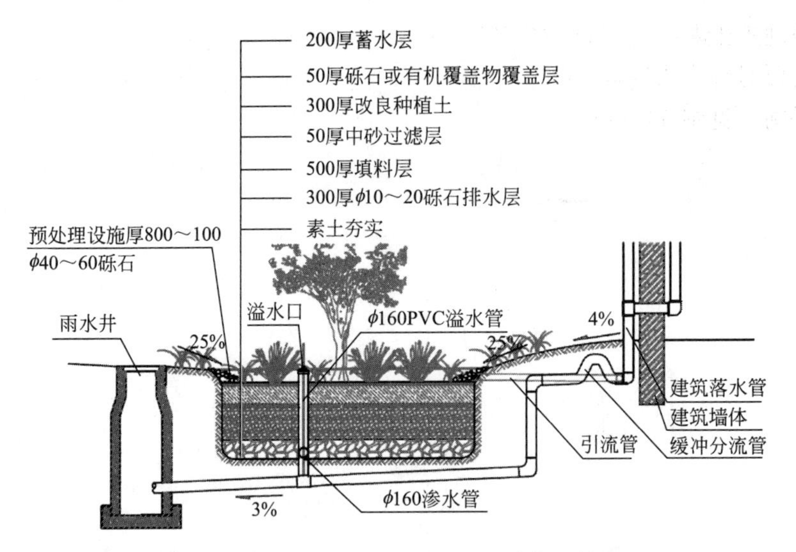

图 55　综合功能型下凹式绿地设计构造做法

【问题 28】透水铺装是增加雨水入渗的常用方法，其设计原则和常见做法有哪些？透水铺装的认定，对于地下室顶板上部绿化的覆土厚度具体要求是什么？如少于标准要求，应如何处理？

透水铺装是指采用如植草砖、透水沥青、透水混凝土、透水地砖等透水铺装系统，既能满足路用及铺地强度和耐久性要求，又能使雨水通过本身与铺装下基层相通的渗水路径直接渗入下部土壤的地面铺装。设置透水铺装在雨天时可以加速雨水入渗、减少地表径流，晴天时也有利于减少热岛效应。见图 56。

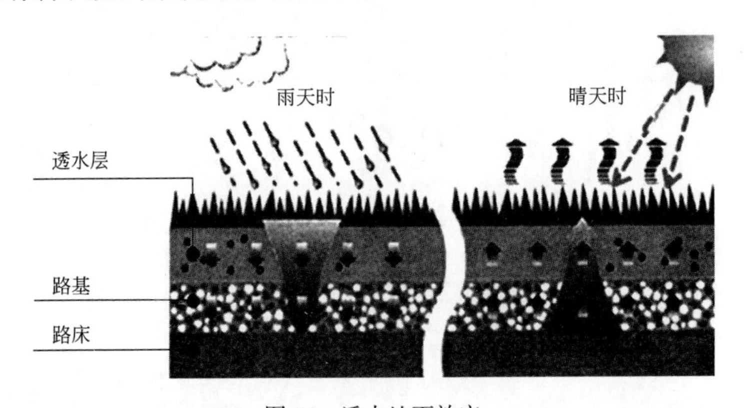

图 56　透水地面效应

按照设计措施从易到难的顺序，建议设计时首先考虑地面停车位设置成为植草砖铺装，其次广场、人行道路铺装采用透水混凝土、透水砖等。由于车行道路本身有较高的承载力要求，而透水铺装既要满足孔隙率等透水要求，又要满足承载力要求，对材料与构造要求均较高，因此只有当透水面积不足时才考虑普通车行道路采用透水铺装。见图 57。

图 57　透水地面示意

目前的产品中透水混凝土的应用已较为成熟，通过不同的基层、垫层构造，可以满足人行道路，甚至大型车辆通行的承载力要求。也可以根据景观铺装要求，设计为不同颜色、效果。见图 58、图 59。

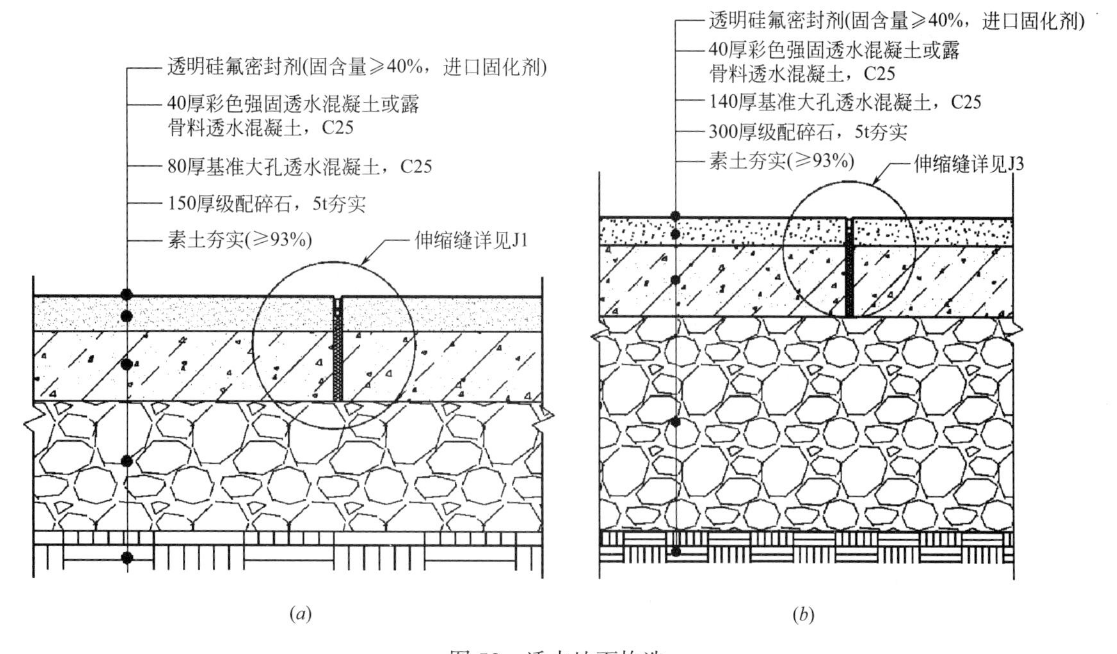

图 58　透水地面构造

（*a*）设计荷载 2T 人行道专用，偶尔小型车辆通行；（*b*）设计荷载 13T 车行道或停车场

透水沥青也可以实现透水性和承载力要求，但应注意压实后的孔隙率达到 20%左右，要求沥青和骨料具有较大的粘附能力和强度，实施时应严格控制材料性能。若材料不达标，路面强度会逐渐降低，路面内集料因荷载原因碎裂导致路面出现车辙、断裂等。

当透水地面位于地下室顶板上部时，则要求地下室顶板上覆土深度能满足当地园林绿化部门要求，如上海市要求覆土至少满足 1.5m。当覆土深度不能满足要求时，应在地下室顶板设疏水板及导水管，将渗透的雨水导入到与地下室顶板接壤的实土中。

图 59 透水地面效果示意

【评价案例】

本项目申报范围内室外地面除绿化与架空部分地面外，均铺设了灰色钢渣透水混凝土砖，面积约 704m²，申报范围内绿化总面积约 263m²，室外总透水面积 967m²，占室外面积（1418m²）的 68%（2014 年项目，按上海市《绿色建筑评价标准》DG/TJ08－2090－2012）。所采用的钢渣透水混凝土砖由钢厂废弃钢碴制成，可以承载车行压力，可实现透水的同时实现废物利用。见图 60、图 61。

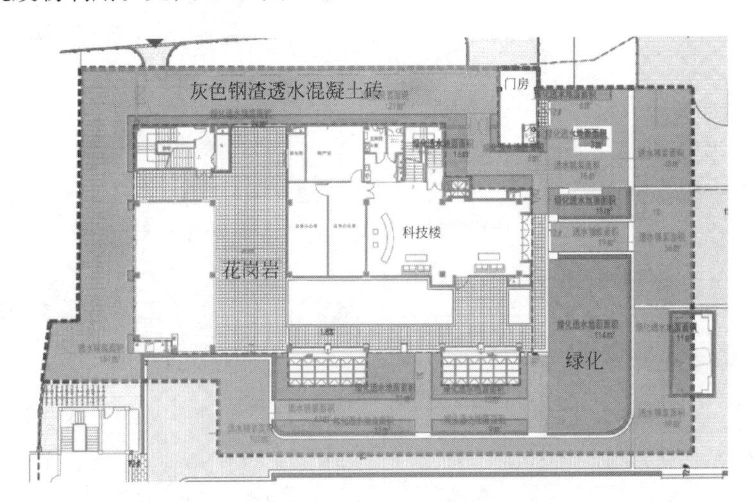

图 60 某学校项目采用透水地面示例

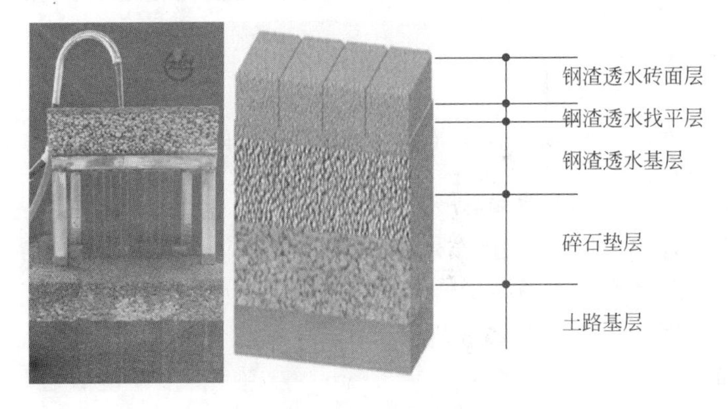

图 61 钢渣透水砖

【评价案例】

本项目在地面停车场和部分硬质铺地分别采用了透水沥青和透水石材，其中透水沥青面积约 14844m²，透水石材面积 3831m²，占室外硬质铺装面积（26711m²）的 69.9%（2016 年项目，按现行国家标准《绿色建筑评价标准》GB/T 50378—2014）。见图 62、表 18。

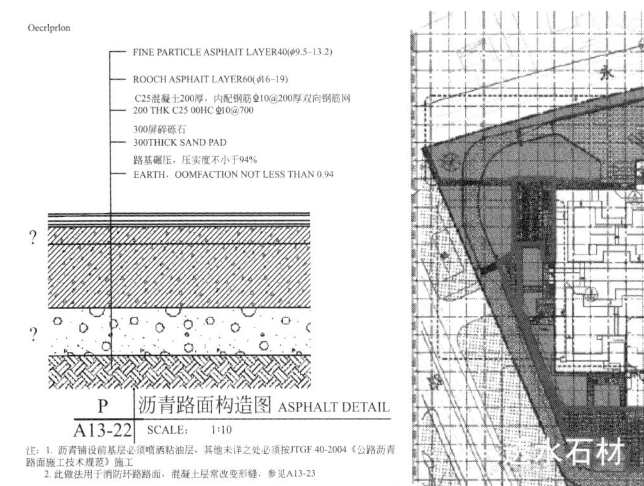

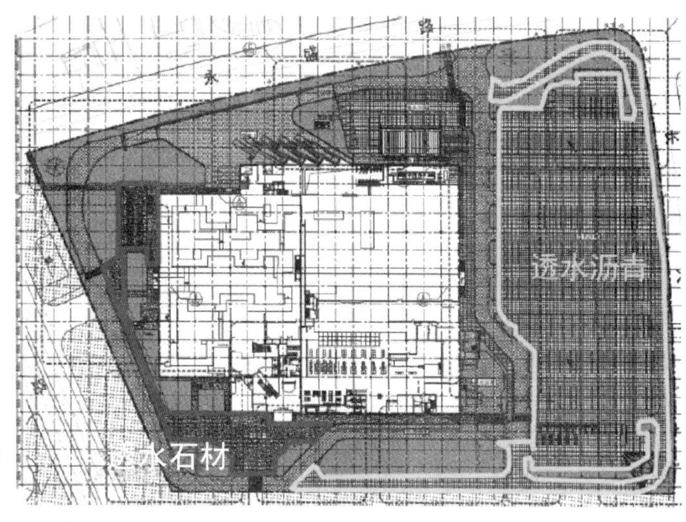

图 62 某项目透水地面做法

透水地面计算表 **表 18**

用地面积(m²)	48248
室外场地面积(m²)	33951
透水沥青面积(m²)	14844
透水石材面积(m²)	3831
普通沥青及其他混凝土路面(m²)	8036
绿地面积(m²)	7240
硬质铺装面积(m²)	26711
透水铺装占硬质铺装面积比(%)	69.9%

【问题 29】场地年径流总量控制率应如何计算？

场地年径流总量控制率可通过软件模拟进行计算确定，也可以通过查表方式确定是否满足相关径流控制率要求。《绿色建筑评价标准》中给出了主要城市 55%、70%、85%径流控制率所对应的径流控制降雨量。

查表法的计算方法如下：

（1）先根据设计径流控制率找到对应控制降雨厚度 f，结合总场地面积 S 计算总的需

要控制的雨量 Q_Z：

$$Q_Z=f \cdot S$$

（2）根据控制降雨厚度 f、总场地面积 S 和综合径流系数 Φ 计算入渗量 Q_1：

$$Q_1=f \cdot S \cdot (1-\Phi)$$

（3）计算雨水储存调蓄设施的最小调蓄容积 Q_2，并确定雨水调蓄池容积 V_1：

$$要求\ Q_1+Q_2 \geqslant Q_Z$$

$$V_1 \geqslant Q_2$$

（4）雨水汇集区域校核：

项目在竖向设计上也应满足径流控制的要求，应对各雨水储存调蓄设施的服务区域进行校核，服务区域（面积 S_i，区域综合径流系数 Φ_i）的径流量达到总径流量的80%以上：

$$\sum(S_i \cdot \Phi_i) \geqslant 0.8 \cdot S \cdot \Phi$$

【案例】

某居住小区，总占地面积 14000m²，包括屋面面积 5500m²，道路广场等硬质地面面积 3500m²，绿地面积 5000m²，按照径流总量控制率 55%进行设计。

（1）计算需要控制的雨量 Q_Z：

55%对应的 f 值为 11.2mm，因此

$$Q_Z=f \cdot S=11.2 \times 14000/1000=156.8\text{m}^3$$

（2）计算入渗量 Q_1：

根据屋面、道路广场以及绿地情况计算综合径流系数

$$\Phi=(5500 \times 0.9+3500 \times 0.9+5000 \times 0.15)/14000=0.632$$

从而求得场地入渗量为

$$Q_1=f \cdot S \cdot (1-\Phi)=11.2 \times 14000 \times 0.632/1000=99.1\text{m}^3$$

（3）确定调蓄容积 V_1：

根据雨量控制需求 Q_Z 和场地入渗量情况 Q_1 计算所需的调蓄容积 Q_2

$$Q_2=Q_Z-Q_1=156.8-99.1=57.7\text{m}^3$$

雨水调蓄池按照 $V_1=60\text{m}^3$ 的有效调蓄容积进行设计。并通过竖向设计使屋面全部区域及 2500m² 道路广场硬质地面雨水可汇入雨水蓄水池。

（4）雨水汇集区域校核：

$$=5500 \times 0.9+2500 \times 0.9=7200$$

$$=0.8 \times 14000 \times 0.632=7078.4$$

因此：

$$\sum(S_i \cdot \Phi_i) \geqslant 0.8 \cdot S \cdot \Phi$$

雨水汇集区域符合竖向设计要求，项目满足 55%的径流控制条件。

【问题 30】屋顶绿化常见做法有哪些？

屋顶绿化是目前较为常用的绿色技术，当屋顶绿化面积超过可绿化的屋顶面积的

30%，即可在绿色建筑评价的节地方面获得分数。同时，屋顶绿化也是在目前土地资源日益紧缺的形式下增加绿植面积，改善建筑微气候的重要手段。上海市目前已强制实施屋顶绿化，2015 年 10 月颁发了《屋顶绿化技术规范》，要求："本市新建公共建筑以及改建、扩建中心城区内既有公共建筑的，应当对高度不超过 50m 的平屋顶实施绿化，实施屋顶绿化面积不得低于建筑占地面积的 30%。"且为了鼓励屋顶绿化的实施，公共建筑实施的屋顶绿化面积超过 30%的部分可按比例折算抵算配套绿地。折算面积＝屋顶绿化的面积×类型系数 LX×屋面标高与基地地面标高的高差系数 GX。见表 19。

不同屋顶绿化折算系数 **表 19**

屋面标高与基地地面标高的高差 H(m)	GX
$1.5<H\leqslant 12$	0.7
$12<H\leqslant 24$	0.5
$24<H\leqslant 50$	0.3
屋顶绿化类型	LX
花园式	1.0
组合式	0.7
草坪式	0.5

(1) 花园式屋顶绿化

要求平均覆土深度 60cm 以上，绿化种植面积占屋顶绿化总面积的比例不低于 70%，乔灌草覆盖面积占绿化种植面积的比例不低于 70%。一般设有少量步道、园林小品与休憩场所。花园式屋顶绿化提供植物丰富，设有高大乔木，可以为建筑提供良好的休憩空间，对调节微气候作用明显，但对屋顶荷载要求较高，实施较为复杂，也需要后期良好的维护管理。见图 63。

图 63 花园式屋顶绿化示意

(2) 组合式屋顶绿化

要求平均覆土深度 30cm 以上；绿化种植面积占屋顶绿化总面积的比例不小于 80%；灌木覆盖面积占绿化种植面积的比例不小于 50%。组合式绿化一般以草坪和低矮灌木形成错落景致，有一定观赏性，也可供人休憩，对屋面荷载影响较花园式为小，但仍需要投入一定的维护管理，介于花园式与草坪式之间。见图 64。

图 64　组合式屋顶绿化示意

（3）草坪式屋顶绿化

覆土 10cm 以上，绿化种植面积占屋顶绿化总面积的比例不小于 90%。采用草本植被平铺栽植于屋顶，重量轻，后期养护投入少，实施简便，应用最为广泛。见图 65。

种植屋面在一般屋顶构造基础上还要设耐根穿刺防水层、保护层、排水层和过滤层，然后才是覆土层。典型构造如图 66 所示。

图 65　草坪式屋顶绿化示意

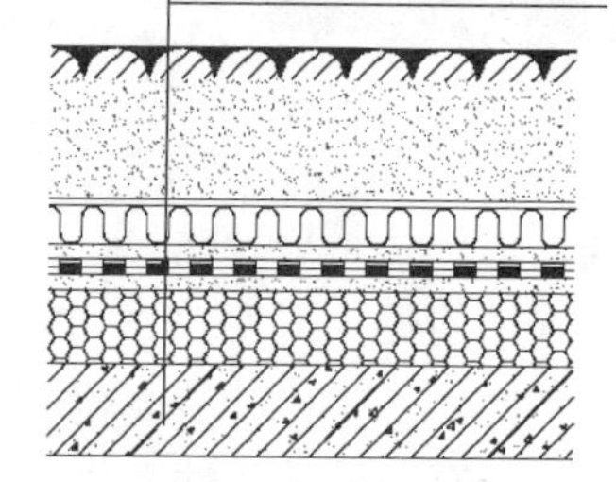

图 66　屋顶绿化构造

【问题31】垂直绿化常见做法有哪些？

关于垂直绿化的得分点，《绿色建筑评价标准》GB/T 50378—2014未对最低绿化比例有明确要求，适宜即可。

垂直绿化最古老的做法就是在墙边种植爬藤类植物，让其沿墙体自由攀爬。现在仍能看到很多老房子上沿墙面从下向上爬满爬藤类的植物，如爬山虎、常绿油麻藤、牵牛花等，建筑与自然融为一体，且有为墙体遮阳的效果。见图67。

现代建筑中设计的垂直绿化一般不再采用这种直接种植爬藤植物在墙面上攀爬的方式：一是植物攀爬不受控制，有时会遮挡窗口阳光，立面效果也不易控制；另一方面植物直接在墙面上攀爬易对围护结构造成破坏，时间久了墙体外饰面易脱落、产生裂缝。

目前常用的垂直绿化设计大致有模块化植物盒、张网自由攀爬或逐层设种植槽等几种做法。

（1）模块化植物盒种植墙

采用模块化植物盒设置在种植墙上，其植物实际为盆栽植物，在植物盒内设置滴灌系统。其优点是方便更换，当有的植物生长不良时，可直接取下更换新的植物盒，立面效果能够保持。但建设投入与维护成本均较高。见图68。

图67 垂直绿化

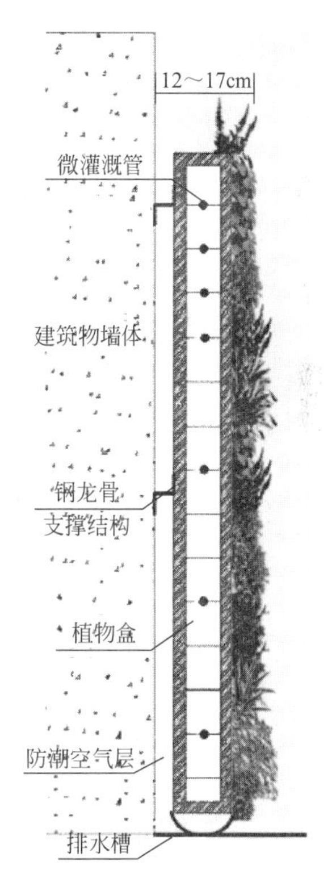

图68 模块式植物墙做法示意

这种做法在2010年世博会上大面积采用，世博主题馆、阿尔萨斯案例馆、罗阿大区案例馆、沪上生态家等均采用的是这种模块式种植墙的做法。见图69、图70。

但如果植物盒不是独立的，则更换会比较困难；如果养护不到位，植物容易坏死，影

图 69　阿尔萨斯案例馆垂直绿化

图 70　沪上生态家垂直绿化

响整个立面，也起不到垂直绿化的作用。见图 71。

（2）张网自由攀爬

在原有墙体外立塔构架或铺设钢丝网，让爬藤植物沿网架攀爬，这种做法使植物与墙体脱开，对原有墙体破坏较小，且能起到遮阳降温的效果。而且植物只需要在底部种植，浇灌与维护均较灵活简单。但植物攀爬不受控制，一般设置面积不宜过大，且需要注意供植物攀爬的网架与墙体之间的连接。见图 72。

图 71　养护不到位的垂直绿化

图 72　张网自由攀爬式垂直绿化

（3）逐层设种植槽与网架

逐层或逐几层设置种植槽与网架，每层种植槽内的植物可沿网架自由攀爬，然后可根据立面需要灵活布置种植槽的位置，网架形式也可根据立面效果灵活设计，不受植物生长

限制。但需要注意种植槽网架与建筑主体的连接以保证安全，同时也需要设置滴灌系统以保证植物生长需求。有一定建造与维护成本。见图 73、图 74。

图 73　逐层设种植槽与网架垂直绿化（申都大厦）

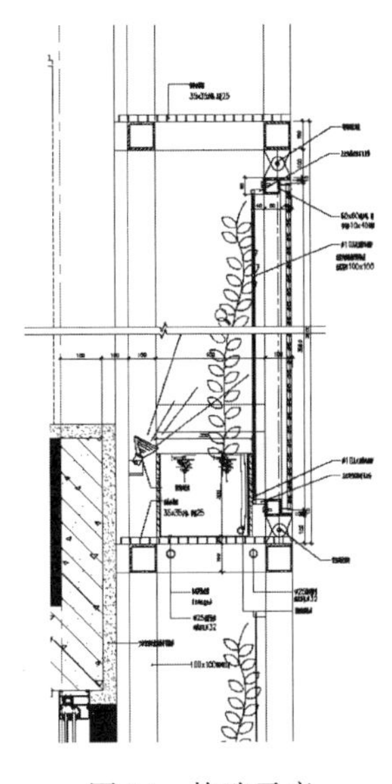

图 74　构造示意

【问题 32】如何计算外窗可开启面积，分子分母分别是什么？可开启比例对外窗的开启形式有无具体要求，如果外窗可开启角度小于等于 30°，是否需要折算可开启面积或折算系数如何确定？在外墙不透明部分设置可开启扇可计入吗？

外窗可开启面积是指可开启部分的窗扇面积与全部外窗面积之比。其中窗扇面积和全部外窗面积的计算，均可包含窗框。如果是玻璃幕墙，则是可开启扇的面积与透明部分总面积之比。对开启形式无要求，只要窗扇可开启，则整扇面积均可计入分子中。

外窗可开启主要是为了鼓励开窗进行自然通风，与排烟窗需要计算排气量有所区别，不需要根据可开启扇的开启角度对可开启面积进行折算。

【案例】某商场项目可开启比例计算

本项目均采用幕墙体系。其中玻璃幕墙可开启部分计算示意如图 75 所示，左侧幕墙玻璃部分尺寸为 4m×2m，其中可开启扇为 4m×0.6m，则此部分可开启比例为 30%。以此类推，最终计算得到本项目玻璃幕墙的可开启比例为 9.02%。见表 20。

图 75　某商场项目可开启比例计算

也有特殊情况如幕墙体系中有时会将非透明部分设置为可开启形式，由于本项要求主要针对自然通风，非透明部分开启也对通风有贡献，因此也可以计入可开启面积计算的分子中，但需要注意同时也要计入分母中。

某商场项目可开启比例计算表　**表 20**

编号	幕墙类型	外窗尺寸		数量（个）	外窗面积（m²）	可开启面积（m²）	可开启面积比例（%）
		宽度（m）	高度（m）				
E3018	铝合金 Low-e 中空玻璃	3	1.8	2	5.4	5.4	100%
E3218	铝合金 Low-e 中空玻璃	3.2	1.8	2	5.76	5.76	100%
E4118	铝合金 Low-e 中空玻璃	4.1	1.8	1	7.38	7.38	100%
E4618	铝合金 Low-e 中空玻璃	4.6	1.8	4	8.28	8.28	100%
E2218	铝合金 Low-e 中空玻璃	2.2	1.8	46	3.96	0	0%
E2424	铝合金 Low-e 中空玻璃	2.4	2.4	2	5.76	1.28	22.22%
总计					25.5	65.38	25.4%

【案例】某办公项目可开启比例计算

本项目部分立面玻璃幕墙部分为保持立面的完整性未设置可开启扇，而将玻璃旁边的铝板幕墙设置为可开启部分。在计算可开启比例时，0.6m 宽的铝板幕墙作为可开启扇计为分子，而将 1.8m 宽玻璃幕墙和 0.6m 宽铝板幕墙总面积计为分母来计算，则此部分可开启比例为 25%。见图 76。

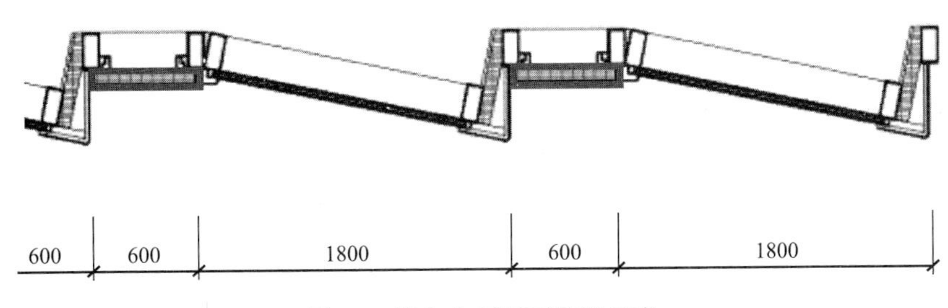

图 76　某办公项目可开启示意

【问题 33】针对现有建筑工程市场，现有保温材料的特点是什么？

在有较严防火要求的地区，可选保温材料不多。目前常用建筑保温材料以岩棉、泡沫玻璃、硅岩板等无机材料为主，其防火性能达到 A 级，岩棉、硅岩板多用于外墙，泡沫玻璃多用于屋顶。构造主要是粘贴用专用钉嵌固。其保温性能适中，造价较高，但防火性能好。见图 77～图 79、表 21。

有机类保温材料如 XPS、EPS 保温性能较好，造价便宜，防火性能通常为 B_2 级，随着最新防火规范的出台，目前在大多数地区可以使用，但仍有较多限制，需设置防火隔离

图 77　岩棉

图 78　硅岩板

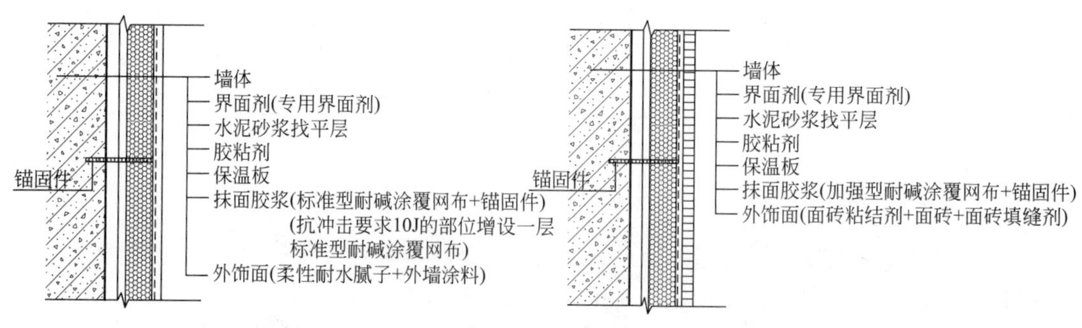

图 79　岩棉板、硅岩板保温构造示意

材 料 性 能　　**表 21**

性能参数	干密度 kg/m³	导热系数 W/(m·K)	抗压强度 kPa	垂直板面抗拉强度 kPa	吸水量 kg/m³		质量吸湿率%	燃烧性能等级
					24h	28d		
岩棉板	140	≤0.040	≥40	≥10	≤0.5	≤1.5	≤0.5	A 级
岩棉带	80	≤0.048	≥40	≥100	≤0.5	≤1.5	≤0.5	A 级
硅岩板	180	≤0.055	≥400	≥100	—	—	≤10(体积吸水率)	A 级

带和防火窗等，综合考虑后造价并不低，需根据建筑条件与当地要求选择。见图 80～图 82、表 22。

图 80　XPS 保温板

图 81　EPS 保温板

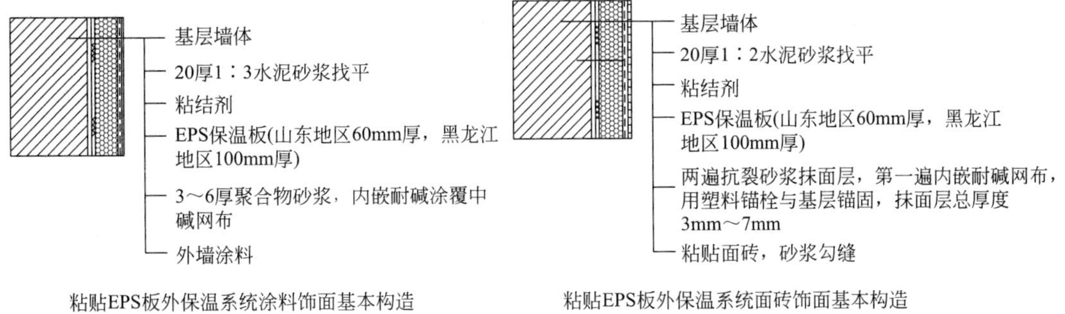

图 82　EPS 保温构造示意

材料性能　　**表 22**

性能参数	干密度	导热系数	压缩强度 kPa	垂直板面抗拉强度 kPa	尺寸稳定性%	体积吸水率%	防火性能
	kg/m^3	W/(m·K)					
XPS	25-38	≤0.035	≥200	≥200	≤1.2	≤1.5	B_2 级
EPS	18-20	≤0.041	≥100	—	≤2	—	B_2 级

真金板导热系数 0.036W/(m·K)，保温性能较好，自重轻，但不能作为 A 级材料使用。STP 真空保温板导热系数 0.008W/(m·K)，保温性能较好，造价适中，防火性能 A 级，但此种材料必须保持真空，不能用钉穿洞破坏，所以对施工及保护层要求较高。见图 83、图 84。

图 83　真金板

图 84　STP 板

评价保温材料优劣的指标，除导热系数外，还要看其防火等级、自身容重、抗压强度、抗折强度、吸水率、耐候性等指标。

需要注意的是在开放式外挂幕墙内设置憎水型岩棉板，应在保温层外设一层防水透气膜，防止岩棉吸湿。

【问题34】如何实现围护结构热工性能指标优于国家现行有关建筑节能设计标准的规定？如果采用负荷降低幅度的途径如何实现？

实现绿色建筑评价标准中关于围护结构热工性能指标优于国家现行节能标准要求一项，最直接的方法就是屋顶、外墙保温层加厚、外窗或透明幕墙选择热工性能更高的断热中空 Low-E 外窗如增加空气层厚度或充氩气甚至三玻两腔等，使其传热系数、综合遮阳系数（居建）、太阳得热系数（公建）比国家节能标准要求降低 5%（节能得 5 分）或 10%（节能得 10 分）或 20%（节能得 10 分同时加分项得 2 分）。其中对于外窗或透明幕墙，若项目位于严寒地区，只要传热系数降低满足要求即可，不对遮阳系数、太阳得热系数作要求。而若项目位于夏热冬暖地区，则只要外窗或透明幕墙遮阳系数、太阳得热系数降低满足要求即可，不对传热系数作要求；但若位于寒冷、夏热冬冷地区，则几个参数要同时降低到满足要求方可。

【评价案例】

江苏某商场项目，钢筋混凝土屋面采用 90mm 厚不燃酚醛板、金属屋面采用 150mm 厚岩棉保温带保温；外墙采用 150mm 厚岩棉外墙外保温带；底部接触室外空气的架空或外挑楼板采用 100mm 厚岩棉外墙外保温带；外窗（包括透光幕墙）采用断热铝合金低辐射中空玻璃窗（8+12A+8 遮阳型），传热系数 2.40$W/m^2 \cdot K$，玻璃太阳得热系数 0.35，气密性为 6 级，可见光透射比 0.60；屋顶透光部分采用断热夹胶铝合金低辐射中空玻璃窗（6+12A+6，0.76PVB），传热系数 2.40$W/m^2 \cdot K$，玻璃太阳得热系数 0.30，气密性为 6 级，可见光透射比 0.40。围护结构热工性能各项指标均比《公共建筑节能设计标准》GB 50189—2015 的要求提高 5%以上，故可得 5 分。见表 23。

热工性能提高比例计算示意 **表 23**

热工参数			单位	参评建筑	标准参照建筑	提高比例(%)
屋面传热系数 K			$W/(m^2 \cdot K)$	0.34	0.4	15
外墙(包括非透明幕墙)传热系数 K			$W/(m^2 \cdot K)$	0.34	0.6	43
底面接触室外空气的架空或外挑楼板传热系数 K			$W/(m^2 \cdot K)$	0.57	0.7	18.6
外窗(包括透明幕墙)	传热系数 K	东向	$W/(m^2 \cdot K)$	2.4	3.0	20
		南向	$W/(m^2 \cdot K)$	2.4	3.5	31
		西向	$W/(m^2 \cdot K)$	2.4	3.5	31
		北向	$W/(m^2 \cdot K)$	2.4	3.5	31
	太阳得热系数 SHGC	东向	—	0.32	0.44	27.3
		南向	—	0.34	—	—
		西向	—	0.38	—	—
		北向	—	0.44	—	—

续表

热工参数		单位	参评建筑	标准参照建筑	提高比例(%)
屋顶透明部分	传热系数 K	W/(m^2·K)	2.4	2.6	7.7
	遮阳系数 SC	—	0.24	0.3	20
地面	热阻 R	(m^2·K)/W	1.354	1.2	—

若围护结构外墙、屋顶、外窗或透明幕墙中每一项均降低5%~20%有困难，也可以选择通过供暖空调全年计算负荷降低来满足此项要求。若项目所在地区节能标准采用的是国家建筑节能标准，则可以直接采用节能计算中的动态权衡计算结果，只要设计建筑的全年负荷比参照建筑低5%即可节能部分得5分，降低10%可得10分，降低15%时在节能部分得10分基础上加分项再得2分。若所在地区采用的节能标准是地方标准，则节能计算时的参照建筑是按地标标准设置的，其结果无法直接采用，需要采用其他全年能耗计算软件，将参照建筑的围护结构按国家节能相关标准的要求设置，而将设计建筑与参照建筑供暖空调系统类型、设备运行状态按常规统一设置，然后比较两者全年负荷的计算结果。

【问题35】对于空调冷、热源机组能效方面，绿建得分都是有哪些具体指标要求？冷水机组效率是指的设计工况还是名义工况，名义工况使用侧及热源侧的具体要求是什么？

《绿色建筑评价标准》控制项5.1.1条要求冷热源效率达到现行国家标准要求；《绿色建筑评价标准》得分项5.2.4要求空调冷、热源机组优于现行国家标准限定值要求，其中电制冷蒸汽压力冷水机组制冷性能系数（COP）提高6%，溴化锂吸收式冷（温）水制冷、供热（COP）提高6%，单元式空气调节机、风管送风和屋顶式空调机组提高6%，多联机（IPLV）值提高8%，燃煤锅炉热效率提高3个百分点、燃油燃气锅炉提高2个百分点；《绿色建筑评价标准》创新项11.2.2要求空调冷、热源机组优于现行国家标准限定值要求，其中电制冷蒸汽压力冷水机组制冷性能系数（COP）提高12%，溴化锂吸收式冷（温）水制冷、供热（COP）提高12%，单元式空气调节机、风管送风和屋顶式空调机组提高12%，多联机（IPLV）值提高16%，锅炉热效率燃煤提高6个百分点、燃油燃气提高4个百分点。

名义工况的要使用侧冷水进出口水温为12/7℃。热源侧水冷式冷却水侧要求进出水温度30℃/35℃，风冷式制冷室外空气干球温度35℃，蒸发冷却式空气湿球温度24℃。

【评价案例】

某项目空调冷源采用离心式冷水机组，采用大温差供冷技术，蒸发器侧进出水温度分别为13.5℃/5.5℃（冷冻水供回水温差为8℃）、12℃/6℃（冷冻水供回水温差为6℃），其蒸发器侧的供回水温度均与名义工况下的供回收温度12/7℃不同，因此冷水机组设计工况和名义工况（GB）工况下的能效比COP需要进行换算，如CWU-JB-1型号的冷水机组，设计工况下的冷水机组能效比COP为5.50，换算到名义工况（国标工况）下的冷水机组能效比 COP 为 5.66。绿建评价标准按照项目名义工况下的能效比 COP 作为评价冷水机组能效比的依据。见图 85。

设备编号	设备所在位置	冷冻机类型	制冷量 KW	制冷剂	机组负荷调节范围 (%)	台数	基发器						冷凝器						压缩机额定参数					设计工况/GB工况 COP	IPLV
							通路	进水温度 ℃	出水温度 ℃	污垢系数 ℃，M³/KW	水压降 MPa	水侧工作压力 MPa	通路	进水温度 ℃	出水温度 ℃	污垢系数 ℃，M³/KW	水压降 MPa	工作压力 MPa	输入功率 KW	VOLT	PHASE	HERTZ	启动方式		
CWU-JB-1	ϕ −8.500	离心式	5978	R134a	100～30	1	2	13.5	5.5	0.044	<0.08	1.0	2	32	37	0.066	<0.10	1.0	1162	10kV	3	50	降压启动	5.50/5.66	6.27
CWU-JB-2	ϕ −8.500	离心式	2971	R134a	100～30	1	2	13.5	5.5	0.044	<0.08	1.0	2	32	37	0.066	<0.10	1.0	564	10kV	3	50	降压启动	5.45/5.80	6.40
CWU-JB-3	ϕ −8.500	离心式	2971	R134a	100～15	1	2	13.5	5.5	0.044	<0.08	1.0	2	32	37	0.066	<0.10	1.0	577	380V	3	50	变频启动	5.30/5.60	8.44
CWU-JB-1，2	ϕ −7.000	离心式	1966	R134a	100～30	2	2	12	6	0.044	<0.08	1.0	2	32	37	0.066	<0.10	1.0	386	380V	3	50	星三角启动	5.09/5.67	5.96
CWU-JB-3	ϕ −7.000	离心式	1966	R134a	100～15	1	2	12	6	0.044	<0.08	1.0	2	32	37	0.066	<0.10	1.0	403	380V	3	50	变频启动	4.88/5.70	8.58

图 85　不同工况下的冷水机组能效比（COP）示例

【问题 36】公共建筑中假设采用分体空调，如何保证人员所需新风量？

从绿色建筑评价角度，《绿色建筑评价标准》GB/T 50378—2014 室内环境 8.1.4 条（采用集中供暖空调系统的建筑，房间内温度、湿度、新风量等设计参数应符合现行国家标准《民用建筑供暖通风与空气调节设计规范》GB 50736 的规定）提出了新风量的要求，但该条明确限定在“集中供暖空调系统的建筑”，分体空调理论上并不属于“集中供暖空调系统”。按照技术细则的说明，对于设置分体空调的建筑或房间，如果具备开窗通风条件或设置了排气扇，不要求独立设置新风系统。

但是从暖通设计角度，依据《民用建筑供暖通风与空气调节设计规范》GB 50736—2012 第 3.0.6 条规定，“公共建筑主要房间每人所需最小新风量应符合规定”，该条为强制性条文，并未区分是否采用集中空调，因此即使采用分体空调，也应保证最小新风量。

因此公共建筑如果采用分体空调，从提升室内环境质量以及提高项目品质的角度，仍应考虑采用机械措施保证新风量。

（1）可采用机械排风措施，如设置排气扇等，形成无组织通风来保证室内人员新风供应。见图 86。

图 86　利用排气扇进行无组织通风

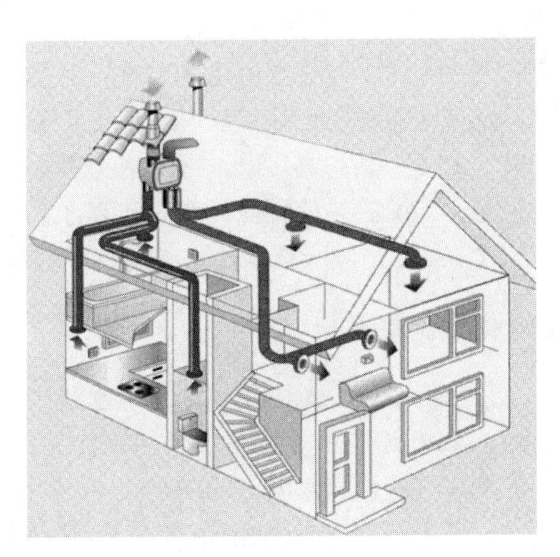

图 87　集中新风供应系统

（2）如项目条件允许，可采用类似住宅的户式新风系统，进行有组织新风供应，并对新风进行过滤处理，这样也可以提升项目品质。见图 87。

【评价案例】

某办公建筑，内部分隔为多个小型办公室，并配置卫生间，考虑分散出售及后期的运营管理，项目安装分体空调。为保证室内的新风量，在卫生间的排风设计时，按照室内人员的新风量标准配置卫生间排气扇的参数，以保证排气扇开启时的，室内的无组织通风量满足人员新风需求。见图 88。

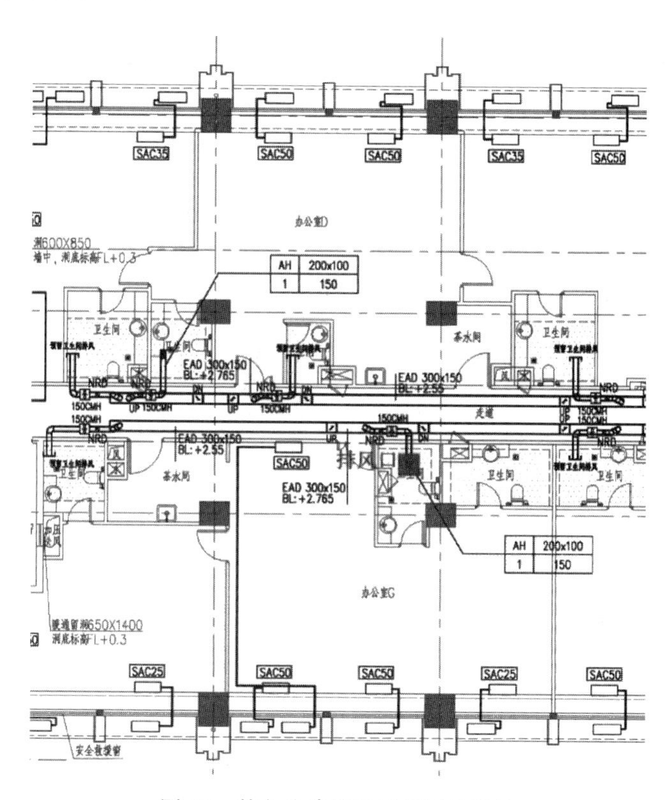

图 88　某办公建筑机械排风口设计

【问题 37】风机盘管＋新风的空调系统或多联机空调系统，如果过渡季节可以开窗，《绿色建筑评价标准 》5.2.7 条是否可以得分还是不参评？

关于《绿色建筑评价标准》节能 5.2.7 条，其出发点为降低过渡季采暖空调能耗。在条文的技术细则中明确提出，“对于采用分体空调、可随时开窗通风的民用建筑，本条可直接得分。”，而之所以开窗通风的分体空调建筑能够降低过渡季采暖空调能耗，在于其减少了空调开启时间。

对于集中空调系统，建筑物中如有内区设置风机盘管加新风的系统，则无法实现过渡季降能目标。如果风机盘管加新风全部是外区设置，且都就有随时开窗通风条件，应也认为可以实现，风机盘管可以关闭不用。

多联机空调系统有所不同，易于灵活控制是其主要特征之一，这与分体空调类似，因此如果分体空调＋随时开窗通风可以满足该条的评价要求，我们认为多联机空调＋随时开窗通风也可以降低过渡季供暖空调能耗。

【问题38】风机盘管＋新风的空调系统，应采取何种措施降低过渡季采暖空调能耗?

对于采用风机盘管＋新风的空调系统且冬季和过渡季有供冷需求的建筑，降低过渡季节采暖空调能耗的措施可以采用冷却塔免费供冷技术措施，实现减少过渡季节运行能耗。另外一种措施是过渡季节加大新风量运行，但项目需有实现变风量运行的条件且新风管道也要放大。见图89。

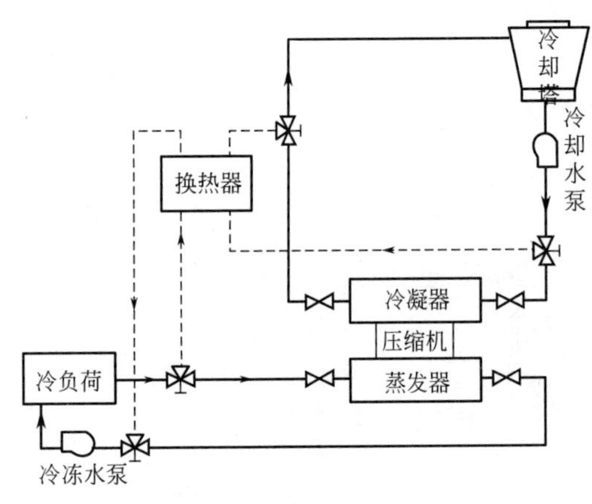

图89 冷却塔免费供冷技术

【评价案例】

某项目为办公楼，冷热源采用冷水机组＋锅炉，空调水系统采用两管制闭式循环系统。二层以上办公部门均采用风机盘管＋独立新风的空调形式。见图90。

过渡季内区房间采用冷却塔免费供冷，设置免费供冷板换，减少制冷机组开启时间。通过免费供冷板式换热器的冷却水供回水温度为9℃/12℃，提供冷冻水供回水温度为10℃/15℃。见图91。

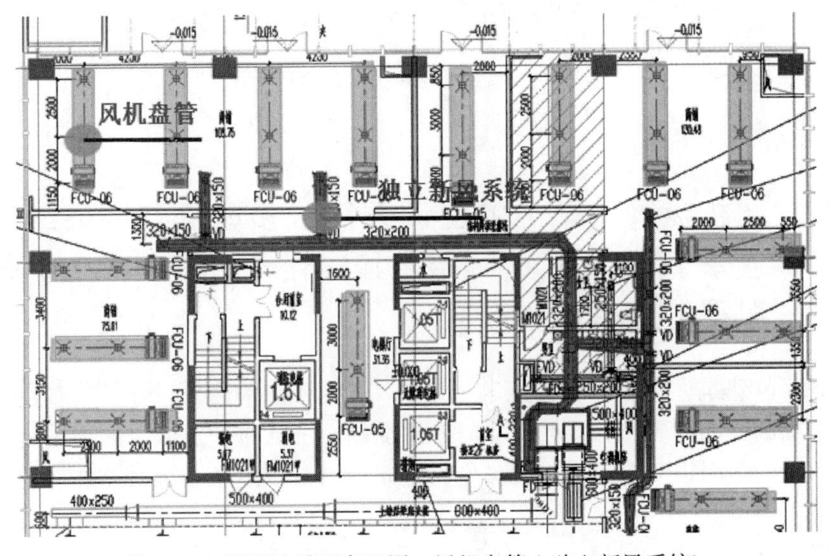

图90 空调通风平面布置图（风机盘管＋独立新风系统）

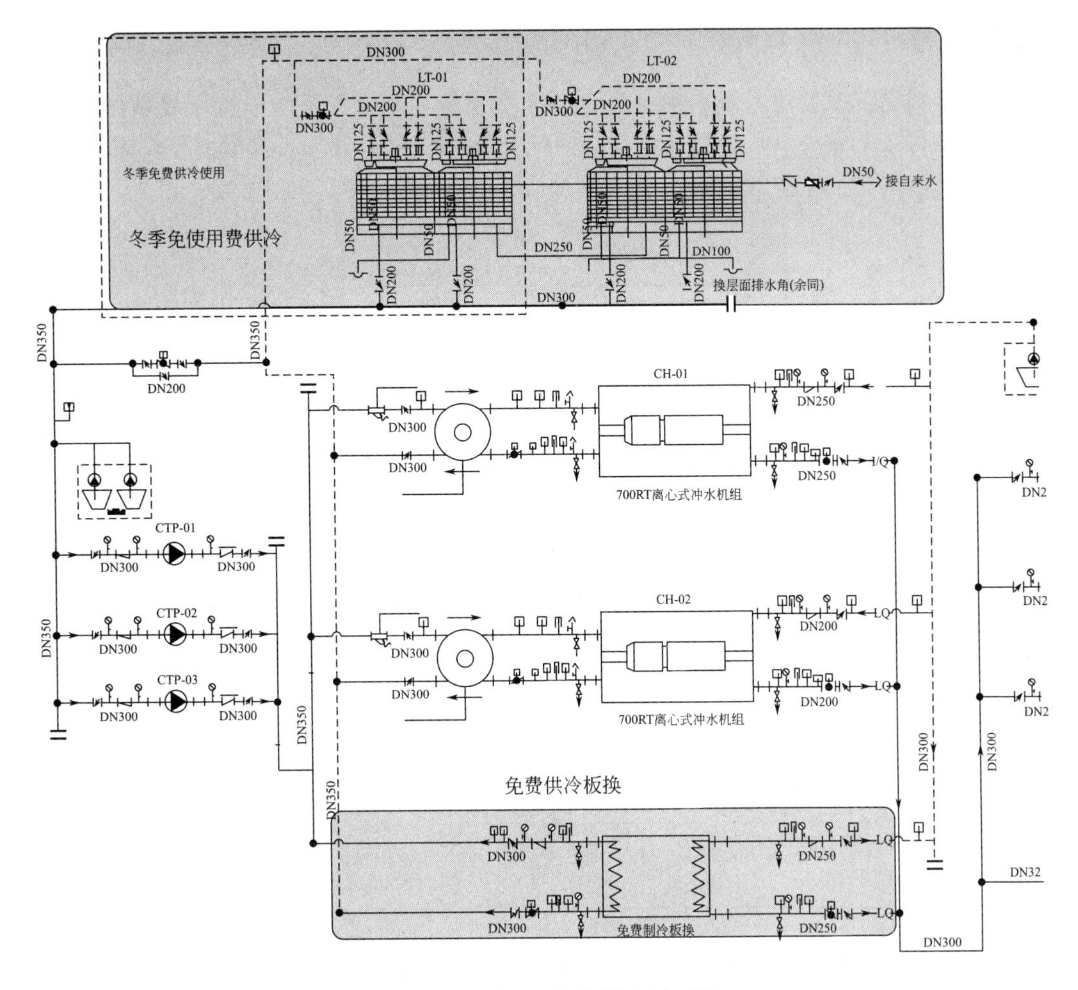

图 91　制冷机组免费供冷原理图

【问题 39】降低过渡季节供暖、通风与空调能耗措施中对于全空气系统最大可变新风比要求是多少，可变新风比具体是指什么和什么的比例?

全空气系统最大可变新风比要求不低于 50%，对于人员密集的大空间、需要全年供冷的空调区，最大可变新风比要求不低于 70%。可变新风比是指全空气系统中最大新风量的总和满足空调系统总送风量一定百分比的要求，另外对于上海的项目还可以用整个项目除塔楼部分外的全空气系统综合起来计算达到百分比的方法，这样更有利于提高设计的实施。可变新风比达到 50%是指全空气系统最大新风量之和应达到这些空调系统总送风量的 50%。满足最大可变新风比要求需要保证新风取风口风速满足要求，新风取风口风速一般不大于 4.5m/s，同时新风管尺寸应满足《民用建筑供暖通风与空气调节设计规范》GB 50736—2012 对于风管风速的要求，此外还应注意排风措施的适应性。

【评价案例】

某项目裙楼部分新风系统采用定风量全空气系统，全空气系统设置可变新风比功能，在过渡季节可采用室外新风工况运行，其中最大新风比大于50%。食堂、报告兼宴会厅等人员密集区域服务的全空气空调系统其最大总新风比大于70%。见图92、表24。

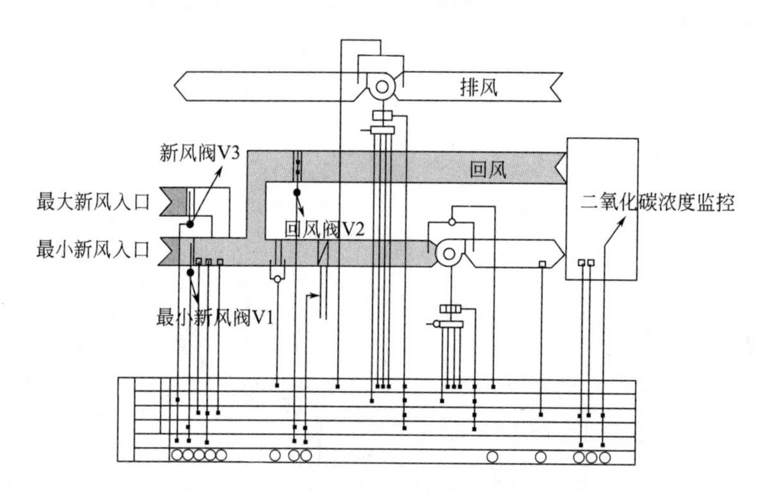

图92　可变新风比空调箱控制原理图

AHU机组总送风量、平时新风量、最大新风量和新风量取风口风速校核　　表24

设备编号	总风量(m^3/h)	平时新风量(m^3/h)	最大新风量(m^3/h)	新风管道(mm)	百叶取风口尺寸(mm)	取风口风速(m/s)
A-AHU-1-1	18000	2400	9000	1000×500	1000×500	5
A-AHU-2-1	26000	4000	13000	1000×1100	1000×1100	3.28
A-AHU-2-2	26000	4000	13000	1200×700	1200×700	4.30
A-AHU-2-3	20000	3200	10000	900×1000	900×1000	3.09
A-AHU-2-4	10000	2000	5000	900×800	900×800	1.93
A-AHU-3-1	16000	3500	8000	1000×1100	1000×1100	2.02
A-AHU-3-2	8000	600	4000	1200×700	1200×700	1.32
A-AHU-3-3	32000	11000	22400 （餐厅70%）	2个900×1900	2个900×1900	1.82
A-AHU-4-1	16000	1500	8000	1200×700	1200×700	2.65
A-AHU-4-2	24000	6200	16800 （报告兼宴会70%）	900×3100	900×3100	1.67
A-AHU-4-3	14000	2000	7000	900×800	900×800	2.70
B-AHU-1-1	25000	3600	12500	1000×1000	1000×1000	3.47
B-AHU-1-2	10000	1200	5000	1000×500	1000×500	2.78
B-AHU-2-1	25000	3600	12500	1000×1000	1000×1000	3.47
B-AHU-3-1	22000	3300	11000	1800×1000	1800×1000	1.70

满足《民用建筑供暖通风与空气调节设计规范》GB 50736—2012 中表 6.6.3 风管内的空气流速对于风管风速的要求。

【问题 40】塔楼部分的全空气系统是否需要执行最大可变新风比要求及原因？

塔楼部分不执行最大可变新风比要求。实现可变新风比对于新风与排风的室外风口以及管道空间会提出更大的要求。塔楼建筑的标准层新风井道往往在核心筒内，很难布置出很大的新风井道，实现可变新风比的可能性很小，因此对于塔楼部分可变新风比不做要求。

【问题 41】对于采用分体空调项目，《绿色建筑评价标准》5.2.7 条降低过渡季节供暖、通风与空调能耗是否可以得分？

（1）该条款的初衷是降低过渡季节供暖、通风与空调系统能耗，过渡季节降低供暖、通风与空调系统能耗的技术主要有冷却塔免费供冷、全新风或可调节新风的全空气调节系统。

（2）对于采用分体空调，建筑外窗可随时开启时，无机械送风系统，过渡季节可以直接通过开窗获取新风，无新风机组及通风设备能耗，根据《绿色建筑评价技术细则》（2015），对于采用分体空调、可随时开窗通风的项目，可直接得分。

【问题 42】《绿色建筑评价标准》5.2.8 第三款（3）水系统、风系统采用变频技术，且采取相应的水力平衡措施，水系统若为二次泵变流量，一次泵定频、二次泵变频是否满足要求？

该款要求水系统和风系统必须全部采用变频技术，并经过水利平衡计算，方可认为达标，同时对于风系统采用变频措施需要结合项目进行经济性比较分析合理后才适合采用。一般应指风量较大，而且通过变频控制具有显著节能效果的系统。对于通风量很小，如卫生间排风采用变频控制就不合理了。因为这些风机本身用电量很小，节能量有限，且变频器也耗电，变频器投资大。对于不需要设置水系统或风系统的空调系统或设备，例如采用变制冷剂流量的多联机或者分体空调，可直接得分。对于空调冷冻水系统，若采用二次泵变流量系统，一次泵定频运行、二次泵变频运行，并具有水力平衡措施，可以满足要求。

【评价案例】

如上海某绿色三星项目，空调冷冻水系统采用二次泵系统，一级泵与冷水机组匹配设置，二级泵分别按照不同用途设置系统，二级泵采用变流系统。见图 93、图 94。

一次泵定频，二次泵变频

设备编号	类型	功能	分质	介质温度	流量	最低效率	耗电输冷(热)比EC(H)R值	耗电输冷(热)限值	减振方式	轴封方式	数量	备注
				℃	m^3/h	%					台	
CTP-1	卧式双吸离心泵	冷却水系统	H_2O	37～32	435	80			S	机械	3	二周一备
CTP-2	卧式双吸离心泵	冷却水系统	H_2O	37～32	350	81			S	机械	2	一周一备
CP-1	卧式双吸离心泵	冷却水一次泵系统	H_2O	6～12	415	72			S	机械	2	二周一备
CP-2	卧式双吸离心泵	冷却水二次泵系统	H_2O	6～12	374	81	0.02321	0.02812	S	机械	3	变频
CP-3	卧式双吸离心泵	冷却水二次泵系统	H_2O	6～12	207	85			S	机械	2	变频
HP-1	卧式双吸离心泵	热水一级泵系统	H_2O	60～48	125	84			S	机械	3	二周一备
HP-2	卧式双吸离心泵	热水二级泵系统	H_2O	60～48	110	84	0.009504	0.01128	S	机械	2	变频
HP-3	卧式双吸离心泵	热水二级泵系统	H_2O	60～48	50	82			S	机械	2	变频

图 93　二次泵系统水泵配置

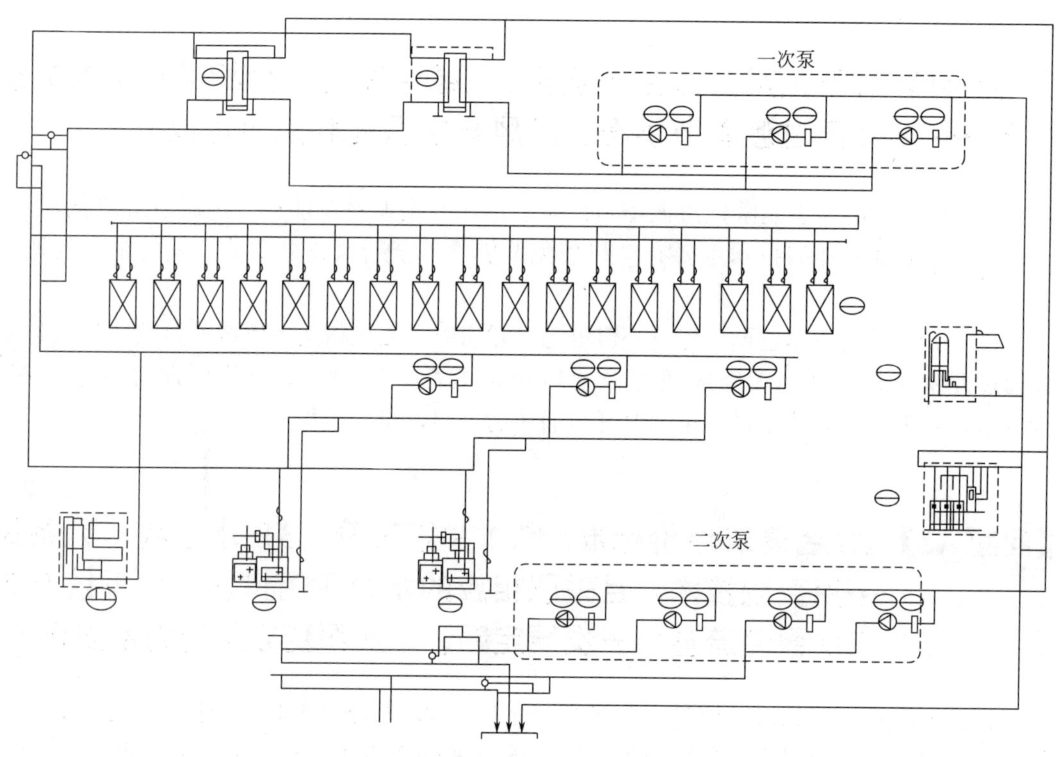

图 94　二次泵系统冷冻水系统原理图

【问题 43】一栋办公楼建筑，办公大堂为 CAV 系统，AHU 不变频，其余 AHU 为变频风机，该系统是否满足得分要求？是否要求所有风机均为变频？小风量风机是否可例外，若可，多少风量为分界线？

对于风系统要求除不常用的消防排烟风机外，所有风系统的风机需要采用变频技术才能满足得分要求，没有风量界限。特别是对于 AHU（空气处理机组）这种风量大且运行时间长的设备，需要全部采用变频措施。因此对于 CAV 系统的 AHU 不采用变频措施是不能满足该条款的得分要求。

【问题 44】《绿色建筑评价标准》5.2.12 条第 2 款：水泵、风机等设备，及其他电气装置满足相关现行国家标准的节能评价值要求，应如何控制？（因产品样本中未给出效率值，且根据现有产品参数风机的节能评价值无法计算。）

本条评价的水泵、风机等设备时针对常用的水泵和风机设备，对于应急设备，如消防水泵、潜水泵、防排烟风机不包括本条评价范围内。对于水泵、风机等设备的节能评价值按照相应标准去查询确实存在难度，同时对于产品样本中一般很少给出相应的效率值，对于该条的判断目前主要按照如下进行：

（1）对于风机，按照《通风机能效限定值及能效等级》GB 19761—2009 规定的，通风机节能评价值是指在标准规定测试条件下，节能型通风及效率应达到最低的保证值。通风机能效等级分为 3 级，其中 1 级能效最高，3 级能效最低。对于通风机节能评价值应不低于 2 级数值要求即可，该条判断若能够提供所选风机的检验报告能达到相应的节能评价值即可判断满足该条款得分要求。

（2）对于水泵，按照《清水离心泵能效限定值及节能评价值》GB 19762—2007 规定，其节能评价值是指标准规定测试条件下，满足节能认证要求应达到泵规定的最低效率。对于水泵厂家若能提供第三方检验报告及节能认证证书，即可判断满足要求。见图 95。

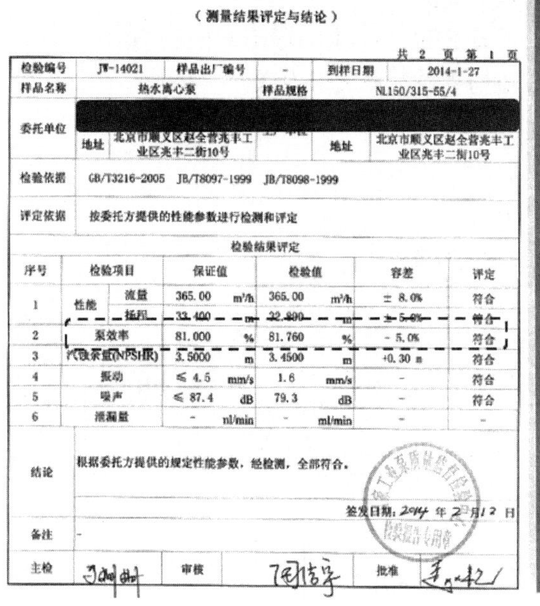

检 验 报 告

（测量结果评定与结论）

共 2 页 第 1 页

检验编号	JW-14021	样品出厂编号	-	到样日期	2014-1-27
样品名称	热水离心泵		样品规格	NL150/315-55/4	
委托单位	地址：北京市顺义区赵全营兆丰工业区兆丰二街10号			地址：北京市顺义区赵全营兆丰工业区兆丰二街10号	
检验依据	GB/T3216-2005 JB/T8097-1999 JB/T8098-1999				
评定依据	按委托方提供的性能参数进行检测和评定				

检验结果评定

序号	检验项目		保证值		检验值		容差	评定
1	性能	流量	365.00	m³/h	365.00	m³/h	± 8.0%	符合
		扬程	33.400	m	32.800	m	± 5.0%	符合
2	泵效率		81.000	%	81.760	%	- 5.0%	符合
3	汽蚀余量(NPSHR)		3.5000	m	3.4500	m	+0.30 m	符合
4	振动		≤ 4.5	mm/s	1.6	mm/s	-	符合
5	噪声		≤ 87.4	dB	79.3	dB	-	符合
6	泄漏量		-	ml/min	-	ml/min	-	-

结论	根据委托方提供的规定性能参数，经检测，全部符合。 签发日期：2014 年 2 月 12 日				
备注	-				
主检		审核		批准	

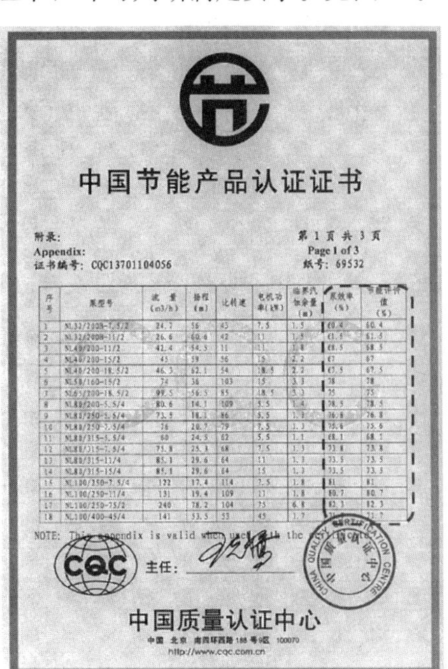

中国节能产品认证证书

附录：
Appendix:
证书编号：CQC13701104056

第 1 页 共 3 页
Page 1 of 3
纸号：69532

序号	泵型号	流量 (m3/h)	扬程 (m)	比转速	电机功率(kW)	临界汽蚀余量 (m)	泵效率 (%)	节能评价值 (%)
1	NL32/200B-7.5/2	24.7	56	43	7.5	1.5	60.4	60.4
2	NL32/200B-11/2	26.6	60.6	42	11	1.9	61.5	61.5
3	NL40/200-11/2	42.4	54.5	11	11	1.8	68.5	68.5
4	NL40/200-15/2	45	59	56	15	2.2	67	67
5	NL40/200-18.5/2	46.3	62.1	54	18.5	2.2	67.5	67.5
6	NL50/160-15/2	74	36	103	15	3.3	78	78
7	NL65/200-18.5/2	99.5	56.5	85	18.5	3.3	75	75
8	NL80/200-5.5/4	80.6	14.1	109	5.5	1.4	78.5	78.5
9	NL80/250-5.5/4	73.5	18.1	86	5.5	1.3	76.8	76.8
10	NL80/250-7.5/4	76	20.7	79	7.5	1.3	75.6	75.6
11	NL80/315-5.5/4	60	24.5	62	5.5	1.1	68.1	68.1
12	NL80/315-7.5/4	75.8	25.3	68	7.5	1.3	73.8	73.8
13	NL80/315-11/4	85.1	29.6	64	11	1.3	73.5	73.5
14	NL80/315-15/4	85.1	29.6	64	15	1.3	73.5	73.3
15	NL100/250-7.5/4	122	17.4	114	7.5	1.8	81	81
16	NL100/250-11/4	131	19.4	109	11	1.8	80.7	80.7
17	NL100/250-75/2	240	78.2	104	75	6.8	82.3	82.3
18	NL100/400-45/4	141	53.5	53	45	1.7	[illegible]	[illegible]

NOTE: This appendix is valid when used with the certificate.

主任：

中国质量认证中心

中国 北京 南四环西路188号9区 100070

http://www.cqc.com.cn

图 95　水泵第三方检验报告及节能产品认证示例

【问题45】照明节能有哪些措施，如何实施？其中控制项有哪些？

《绿色建筑评价标准》对于照明控制项主要有两条：5.1.4“各房间或场所的照明功率密度值不应高于现行国家标准《建筑照明设计标准》GB 50034规定的现行值”以及8.1.3条“建筑照明数量和质量应符合现行国家标准《建筑照明设计标准》GB 50034的规定”，要求建筑中的照明功率密度、照度、照度均匀度、眩光值、一般显色指数等照明数量和质量满足规范要求。

照明节能措施主要包含如下几种：

（1）采用新型高效节能光源

电光源选用要在满足不同环境的照明需求，包括照度、显色性、色温等前提下，选用高能效的电光源。高光效光源主要指气体放电灯：低压气体放电灯以荧光灯为代表，高压气体放电灯主要为高压钠灯和金属卤化物灯。一般房间的照明，应优先采用荧光灯，荧光灯已由普通型发展到第二代高光效型荧光灯。高大空间场所，一般采用金属卤化物灯、高压钠灯及混光灯。发光二极管（LED）以其寿命长、显色性好、无频闪、响应时间短、耐振动等优点，得到广泛的应用。

（2）科学的节能照明设计

通过合理的照明线路、合适的开关控制方式和充分利用自然光、照明方式的选择、不同照度值的选择等更为精准的照明设计方式，节约照明能耗。

（3）采用智能化照明

智能化照明的组成包括：智能照明灯具、调光控制及开关模块、照度及动静等智能传感器、计算机通信网络等单元。智能化的照明系统可实现全自动调光、更充分利用自然光、照度的一致性、智能变换光环境场景，运行中节能，延长光源寿命。

（4）其他照明节能措施

1）建立照明控制调节系统：节能，并延长光源使用寿命；

2）对楼梯间、走廊、电梯厅、大堂、夜景照明、定时开关或减半亮灯；

3）对报告厅、多功能厅、娱乐场所作多场景设置调光和开关灯。

【评价案例】

某项目的照明功率密度计算如表25所示：

照明功率密度计算表 表25

楼栋	房间名称	房间面积S（m²）	灯具功率（W）	镇流器功率（W）	灯具光通量ϕ（lm）	灯具数量	照明功率值（W）	照明功率密度值（W/m²）设计值	照明功率密度值（W/m²）目标值	利用系数	维护系数	总光通量ϕ（lm）	照度值（lx）设计值	照度值（lx）标准值
居住建筑	A-1户型卧室	10.99	9	—	900	2	18	1.64	5	0.6	0.8	1800	164	150
	A-1户型起居室	27.45	9	0	900	5	45	1.64	5	0.6	0.8	4500	164	150
	A-1户型厨房	5.68	9	—	900	1	9	1.58	5	0.6	0.8	900	158	100
	A-1户型卫生间	4.28	9	—	900	1	9	2.10	3.5	0.6	0.8	900	210	100

续表

楼栋	房间名称	房间面积S（m^2）	灯具功率（W）	镇流器功率（W）	灯具光通量 ϕ（lm）	灯具数量	照明功率值（W）	照明功率密度值（W/m^2）		利用系数	维护系数	总光通量 ϕ（lm）	照度值（lx）	
								设计值	目标值				设计值	标准值
居住建筑	A-2户型卧室	8.7	9	0	900	2	18	2.07	5	0.6	0.8	1800	207	150
	A-2户型起居室	20.2	9	0	900	5	45	2.23	5	0.6	0.8	4500	223	150
	A-2户型厨房	5.03	9	—	900	1	9	1.79	5	0.6	0.8	900	179	100
	A-2户型卫生间	3.52	9	—	900	1	9	2.56	3.5	0.6	0.8	900	256	100
	A-2户型书房	5.04	9	—	900	1	9	1.79	5	0.6	0.8	900	179	150
	A-3户型卧室	10.99	9	0	900	2	18	1.64	5	0.6	0.8	1800	164	150
	A-3户型起居室	20.24	9	0	900	4	36	1.78	5	0.6	0.8	3600	178	150
	A-3户型厨房	5.2	9	—	900	1	9	1.73	5	0.6	0.8	900	173	100
	A-3户型书房	5.88	9	—	900	1	9	1.53	5	0.6	0.8	900	153	150
	A-3户型卫生间	3.94	9	—	900	1	9	2.28	3.5	0.6	0.8	900	228	100
	A-4户型卧室	10.99	9	0	900	2	18	1.64	5	0.6	0.8	1800	164	150
	A-4户型起居室	19.95	9	0	900	4	36	1.80	5	0.6	0.8	3600	180	150
	A-4户型书房	5.88	9	—	900	1	9	1.53	5	0.6	0.8	900	153	150
	A-4户型厨房	5.2	9	—	900	1	9	1.73	5	0.6	0.8	900	173	100
	A-4户型卫生间	3.94	9	—	900	1	9	2.28	3.5	0.6	0.8	900	228	100
	A-5户型卧室	9.48	9	0	900	2	18	1.90	5	0.6	0.8	1800	190	150
	A-5户型起居室	17.83	9	0	900	4	36	2.02	5	0.6	0.8	3600	202	150
	A-5户型厨房	5	9	—	900	1	9	1.80	5	0.6	0.8	900	180	100
	A-5户型卫生间	3.85	9	—	900	1	9	2.34	3.5	0.6	0.8	900	234	100
	A-6户型卧室	9.61	9	0	900	2	18	1.87	5	0.6	0.8	1800	187	150
	A-6户型起居室	15.6	9	0	900	4	36	2.31	5	0.6	0.8	3600	231	150
	A-6户型书房	5.88	9	—	900	1	9	1.53	5	0.6	0.8	900	153	150
	A-6户型厨房	4.85	9	—	900	1	9	1.86	5	0.6	0.8	900	186	100
	A-6户型卫生间	3.8	9	—	900	1	9	2.37	3.5	0.6	0.8	900	237	100
公用场所	门厅	16.7	8	—	650	4	32	1.92	4	0.6	0.8	2600	156	100
	走廊	15.01	8	—	650	3	24	1.60	2	0.6	0.8	1950	130	50
	楼梯	8.23	8	—	650	2	16	1.94	2	0.6	0.8	1300	158	50
	电梯厅	3.32	9	—	900	1	9	2.71	3	0.6	0.8	900	130	75
	配电室	29.8	28+9	8	2800+900	4	106	3.56	7	0.6	0.8	14800	238	200
	电信间	8.29	9	4	900	2	26	3.14	3.5	0.6	0.8	1800	104	100
	电梯机房	4.21	9	4	900	1	13	3.09	6	0.6	0.8	1800	205	200
	物业用房	106.64	28	8	2800	14	504	4.73	8	0.6	0.8	15700	377	300

续表

楼栋	房间名称	房间面积S (m²)	灯具功率(W)	镇流器功率(W)	灯具光通量ϕ(lm)	灯具数量	照明功率值(W)	照明功率密度值(W/m²) 设计值	照明功率密度值(W/m²) 目标值	利用系数	维护系数	总光通量ϕ(lm)	照度值(lx) 设计值	照度值(lx) 标准值
地下车库	车库	212.43	28	8	2800	10	320	1.51	1.8	0.6	0.8	28000	63	30
	水泵房、风机房	52.17	28	8	2800	4	144	2.76	3.5	0.6	0.8	11200	103	100
	配电间	30.59	28	8	2800	5	180	5.88	6	0.6	0.8	14000	220	200
	通信机房、无线覆盖机房	45.2	28	8	2800	10	360	7.96	8	0.6	0.8	14000	310	300
	有线电视机房	21.3	28	8	2800	2	72	3.38	6	0.6	0.8	5600	263	200
	消防控制室及监控中心	27.21	28	8	2800	6	216	7.94	8	0.6	0.8	8400	309	300
	无障碍通道	26.5	28	—	2800	4	112	4.23	—	0.6	0.8	11200	203	200

【问题46】照明功率密度值如何控制？

照明功率密度值（Lighting Power Density，简称LPD）是指：建筑物房间或场所，其单位面积的照明安装功率（含镇流器、变压器的功耗），单位为W/m²。

控制照明功率密度措施：

（1）首先要选用高能效的电光源，严格限制低效白炽灯应用；

（2）限制卤素灯的应用，只用于小型贵重商品如首饰、水晶制品等的重点照明；

（3）建筑的主要光源是荧光灯或LED等；

（4）直管灯应选T8（直径26mm）或T5（16mm）型；

（5）采用节能的电子镇流器。

【问题47】一些非精装修住宅或由二次装修设计照明的公共建筑，如何控制照明功率密度达到目标值？

（1）住宅：对于毛坯住宅，在绿色建筑设计标识评价时，对照明功率密度评价时仅考虑公共部分，不考虑户内房间。

（2）公共建筑：需要二次装修设计照明的公共建筑，应在电气施工图中标注具体房间的照明功率密度要求，并要求装修设计时落实。如果是租户自行装修的情况，应在租户合约中对装修时照明灯具的选用提出功率密度指标要求，并在绿色建筑标识评价时提供租约来证明该条达标。

【评价案例】

某办公楼项目，室内为二次装修设计，因此在电气施工图中，对办公区域限定照明功率密度参数，在办公楼出租时，与租户签订的合同中以补充协议的方式对该内容进行了约定。见图 96、图 97。

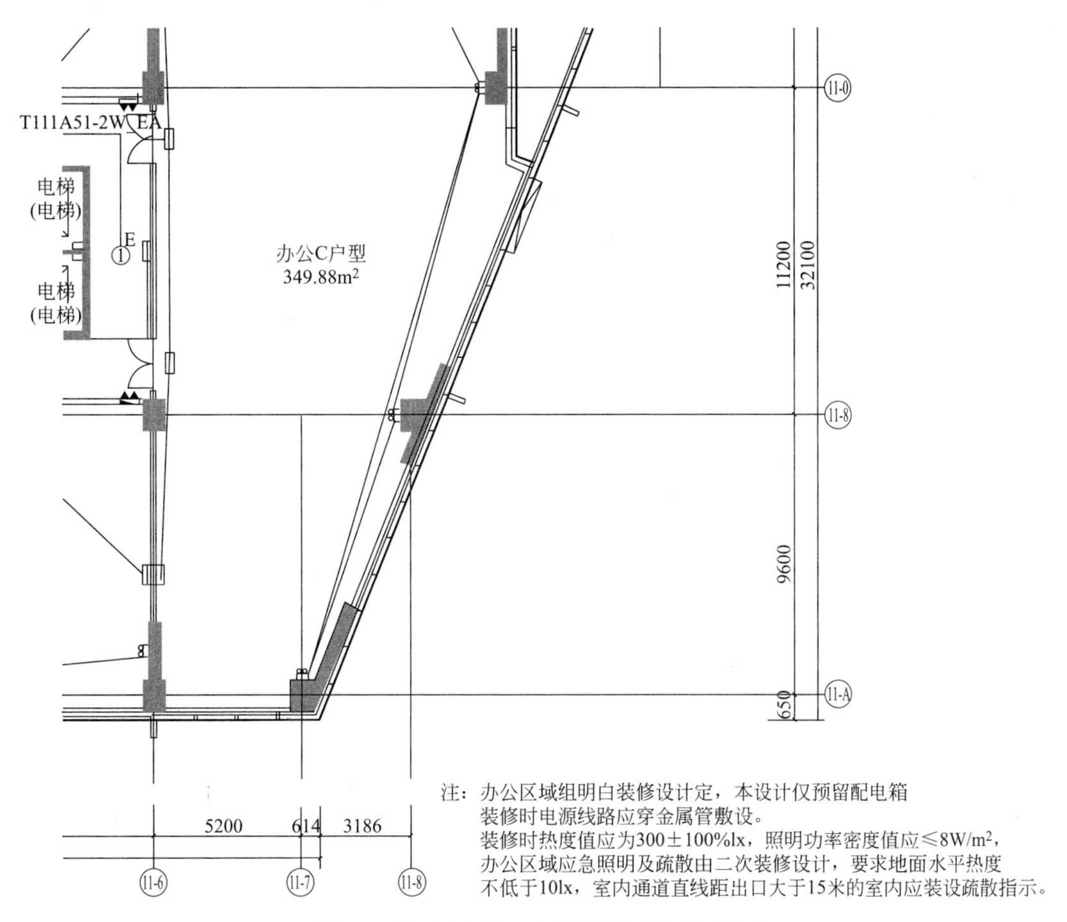

图 96　施工图标注对装修照明功率密度要求

1. 办公、商业区域的二次装修照明需采用节能照明灯具，各房间照明功率密度不高于现行国家标准《建筑照明设计标准》GB 50034—2003 规定的目标值要求。具体要求如下：

房间	照度标准值(lx)	照明功率密度限值(W/m^2)
一般办公室	300	8
高级办公室	500	13.5
一般商店营业厅	300	9
高档商店营业厅	500	14.5

2. 应不对已存在的建筑主体构造进行破坏及拆卸。

3. 办公及商业空间进行隔断时，应采用可拆卸的灵活隔断(玻璃、轻钢龙骨石膏板、预制板、矮隔断等)，避免采用混凝土砌块隔断方式。

图 97　装修补充协议约定照明功率密度内容

【问题48】三相配电变压器满足现行国家标准《三相配电变压器能效限定值及能效等级》GB 20052的节能评价值要求具体是什么？

现行国家标准《三相配电变压器能效限定值及能效等级》GB 20052—2013，是根据配电变压器的空载损耗和负载损耗指标，将变压器能效划分为三个等级，其中节能评价值对应二级能效，具体指标如下：

（1）油浸式配电变压器（见表26）

油浸式配电变压器能效节能评价指标　　表26

额定容量（kV·A）	2级（节能评价值）				短路阻抗（%）
	空载损耗（W）		负载损耗（W）		
	电工钢带	非晶合金	Dyn11/Yzn11	Yyn0	
30	80	33	630	600	4.0
50	100	43	910	870	
63	110	50	1090	1040	
80	130	60	1310	1250	
100	150	75	1580	1500	
125	170	85	1890	1800	
160	200	100	2310	2200	
200	240	120	2730	2600	
250	290	140	3200	3050	
315	340	170	3830	3650	
400	410	200	4520	4300	
500	480	240	5410	5150	
630	570	320	6200	6200	4.5
800	700	380	7500	7500	
1000	830	450	10300	10300	
1250	970	530	12000	12000	
1600	1170	630	14500	14500	

（2）干式配电变压器（见表27）

干式配电变压器能效节能评价指标　　表27

额定容量（kV·A）	2级（节能评价值）					短路阻抗（%）
	空载损耗（W）		负载损耗（W）			
	电工钢带	非晶合金	B（100℃）	F（120℃）	H（145℃）	
30	150	70	670	710	760	4.0
50	215	90	940	1000	1070	
80	295	120	1290	1380	1480	

续表

额定容量（kV·A）	2级（节能评价值）					短路阻抗（%）
	空载损耗（W）		负载损耗（W）			
	电工钢带	非晶合金	B(100℃)	F(120℃)	H(145℃)	
100	320	130	1480	1570	1690	4.0
125	375	150	1740	1850	1980	
160	430	170	2000	2130	2280	
200	495	200	2370	2530	2710	
250	575	230	2590	2760	2960	
315	705	280	3270	3470	3730	
400	785	310	3750	3990	4280	
500	930	360	4590	4880	5230	
630	1040	410	5610	5956	6400	
800	1215	480	6550	6960	7460	
1000	1415	550	7650	8130	8760	
1250	1670	650	9100	9690	10370	
1600	1960	760	11050	11730	12580	
2000	2440	1000	13600	14450	15560	
2500	2880	1200	16150	17170	18450	

【问题 49】何为合理选择节能型电气产品，具体怎么选择？

《绿色建筑评价标准》GB/T 50378—2014 在节能 5.2.12 条提出的“合理选择节能型电气设备”，在具体操作时从两方面进行评价，分别针对变压器和水泵风机。

（1）对于变压器，强调选用节能型变压器，具体的指标是要求变压器能效达到现行国家标准《三相配电变压器能效限定值及能效等级》GB 20052 中的节能评价值。如非晶合金干式变压器是常用的节能型变压器见图 98。

图 98　非晶合金干式变压器

（2）对于水泵、风机，要求其能效达到《通风机能效限定值及能效等级》GB 19761、《清水离心泵能效限定值及节能评价值》GB 19762 中的节能评价值要求。需要注意的是：该条文所涉及的水泵、风机，不仅涉及暖通专业，也涉及给水排水专业中的生活水泵。另外，对于应急设备，如消防水泵、潜水泵、消防风机等，不在本条评价范围内。见图 99。

图 99　高效空调水泵

【问题 50】电梯和自动扶梯的节能控制如何实施？

（1）电梯的节能控制措施包括：电梯并联或群控控制、轿厢无人自动关灯技术、驱动器休眠技术，以及群控楼宇智能管理技术等。

（2）扶梯节能控制措施包括：扶梯感应启停、自动扶梯变频感应启动技术。见图 100、图 101。

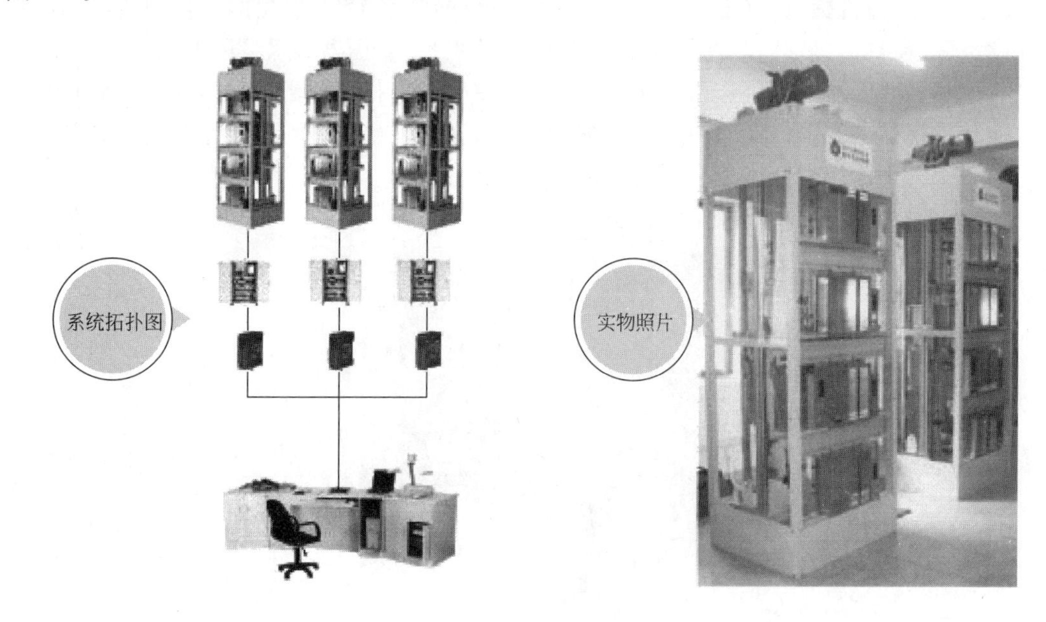

图 100　电梯群控

图 101　自动扶梯节能控制

【问题 51】针对建筑的冷热源、输配电系统和照明等各部分能耗如何进行独立分项计量？对于统一管理的建筑，其分项计量应当如何设置？

分项计量强调在配电端对不同用途的能耗进行分别计量，具体的分项原则和方法，可按照国家和地方相关标准执行，如住房和城乡建设部发布的《国家机关办公建筑和大型公共建筑能耗监测系统分项能耗数据采集技术导则》，上海市地方规范《公共建筑用能监测系统工程技术规范》DGJ08-2068-2012 等。

关于能耗的分项究竟应该如何分，应该分多细？我们认为涉及规范性和科学性两个层面的问题。从规范层面讲，对于大型公共建筑和国家机关办公建筑，在各地的政策中均要求向上级平台上传分项能耗数据，因此有政府统一颁布的能耗分项规约可供实施，对于上级平台来说统一数据模型是很重要的前提，否则能耗数据无法进行分析和使用。但是我们也能看到，在学术界分别从其他角度提出有不同的能耗分项模型，对于常规的项目在设计时也可以参考使用。见表 28、图 102。

对于分项计量，绿色建筑本身的要求是分项，即从整栋建筑的角度能将照明、空调等不同用电类型分开即可，并未要求区分不同的管理单元。因此对于有多个管理单元，并进行统一管理的建筑，如综合体的多个功能部分，其能耗分项计量的设置可按整栋建筑来进行分项。当然，为了提高能源管理的效率，在经济可行的条件下，按照管理单元做进一步的分项也是推荐的措施。

上海市《公共建筑用能监测系统工程技术规范》提出的能耗分项模型 **表 28**

分项用途	分项名称	一级子项	二级子项
常规电耗	照明、插座系统电耗	室内照明与插座	室内照明
			室内插座
		公共区域照明和应急照明	公共区域照明
			应急照明
		室外景观照明	—
	空调系统电耗	冷热站	冷水机组
			冷冻水泵
			冷却塔
			冷却水泵
			热水循环泵
			锅炉
		空调末端	空调箱、新风机组
			风机盘管
			空调区域的通排风设备
			分体式空调器
	动力系统电耗	电梯	—
		水泵	—
		非空调区域的通排风设备	—
特殊电耗	特殊电耗	电子信息机房	—
		厨房餐厅	—
		洗衣房	—
		游泳池	—
		其他	—

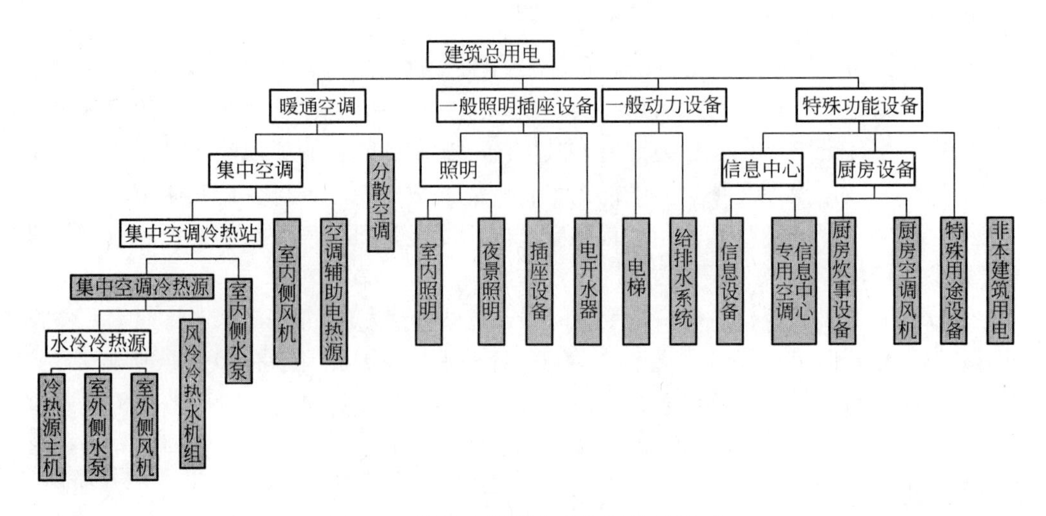

图 102　清华大学提出的能耗分项模型

【问题 52】采用排风热回收系统时需注意的要点是什么，请给出示例？

空调系统排风热回收措施具有明显的节能效果，但只有在系统新风量具有一定规模时采取热回收措施才比较有意义。热回收效率、热回收装置及过滤器风阻、排风量、风机效率对热回收系统的节能效果和经济性有显著影响。排风热回收装置应该具备一定的节能潜力，但因为会增加风机的电耗，其节能效果取决于回收的能量与多消耗的风机电耗的关系，受当地的气象参数影响很大，也与系统设计中的具体参数直接相关。排风热回收技术的应用效果如何、是否能实现节能、是否经济合理、如何设计运行才能保障其效果，是在确定排风热回收方案时必须考虑的问题。对于排风热回收设计时需要注意的要点如下：

（1）提高热回收装置效率：在系统设计时，保证热回收装置连接、安装方式不影响有效通风面积；选用高效设备，避免设备漏风导致空气不经过热回收装置。见图 103。

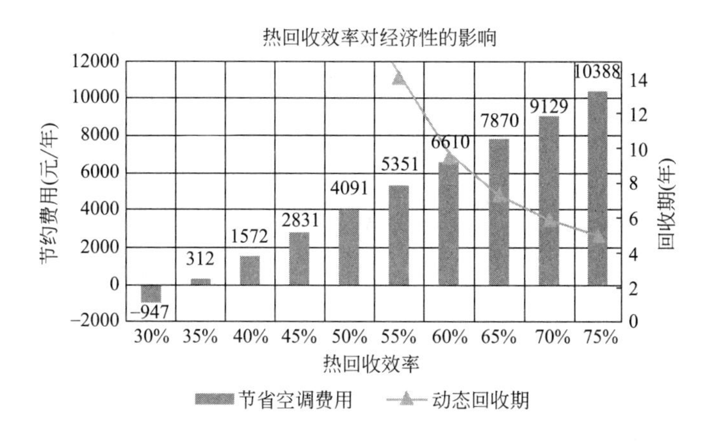

图 103　热回收效率对经济性的影响分析

（2）减小风机能耗：保证机房通风管道连接合理，控制热回收装置和过滤器的迎面风速，减小风阻；进行通风系统的详细水力计算，对风机合理选型，保证风机工作在高效区。见图 104。

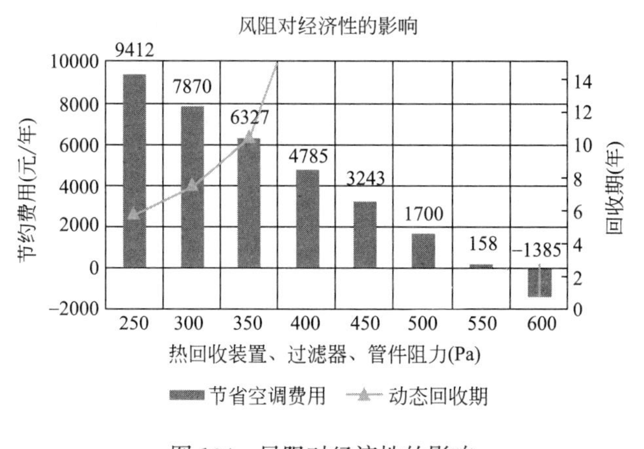

图 104　风阻对经济性的影响

(3) 提高排风量比例：在空调系统设计时考虑风平衡，可不对所有新风机组进行热回收，考虑卫生间、厨房等不可收集的排风，计算可收集的总排风量，按照排风量与新风量尽可能接近的原则，选择部分新风机组设置排风热回收。通过机组合理设计，避免漏风，选用漏风率低的热回收装置。见图 105。

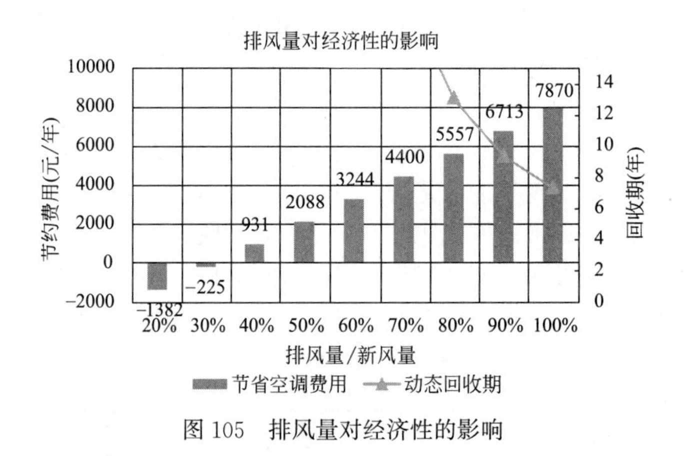

图 105　排风量对经济性的影响

(4) 设计分析：合理考虑机组运行时间、室内空调控制、对冷热源容量削减等因素的影响。

(5) 运行维护：监测过滤器、热回收装置的阻力，及时清洗；监测运行参数，确定适合的运行控制策略。

【问题 53】《绿色建筑评价标准》5.2.13 排风能量回收系统设计合理并可靠运行，是否针对风侧热回收系统？对于排风热回收是否有大概的比例要求，如商业+办公项目，办公做热回收，商业不做热回收是否满足要求？

本条规定的排风热回收仅仅是针对新风侧的热回收，对于冷水机组采用热水措施满足一定量的要求时，如采用冷水机组热水措施提供设计日的生活热水量达到 60%的要求时，可以满足《绿色建筑评价标准》5.2.15 条的要求（4 分）。

排风热回收措施具有明显的节能效果，在系统新风量具有一定规模时采取热回收措施才能起到一定的节能效果。如项目办公建筑新风量具有一定规模，经分析采用热回收措施经济合理的情况下（投资回收期通常控制在 3～5 年），商业部分不做热回收也可以满足要求。

【评价案例】

上海杨浦区 149 街坊地块新建办公楼项目，为高层办公综合楼，总建筑面积为 160071.8m^2。在 A、B 主楼屋面设有转轮显热交换机组用于办公层的排风热回收，显热（制冷）交换效率为 60%，显热（制热）交换效率为 65%，总处理风量 226000m^3/h，热回收机组全年使用，每年可以节约空调运行费用 148730 元，系统投资回收期为 4.3 年。

裙楼商业部分新风系统未设置热回收装置。见图 106、图 107。

图 106　项目效果图

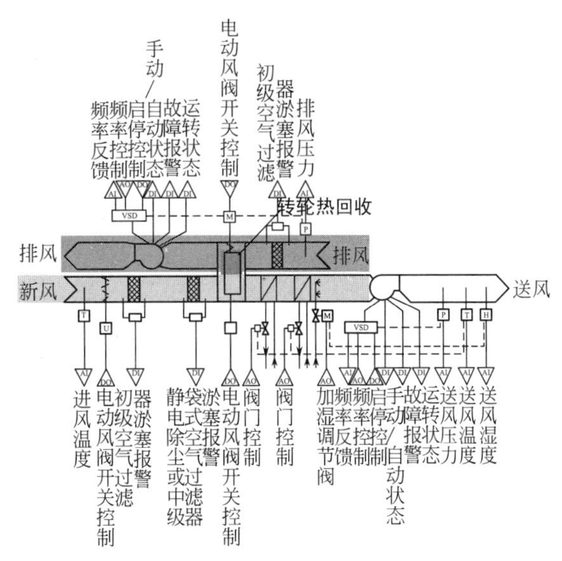

图 107　办公楼排风热回收新风机组原理图

【问题 54】采用蓄冷蓄热系统时，需要注意哪些要点？

所谓蓄冷蓄热技术，即在夜间电网低谷时段，制冷或加热设备开启并将冷量或热量储存起来，待白天电网高峰用电时间（同时也是空调负荷或热负荷高峰时段），再将冷量或热量释放出来满足空调或用热需求，从而实现电网负荷的“移峰填谷”。见图 108～图 110。

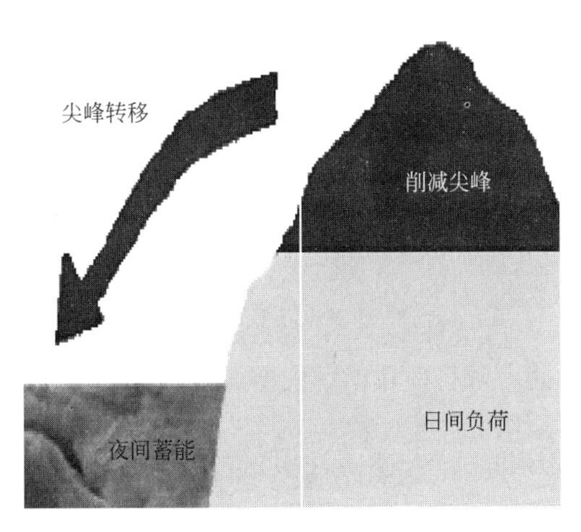

图 108　蓄冷蓄热技术移峰填谷

蓄冷蓄热适用于执行分时电价、峰谷电价差较大的地区，据采用蓄冷空调技术的经济性分析可知，当峰谷电价比达 3∶1 以上时，就可以放心采用这一技术。对于峰谷电价差

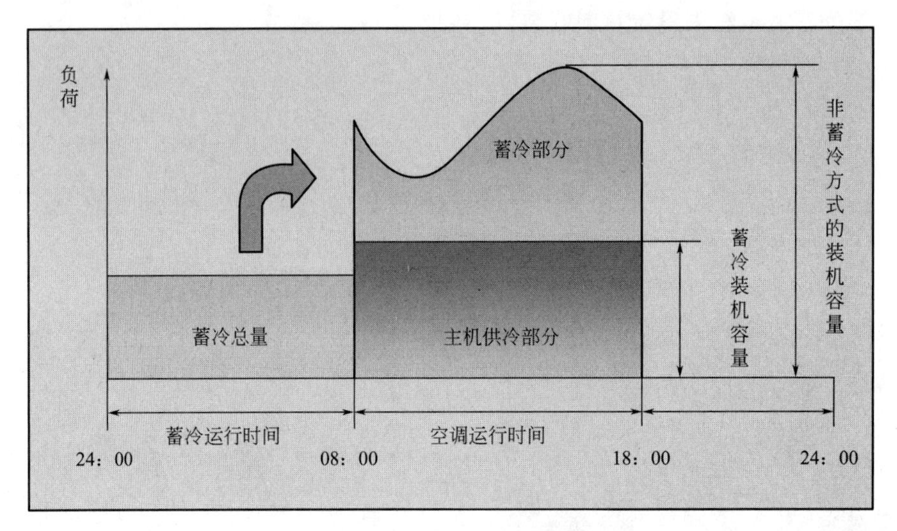

图 109　蓄冷技术节约运行费用对比图

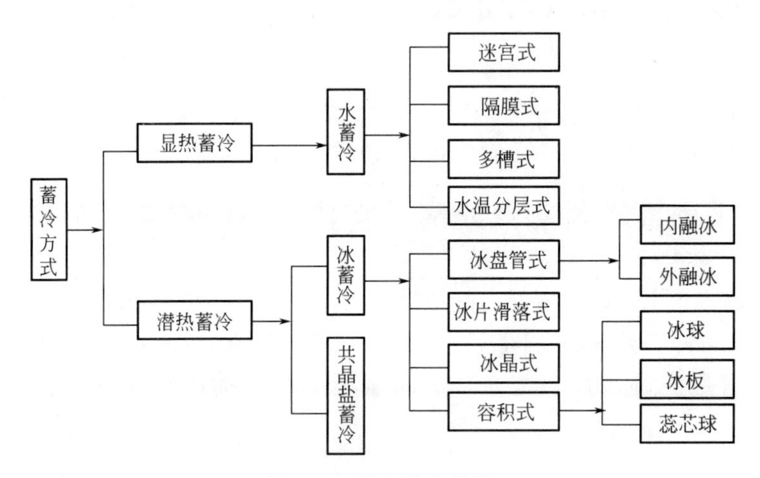

图 110　蓄冷技术分类

低于 2.5 倍或没有峰谷电价的，本条不参评。

（1）对于采用蓄冷蓄热技术，建筑本身负荷需要注意具有以下特点：

① 使用时间内空调负荷大，空调负荷高峰段与电网高峰段相重合，且在电网低谷段时空调负荷较小的场所，如办公楼、银行、商场、宾馆、饭店等；

② 建筑物的冷（热）负荷具有显著不均衡性，有条件利用闲置设备制冷，如周期性使用或间歇使用、使用时间有限且使用时间内空调负荷大的长度，如电影院、体育馆、学校等；

③ 空调逐时负荷峰谷差悬殊，使用常规空调会导致装机容量过大，且经常处于部分负荷运行的场所。

（2）蓄冷技术分为水蓄冷和冰蓄冷，蓄冷装置提供的冷量不低于设计日空调冷量的 30%。见图 111～图 114。

蓄冷空调的设计步骤及需要注意的事项如下：

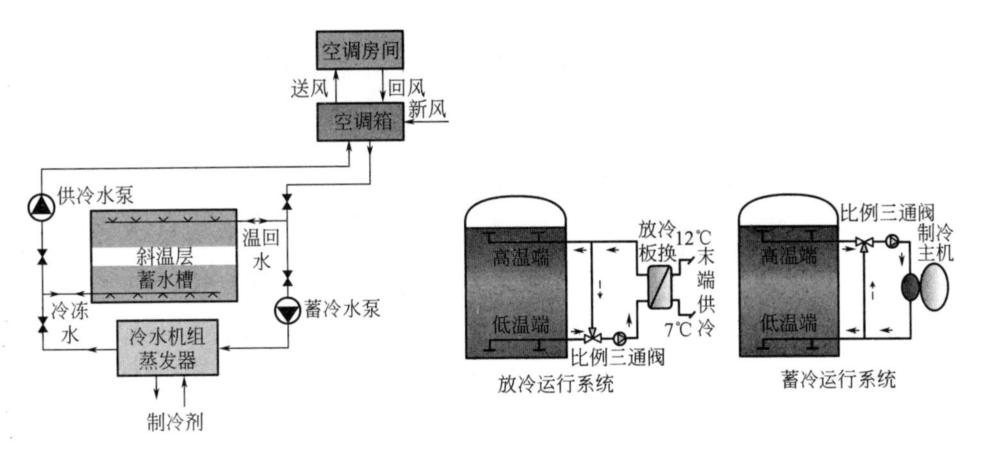

图 111　水蓄冷空调系统示意图及蓄冷和放冷运行模式

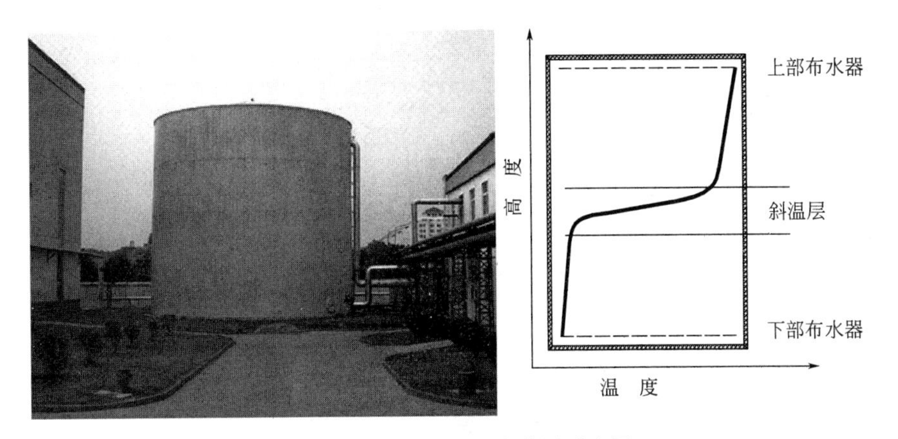

图 112　水蓄冷槽及温度分层示意图

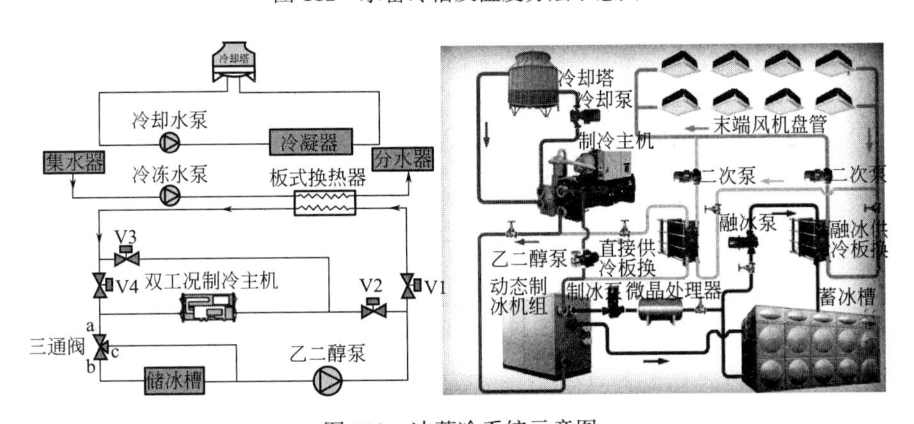

图 113　冰蓄冷系统示意图

1）设计步骤

① 可行性分析：主要考虑建筑物特点、设备性能、经济性、可利用空间以及操作维护等问题。

② 确定典型设计日的空调冷负荷：在蓄冷空调系统设计中，除需要知道最大负荷外，还需要详细求得每天每小时的负荷量，即逐时空调负荷以及全天的累计总负荷，以便计算蓄冷量。见图 115。

图 114　工程实例中的蓄冰槽

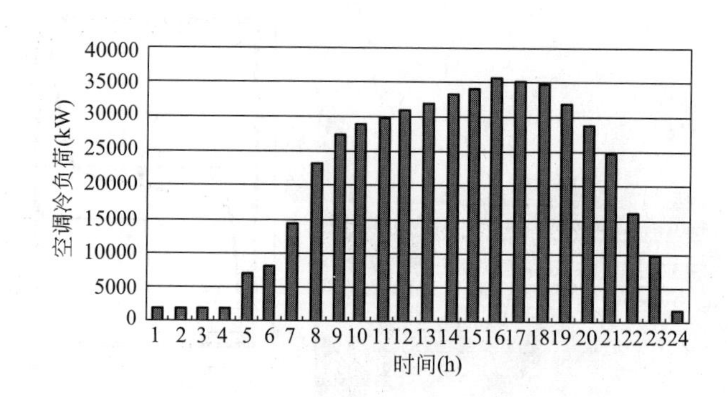

图 115　设计日逐时负荷

③ 选择蓄冷装置：目前应用比较多的蓄冷形式主要包括水蓄冷、内融冰、外融冰和封装冰系统，根据周边条件及设备空间，选择合理的蓄冷系统形式。

④ 确定系统模式：蓄冷空调系统有多种蓄冷模式、运行策略及不同的系统流程。如蓄冷模式中有全部蓄冷模式和部分蓄冷模式，运行策略中有主机优先和蓄冷优先策略，这些都要进行合理的选择，才能对设备容量进行确定。见图 116。

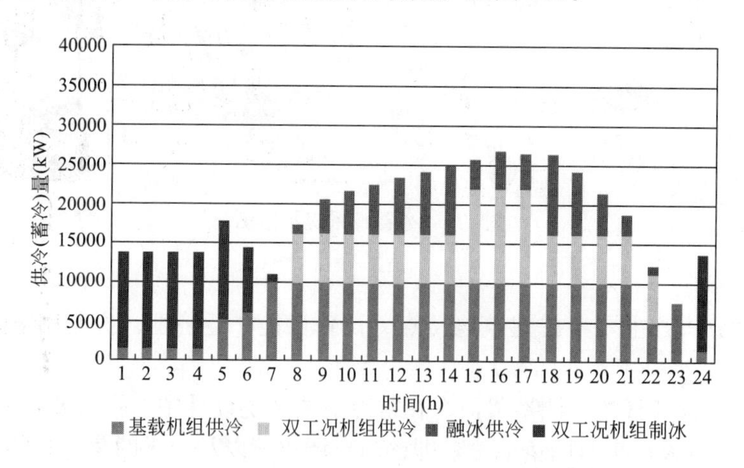

图 116　某项目 75％负荷工况系统逐时运行情况图

⑤ 确定制冷主机和蓄冷装置容量：确定制冷主机和蓄冷装置的容量，并选定和计算蓄冷槽体积。

⑥ 经济性分析：包括初投资、运行费用、全年运行电费的计算，求得与常规空调系统相比的投资回收期。见表 29。

初投资分析示例 **表 29**

<table>
<tr><td colspan="2">内　　容</td><td>冰蓄冷系统</td><td>常规系统</td><td rowspan="14">功率因素取 0.85；
配电设施费：800 元/kVA；
基本电费：40.5 元/(kVA・月)</td></tr>
<tr><td colspan="2">尖峰冷负荷 RT</td><td>1647</td><td>1647</td></tr>
<tr><td colspan="2">夏季机组容量 RT</td><td>1200</td><td>1650</td></tr>
<tr><td colspan="2">机房设备用电功率(kW)</td><td>1291</td><td>1540</td></tr>
<tr><td colspan="2">机房设备配电容量(kVA)</td><td>1518.9</td><td>1812.2</td></tr>
<tr><td rowspan="3">初期投资</td><td>设备投资(万元)</td><td>808.8</td><td>568.4</td></tr>
<tr><td>配电设施费(万元)</td><td>121.6</td><td>144.9</td></tr>
<tr><td>合计</td><td>930.4</td><td>713.3</td></tr>
<tr><td rowspan="3">运行费用</td><td>基本电费(万元)</td><td>73.8</td><td>88.1</td></tr>
<tr><td>年运行费用(万元/年)</td><td>113</td><td>141</td></tr>
<tr><td>合计</td><td>186.8</td><td>228.8</td></tr>
<tr><td colspan="2">初投资增加费用(万元)</td><td colspan="2">217.1</td></tr>
<tr><td colspan="2">年运行节省费用(万元)</td><td colspan="2">42.0</td></tr>
<tr><td colspan="2">静态回收年限(年)</td><td colspan="2">5.2</td></tr>
</table>

2）设计注意要点

① 制冷系统的蒸发温度与结冰厚度：蓄冷空调空调系统特别是冰蓄冷空调系统在蓄冷过程中，一般会造成制冷主机蒸发温度的降低，理论上蒸发温度每降低 1℃，制冷机组的平均耗电率增加 3%，在确定蓄冷系统时，应尽可能选择蓄冷温度高、换热设备好的蓄冷设备。

② 名义蓄冷量和净可利用蓄冷量：名义蓄冷量是指蓄冷设备生产厂家所定义的蓄冷设备理论蓄冷量，净可利用蓄冷量是指在一给定的蓄冷和释冷循环中，蓄冷设备在等于或小于可用供冷温度时所能提供的最大实际蓄冷量。净可蓄冷量占名义蓄冷的比例是衡量蓄冷设备的重要指标，此比例越大，则说明蓄冷设备的使用率越高。

③ 占用空间小，安装灵活：选择蓄冷设备时应优先选用占地面积小，占用空间少，布置位置灵活的蓄冷设备。

④ 热损失：蓄冷槽体每天有 1%～5%的能量损失，设计时需要考虑。

⑤ 使用寿命：常规空调系统的使用寿命为 15～25 年，蓄冷设备的使用年限应在 15 年以上，以保证设备的可靠性。

⑥ 经济性：蓄冷设备的初投资相对于常规空调一般较高，应结合当地的电价优惠政

策，进行经济性分析，保证系统投资回收期控制在6年以内。

【问题55】利用余热废热解决建筑的蒸汽、供暖或生活热水需求，需要注意哪些要点？对于水系统冷水机组回收热水是否满足要求？

（1）余热废热利用包括如下两项：

① 在电厂、工厂等具有余热、废热资源的区域，对工厂、热电厂排放的余热废热进行集中回收用于解决建筑用能需求；

② 回收锅炉烟气余热、空调冷凝水余热也是一种措施。

其利用形式有如下两种方式：一种是热回收（直接利用热能），如利用热电厂的余热生产蒸汽及热水，利用空调冷凝热加热或预热生活热水等；另一种是动力回收（转换动力或电力再用），如利用余热驱动吸收式制冷机组供冷。

（2）利用余热废热需要注意要点如下：

① 进行余热废热利用需要进行可行性论证，经论证经济合理的情况下采用；

② 余热或废热提供的能量分别不少于建筑所需要蒸汽设计日用量的40%、设计日供暖量的30%、设计日生活热水用量的60%；

③ 采用空调冷水机组冷凝热回收技术，不是所有机组都适合采用，如对于排气温度低于50℃的机组、负压机组（冷媒R11）、排气管不好接的机组（约克机组）、带节能器机组（特灵两级、三级压缩离心机组）。

【评价案例】

某项目采用空调冷凝热回收技术，该项目空调选用两台制冷量为366kW（制热量为352kW）的螺杆式高温热泵机组。热泵机组带冷凝热回收功能，总冷凝热的50%用于预热生活热水，最大可回收热量为400kW，供生活热水预热。当开启热回收模式时，地源侧循环水泵只运行1台，地源热泵热回收作为平衡地源热泵系统全年冷热平衡的措施之一。见图117。

项目热水主要供生活淋浴使用，按照用水定额15L/人次，最大日100人次计算，热水最大日使用量为1.5m^3/d。最大日制备热水所需的热量为78.5kWh。冷凝热回收机组最大回收热量400kW，按照空调运行期间每日运行8h计算，可提供热量3200kWh，可满足最大日热水加热的热量供应，多余热量排至地源或地表水侧。由于冷凝热回收机组可满足热水加热要求，因此在空调运行期间（6月15日到9月15日）采用冷凝热回收制备生活热水，其他时间采用电加热制备热水。冷凝热回收机组可产生热水量138m^3/d，占全年热水用量的25.2%，系统节约用能7222.6kWh，节约标准煤2.17t，节省费用0.94万元/年。经计算，本项目余热回收系统，节省电费0.94万元，满足《绿色建筑评价标准》中一般项“5.2.15合理利用余热废热解决建筑的蒸汽、供暖或生活热水需求”条文要求。

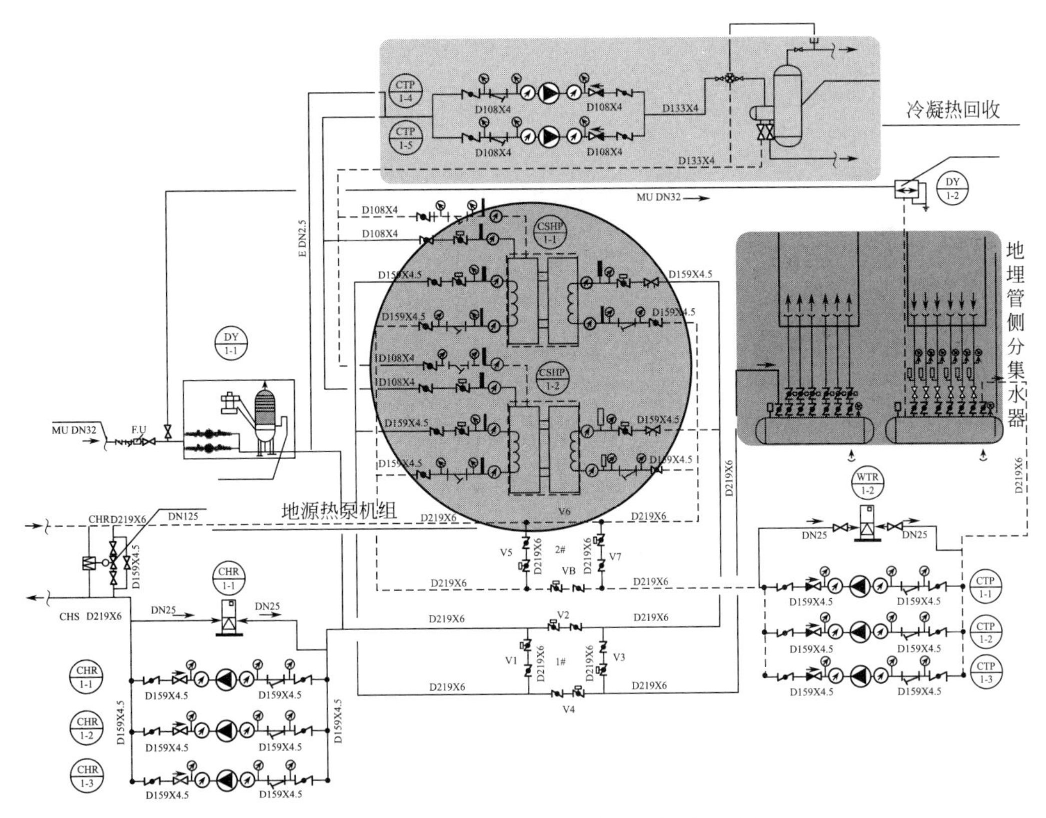

图 117　地源热泵机组供生活热水系统原理图

【问题 56】若采用多种可再生能源形式，如何计算可再生能源利用率？

对于可再生能源利用，需要根据可再生能源提供生活热水、空调冷热源、用电量的比例进行判断打分，对于采用多种可再生能源系统形式，可再生能源利用率计算要求如下：

（1）若采用不同的可再生能源系统分别提供不同的能源需求（生活热水、空调、用电），可再生能源利用率计算应分别计算不同可再生能源提供的能源需求比例，按最高的一项得分。如采用太阳能提供生活热水的比例为 40%，采用太阳能光伏提供用电量的比例为 1.0%，则该项目可再生能源利用的比例按照太阳能提供生活热水的比例打分，太阳能光伏可作为一个设计亮点。

（2）若采用不同的可再生能源满足同一种能源需求，如采用太阳能热水和较高能效比（对于普通型 COP 达到 4.4，低温型 COP 达到 3.7）空气源热泵热水机组提供生活热水，则可以将太阳能和空气源热泵热水机组提供的可再生能源提供对生活热水的设计小时供热量相加，然后再计算与生活热水的小时加热耗热量之比，即为该项目可再生能源利用比例。

【评价案例】

某项目采用太阳能热水系统和空气源热泵热水器提供生活热水，计算可再生能源比例如下：

（1）项目概况

项目热水设计情况为：该项目的两座主楼卫生间洗脸盆、地下室厨房淋浴间供应热水。地下室局部设淋浴，由容积式电热水器供水。塔楼 3～13 层卫生间热水由电热水器提供，每处预留小型电热水器用电量（N＝2kW）。表 30 为该项目的用水量。

年用热水量表　　表 30

序号	用水类别	人数	用水定额(L)	平均日用热水量(m^3)	年用水量(m^3)	备注(年用水天数)
A座						
1	办公	2700	5	13.5	3442.5	255
2	职工淋浴	50	35	1.75	446.25	255
3	职工餐厅	4050	7	28.35	7229.25	255
4	小计			43.6	11118	
B座						
1	办公	2700	5	13.5	3442.5	255
2	职工淋浴	50	35	1.75	446.25	255
3	职工餐厅	4050	7	28.35	7229.25	255
4	营业餐厅	1800	15	27	9855	365
5	小计			70.6	20973	
总计				114.2	32091	

（2）可再生能源应用

1）太阳能热水系统

该项目的两座塔楼分别设置相同的太阳能热水系统。根据屋面实际可配置太阳能集热器面积，每座塔楼 14～23 层卫生间由“太阳能＋电加热”供热水，即该项目的办公部分的生活热水的供应采用了太阳能热水系统；其供水方式采用“屋顶热水箱—卫生间小型电热水器—回水至热水箱”的方式，供水立管设机械循环。

每座塔楼屋顶设置太阳能集热器 27 台，单台集热面积 4.8m^2。屋顶设备间设置热水箱 3m^3；卫生间每处设置小型电热水器，V＝10L，N＝1kW。见图 118。

2）空气源热泵热水机组

为提高可再生能源利用比例，项目配置 2 台空气源热泵热水机组，配置一台制热量为制热量 82kW 空气源热泵热水机组一台，提供生活热水，空气源热泵机组制热效率为 3.7。

（3）可再生能源利用率计算

1）全年生活热水耗热量：该项目平均日热水用量为 114.2m^3/d；根据建筑使用特性，其全年热水用水量约为 32527m^3/a。根据用水量情况计算耗热量，按照公式 $Q_c = q_w c_w (t_{end} - t_i)$ 进行计算。其中热水温度 t_{end} 为 60℃，冷水初始温度 t_i 为 15℃，水的比热取 4.187kJ/(kg・℃)，计算得到平均日耗热量为 21516.99MJ，全年热水用水耗热量为 6046425.765MJ。

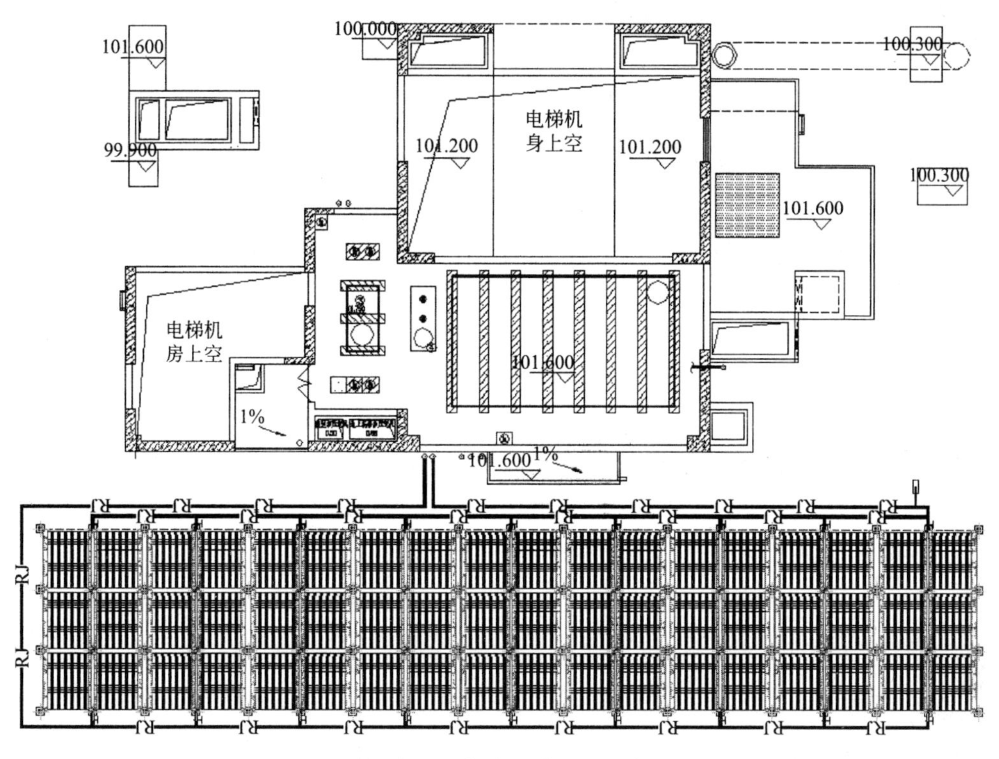

图 118　太阳能集热器阵列屋面布置图

2）太阳能热水提供生活热水量：本项目中太阳能集热器面积 A_c 为 259.2m²，按照集热器年平均集热效率 η_{cd} 取 56%，贮水箱和管路的热损失率 η_L 取 0.15。15°倾角平面上的年平均日太阳能辐射量 J_T 为 13.56MJ/(m² · d)。基于上述参数，根据下述公式计算该太阳能热水系统年平均日供热量 Q_s：

$$Q_s = A_c J_T \eta_{cd}(1-\eta_L)$$

经计算，该太阳能热水系统年平均日供热量 Q_s=1673.02MJ，全年供热量为 610653.01MJ。

3）空气源热泵热水机组提供生活热水量：本项目空气源热泵机组的制热量为 82kW，全年空气源热泵平均运行时间按照 2112h 进行估算，则全年空气源热泵热水机组可提供生活热水的量为 623462.4MJ。

太阳能热水系统提供的生活热水所占的比例 f，计算公式如下：

$$f = \frac{610653.01 + 623462.4}{6046425.76} = 20.41\%$$

根据《绿色建筑评价标准》GB/T 50378—2014 中 5.2.16 评分要求，本项目可得 4 分。

【问题 57】如何计算太阳能热水系统提供的生活用热水比例？太阳能热水系统提供的生活用热水比例与太阳能保证率有什么关系？

太阳能热水系统提供的生活用热水比例（ζ）即利用太阳能提供的热能将一定水量

(q_0) 温度 (t_1) 的冷水加热至目标热水温度 (t_r)，这部分水量占总水量 (q_z) 的比例。该比例既可以用水量比例来表示也可以用热量比例来表示，即

$$\zeta=\frac{q_0}{q_z}=\frac{Q_0}{Q_z}=\frac{JA\eta_1\eta_2}{q_z c\ (t_r-t_1)}$$

太阳能保证率使用于热水系统设计的参数，因此太阳能保证率对应的是设计水量，根据设计要求，该设计水量可以是最高日热水用水量或是最高日最高时热水用水量；而太阳能热水系统提供的生活用热水比例对应的是全年用水量或平均日热水用水量，是评价热水系统效能的指标。

【问题 58】如何计算地源热泵系统提供的空调用冷量和热量比例?

对于地源热泵提供空调用冷量和热量的比例，设计阶段可用地源热泵机组提供的冷量/热量（将机组的输入功率考虑在内）与空调系统的总的冷/热负荷之比计算。运营阶段可以全年供应的冷量/热量与空调系统的总的冷/热负荷之比计算。

具体计算示例：

某项目空调总冷负荷为 13000kW，总热负荷为 6760kW。裙房采用地源热泵作为空调系统冷热源，设置 398 口 100m 双 U 钻井埋管，162 口 52m 双 U 桩基埋管。选用 2 台 300RT 螺杆式地源热泵机组，每天机组提供的冷量为 1055kW，提供的热量为 1259kW。热泵机组夏季制冷性能系数为 6.0，冬季制热性能系数为 5.4。对于埋管侧单位延米换热量，根据热响应实验测试结果，100m 双 U，夏季工况延米换热量 61.35W/m，100m 双 U，冬季工况延米换热量 40.7W/m。52m 双 U，夏季工况延米换热量 68.73W/m，52m 双 U，冬季工况延米换热量 50.10W/m。

(1) 地源热泵埋管释放热量及取热量计算

$$Q_{(释热量)}=398\times61.35\times100+162\times68.73\times52=3020.7\text{kW}$$

$$Q_{(取热量)}=398\times40.70\times100+162\times50.10\times52=2041.9\text{kW}$$

(2) 地源热泵空调机组承担的采暖空调负荷

$$地源热泵空调系统承担的空调负荷=\frac{Q_{(释热量)}}{\left(1+\frac{1}{COP_C}\right)}=\frac{3020.7}{\left(1+\frac{1}{6.0}\right)}=2589.2\text{kW}$$

$$地源热泵空调系统承担的采暖负荷=\frac{Q_{(取热量)}}{\left(1-\frac{1}{COP_H}\right)}=\frac{2041.9}{\left(1-\frac{1}{5.4}\right)}=2506.1\text{kW}$$

(3) 地源热泵空调机组承担的采暖空调负荷比例

$$地源热泵空调系统承担的空调冷负荷比例=\frac{2589.2}{13000}=19.92\%$$

$$地源热泵空调系统承担的空调热负荷比例=\frac{2506.1}{6760}=37.07\%$$

$$地源热泵空调系统承担的采暖空调负荷比例=\frac{2589.2+2506.1}{13000+6760}=25.78\%$$

【问题 59】采用地源热泵系统时需注意的要点，增量成本？地源热泵对建筑建成后运营带来的经济效益如何评估？

（1）地源热泵系统设计与应用涉及面较广，在我国推广应用的时间不长。目前了解地埋管地热源热泵系统中的地埋管换热特性主要依靠现场的岩土热物性参数测试和岩土温度数值模拟技术获得；地表水地源热泵系统水源侧的情况也比较复杂，因此应用地源热泵系统进行可行性分析，通过技术经济比较合理时才便于采用。现阶段应用比较多得是地埋管地源热泵系统，采用这一系统时设计需要注意以下几点：

① 需要进行技术经济比较分析；

② 应注意全年土壤冷、热平衡，提高系统应用效率；

③ 建筑周围要有可供埋管的面积，应根据地质条件以及建筑周围场地情况，确定地埋管形式和埋管位置；

④ 地源热泵系统运行要有一定的间歇时间，保证土壤温度恢复。

（2）地源热泵对建筑运行带来的效益可以根据地源热泵系统配置，分别计算地源热泵与常规冷热源运行费用，然后进行对比，综合考虑初投资及运行费用，计算项目采用地源热泵系统带来的经济效益。

【评价案例】

上海某游泳馆项目，采用土壤源热泵系统，以下是采用土壤源热泵系统经济性分析：

（1）项目概况：项目总建筑面积 77539㎡，其中地下建筑面积 34645㎡，地上建筑面积 42894㎡。主要功能：综合球类馆、游泳跳水馆、新建连廊、能源中心、新建器材库、地下车库、标准田径运动场和 5000 人左右的看台和部分室外篮球场地。

（2）负荷分析：空调总冷负荷为 6716kW，总空调热负荷为 5227kW。池水和生活热水负荷：池水加热负荷 2654kW，生活热水负荷 700kW。池水和生活热水负荷：池水加热负荷 2654kW，生活热水负荷 700kW。该项目总的热负荷为 8581kW，总冷负荷为 6716kW，冷热负荷比值为 0.78。见图 119、表 31。

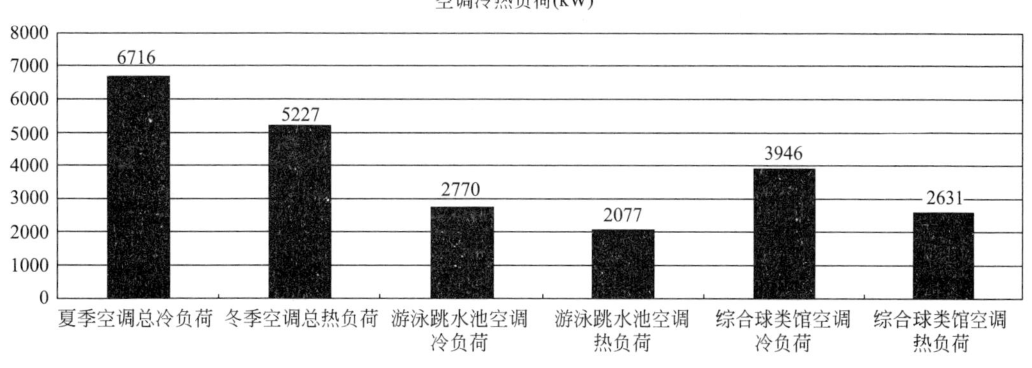

图 119　空调冷热负荷分布图

项目冷热负荷分析 **表 31**

负荷类型	热负荷(kW)	冷负荷(kW)	负荷特点
空调冷负荷	—	6716	6月中旬到9月中旬,4个月
空调热负荷	5227	—	12月份到次年的2月份,3个月
池水加热热负荷	2654	—	1、2、3、4、5、10、11、12月,8个月
生活热水负荷	700	—	全年均有,且夏季约为冬季的一半
合计	8581	6716	

注：热负荷是冷负荷为1.27倍，冷热负荷比为0.78，热负荷远大于冷负荷。经实际项目实测可知，土壤源热泵冬季加制热工况下的节能率相对于燃气锅炉而言节能率达到32%以上，因此该项目适合采用土壤源热泵系统。

(3) 地源热泵方案：设计选用一台制冷量为577.7kW全热回收的地源热泵机组，一机三用，夏季供冷和提供生活热水，冬季提供45℃生活热水。保证项目夏季不开启加热设备，由地源热泵提供淋浴生活热水，减少加热运行能耗。选用两台标准型的地源热泵机组，制冷量为3069.5kW，夏季供冷和冬季供暖。为了保证地源热泵的稳定性，配置冷却塔2台，辅助夏季散热。地埋管配置：采用单U形土壤埋管，单位延米换热量取值平均在50kW（根据对上海地区实际运行项目调研确定，实际设计采用热响应试验测试数据设计）。地源热泵主机夏季COP按4.5考虑，有效埋管深度取100m，则共需要埋管数量为1500口。埋管间距按照5m设计，则需要埋管占地面积约为37516m^2。土壤埋管一般埋在草坪、停车场下，该项目可供埋管面积约为38500m^2，场地满足要求。主机配置方案见表32。

主机配置方案 **表 32**

主机配置	总制冷量(kW)	运行策略
全热回收地源热泵机组1台	577.7	夏季供冷(7/12℃)和生活热水,冬季提供45℃生活热水
标准型的地源热泵机组2台	6139	夏季供冷(7/12℃),冬季供暖(45℃/40℃)。夏季土壤温升大时,采用冷却塔辅助散热

(4) 经济性分析：全年可节约运行费用约为151万元，采用土壤源热泵系统需要增加投资约为900万。见表33。

全年节省运行费用分析表 **表 33**

主 机 类 型	总制冷量(kW)	节约运行费用(元)	
		冬季节约费用	夏季节约费用
全热回收地源热泵机组1台	577.7	106万	45万
标准型的地源热泵机组2台	6139		
合计	151万		

注：燃气价格按照4元/m^3考虑，电价按照0.8元/kWh。天然气热值按31.5MJ/m^3。锅炉效率按照0.9。

【问题 60】《绿色建筑评价标准》中 5.2.16 条根据当地气候和自然资源条件，合理利用可再生能源（10 分），对于项目采用空调系统空气源热泵，热水系统采用空气源热泵热水机组，那么对于空气源热泵是否可算可再生能源？

对于可再生能源利用，根据《可再生能源建筑应用工程评价标准》GB/T 50801—2013 规定，可再生能源应用是指在建筑中供热水、采暖、空调和供电等系统中，采用太阳能、地热能等可再生能源系统提供全部或部分建筑用能的应用形式。另外根据《可再生能源法》规定，可再生能源是指风能、太阳能、水能、生物质能、地热能、海洋能等非化石能源。

本条规定的可再生能源主要指太阳能供热水、太阳能光伏发电、地源热泵供生活热水、地源热泵供空调用冷用热，对于热水系统采用空调源热泵机组可以作为可再生能源。而对于空调系统采用空气源热泵机组，仅部分省规定其为可再生能源。因此对于空调系统空气源热泵，若本地有相应规定及可算作可再生能源，除此之外，其他地方的项目空调系统采用空气源泵机组不纳入可再生能源范畴。

对于采用空气源热泵热水机组能效，满足 2012 年环保部颁布的《工商用制冷设备环境标志产品技术要求》针对空气源泵机组能效的要求即可认为满足要求：对于普通型（包括一次加热式和循环加热）性能系数（COP）要求达到 4.4，低温型（包括一次加热式和循环加热）性能系数要求达到 3.7。见表 34。

空气源热泵纳入可再生能源省市统计　　表 34

省份	政策文件
河北省	河北省住房和城乡建设厅 2015 年 10 月 1 日实施的《河北省推广、限制和禁止使用建设工程材料设备产品目录》，在该目录中，将低温空气源地暖系统纳入到可再生能源范畴
福建省	2014 年 12 月 1 日颁布的《福建省居住建筑节能设计标准》，空气能列入可再生能源，并建议系统优先采用空气能
浙江省	2014 年 12 月 19 日颁布的《民用建筑可再生能源应用核算标准》中，明确表示有生活热水需求的建筑应优选选择空气源热泵热水系统，并将空气源热泵热水系统列入可再生能源范畴
山东省	2015 年 5 月 22 日颁布的《居住建筑节能设计标准》明确规定：有条件且技术条件合理，宜优先采用太阳能、地源热泵、空气源热泵等可再生能源

【问题 61】如何计算太阳能光伏发电系统提供的电量比例？

太阳能光伏发电系统主要由光伏组件阵列、逆变器、配电箱、蓄电池（仅用于离网蓄电系统）以及相关组件构成，其主要作为市电系统的补充，系统组成大致如图 120 所示。

（1）关于太阳能光伏系统提供的电量比例：目前的绿色建筑设计标准大致有两种要求形式。其中，《绿色建筑评价标准》GB/T 50378—2014 是以“光伏系统可提供的电量占建

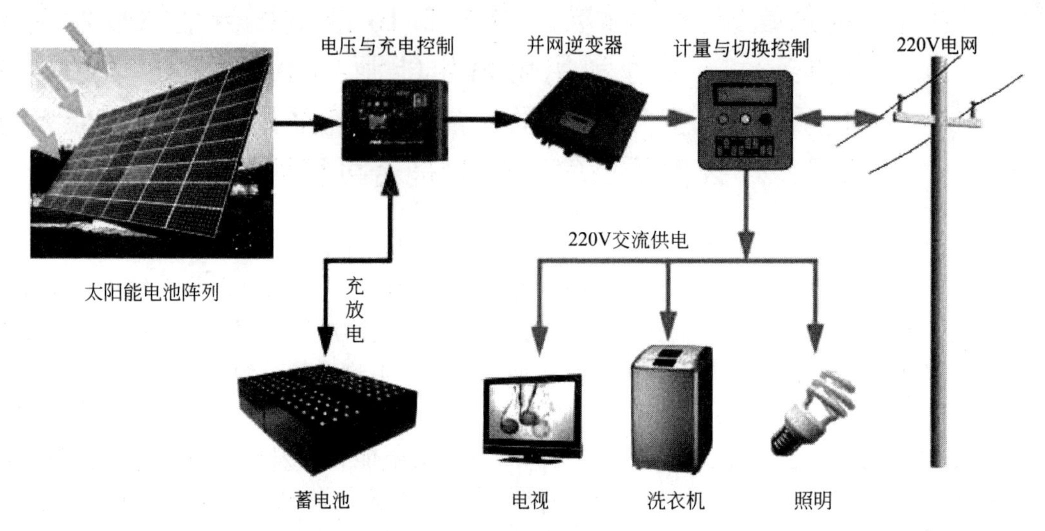

图 120　光伏系统构成图示例

筑用电量的比例”的形式提出；较多地方标准（例如，江苏省的《江苏省绿色建筑设计标准》DGJ32/J 173-2014）则是以“光伏系统的总功率占建筑物变压器总装机容量的比例”的形式提出。

1）对于“光伏系统可提供的电量占建筑用电量的比例”的计算，其需要依据当地辐照条件和所采用光伏系统的装机容量及效率对光伏系统的年发电量进行估算；此外，还需对建筑的年用电量进行估算；其具体的比例的计算公式为：

$$f=\frac{Q_{pv}}{Q_{w}}$$

式中　Q_{pv}——光伏系统的年发电量；

Q_{w}——建筑的年用电量。

在运行评价阶段，由于建筑已投入运行一年以上，因而能耗系统可实际测得上式中光伏系统的年发电量与建筑的年用电量，进而可算得光伏系统实际发电量占建筑用电量的比例。

在设计阶段，光伏系统的年发电量和建筑的年用电量均需计算获得。对于光伏系统的发电量，建议优先采用当地同类型设备（光伏组件参数接近）和相同布置形式（光伏组件的布置朝向、倾角等相同）系统的实际数据作为计算依据。若无实测数据，则建议采用可靠的可再生能源系统动态模拟分析工具，依据系统的实际设计参数和当地气象条件，对光伏系统的年发电量数据进行动态模拟分析，进而获得计算依据。若不具备动态模拟分析的条件，也可仅依据当地年辐照累积数据、光伏组件效率等参数对年发电量进行估算，其计算公式为：

$$Q_{pv}=J_{T}\times\eta_{pv}\times\eta\times\mu_{J}\times\mu_{pv}$$

式中　J_{T}——当地水平面上的年平均日太阳能辐照量（kJ/m^2）；

η_{pv}——光伏组件标准工况的光电转换效率；

η——逆变器效率；

μ_{J}——光伏组件采光面的辐照修正系数；

μ_{pv}——光伏系统发电量修正系数（光伏组件铭牌上标明的效率为标准工况下的测试效率，系统实际运行工况为非标准工况，需进行相应修正）。

在设计阶段，对于建筑的年耗电量的计算，由于涉及的设备、系统较多且实际运行方式复杂多变，若采用静态估算，则偏差较大，建议采用能耗模拟分析的方法来估算建筑年耗电量。

以上海地区某办公建筑的光伏系统为例，其屋面的各光伏阵列采用条带状布置。建筑屋面太阳能电池阵列布置情况如图 121 所示。

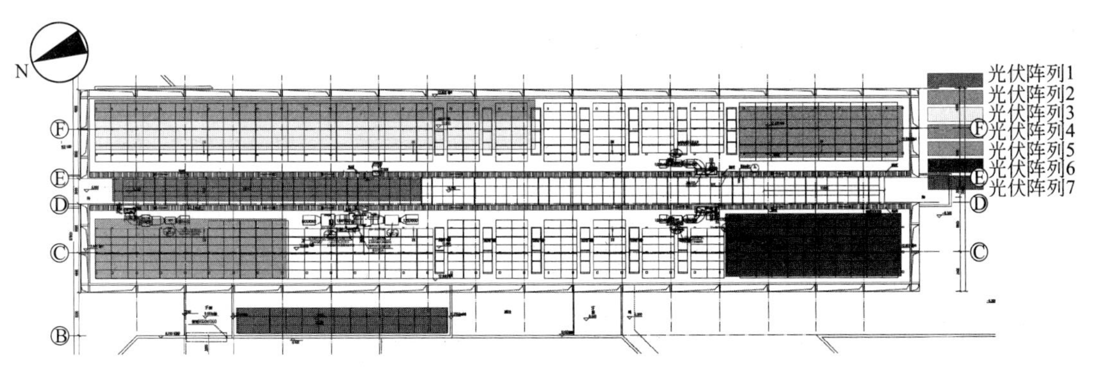

图 121　建筑屋面太阳能电池阵列布置图

其各个光伏阵列的装机容量如表 35 所示。

光伏系统装机容量列表　　**表 35**

编号	光伏阵列序号	装机容量(kWp)
1	GPV01	13.56
2	GPV02	28.25
3	GPV03	18.08
4	GPV04	29.67
5	GPV05	29.67
6	GPV06	29.67
7	GPV07	29.67
合计		178.56

若采用前述公式，本系统采用晶硅电池板，水平安装，系统运行效率大致为 10%至 11%之间，可计算得到各光伏阵列的发电量如表 36 所示。

各光伏阵列发电量估算　　**表 36**

编号	光伏阵列序号	装机容量(kWp)	发电量(kWh)
1	GPV01	13.56	13397.42～14890.55
2	GPV02	28.25	27911.3～31021.97
3	GPV03	18.08	17863.23～19854.06
4	GPV04	29.67	29306.87～32573.07

续表

编号	光伏阵列序号	装机容量(kWp)	发电量(kWh)
5	GPV05	29.67	29306.87～32573.07
6	GPV06	29.67	29306.87～32573.07
7	GPV07	29.67	29306.87～32573.07
合计		178.56	176399.42～196058.88

若采用软件进行动态模拟分析，其系统图如图 122 所示。

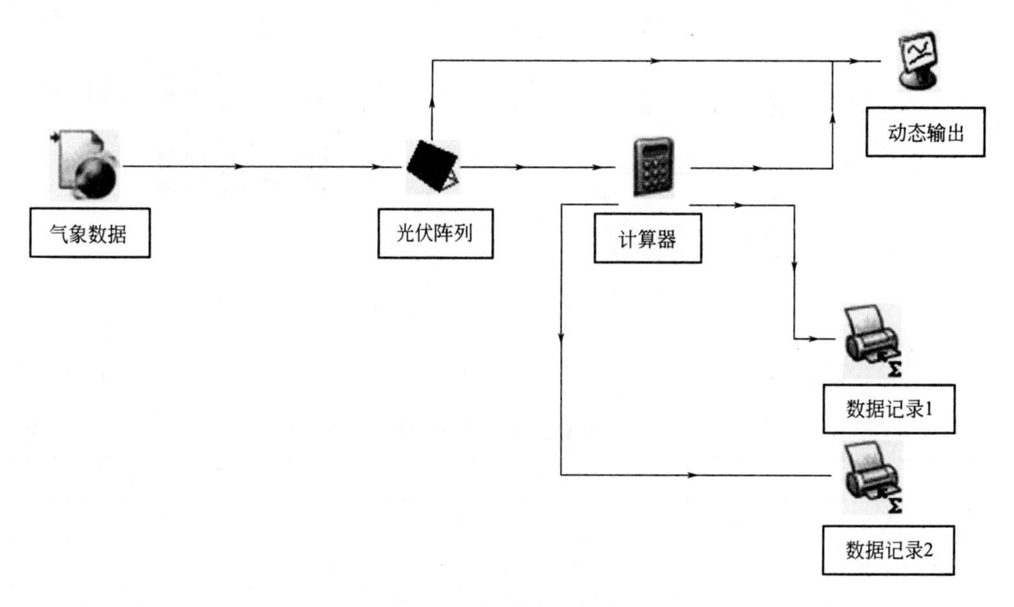

图 122　光伏系统动态模拟分析系统图

用该模型对 7 套阵列分别进行模拟。其中 GPV01 发电情况如图 123、图 124 所示。

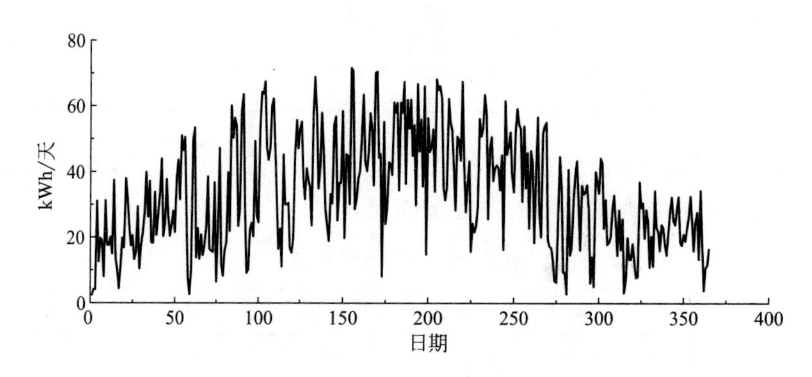

图 123　GPV01 日发电情况

GPV02 发电情况如图 125、图 126 所示。

GPV03 发电情况如图 127、图 128 所示。

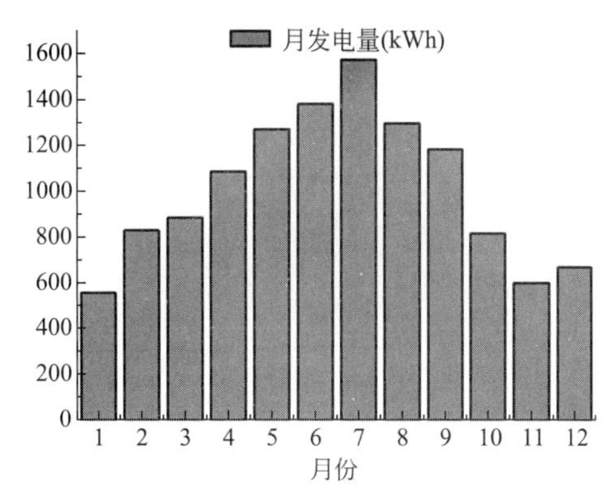

图 124　GPV01 逐月发电量

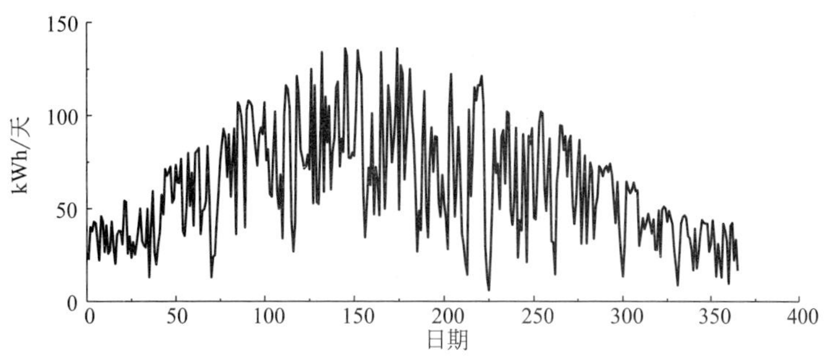

图 125　GPV02 日发电情况

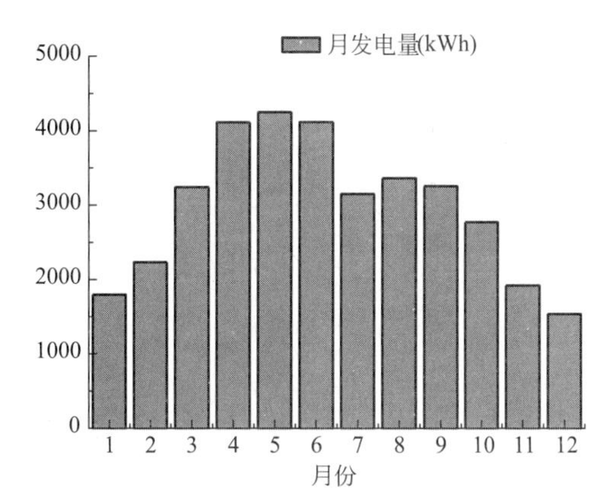

图 126　GPV02 逐月发电量

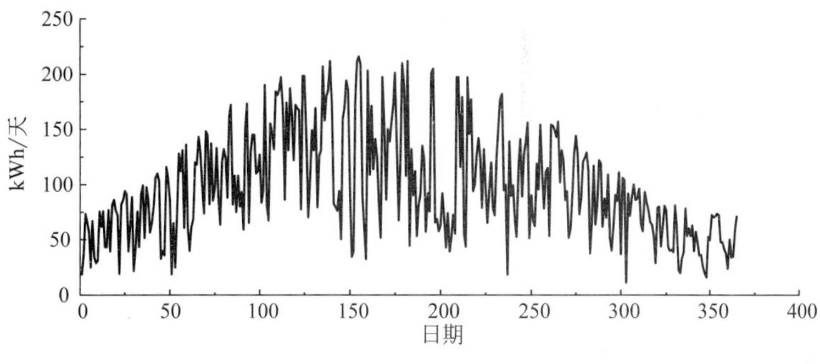

图 127　GPV03 日发电情况

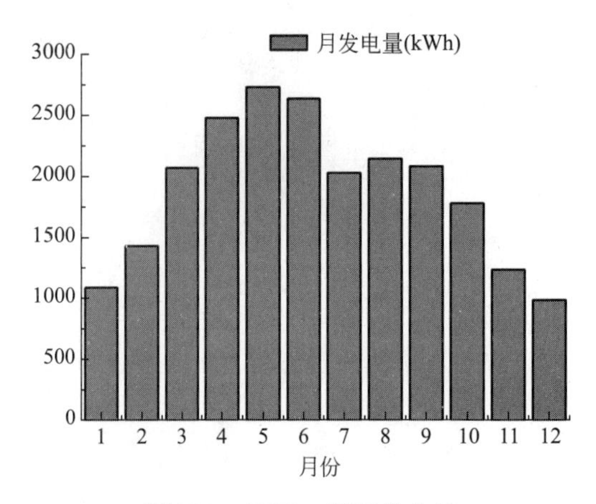

图 128　GPV03 逐月发电量

GPV04～07 发电情况如图 129、图 130 所示。

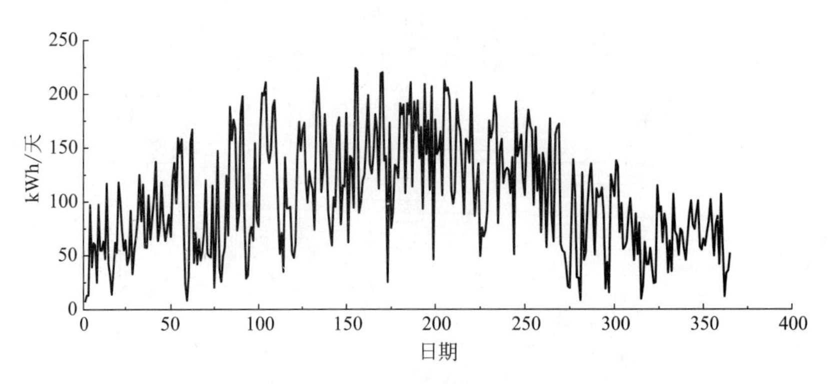

图 129　GPV04～07 日发电情况

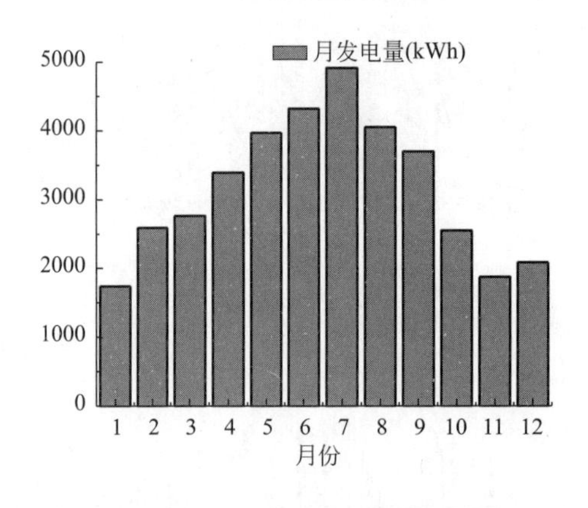

图 130　GPV04～07 逐月发电量

统计发电情况，各阵列年发电量如表 37 所示。

从发电情况可以看出，采用多晶硅电池板的 GPV02～07 阵列发电效果优于采用透光型硅基薄膜电池板的 GPV01 阵列。GPV02 和 GPV03 阵列由于受到建筑遮挡的影响，发电效果有一定的降低。太阳能光伏年总发电量为 222339.39kWh。

各光伏阵列年发电量计算结果 **表 37**

编号	光伏阵列序号	装机容量(kWp)	发电量(kWh)	单位装机容量发电量(kWh/kWp)
1	GPV01	13.56	12140.24	895.30
2	GPV02	28.25	35733.45	1264.90
3	GPV03	18.08	22674.26	1254.11
4	GPV04	29.67	37947.86	1279.00
5	GPV05	29.67	37947.86	1279.00
6	GPV06	29.67	37947.86	1279.00
7	GPV07	29.67	37947.86	1279.00
合计		178.56	222339.39	1245.18

2）由于“光伏系统可提供的电量占建筑用电量的比例”的计算中，光伏系统发电量和建筑耗电量的准确计算都较为困难且易造成较大的偏差，因而部分地方标准提出了“光伏系统的总功率占建筑物变压器总装机容量的比例”评价方式，其只需用光伏系统的装机容量除以建筑物变压器的总装机容量即可。

（2）关于光伏系统的常用系统形式：按光伏组件的形式大致可以分为晶体硅电池和薄膜电池两类，其具体分类如图 131 所示：

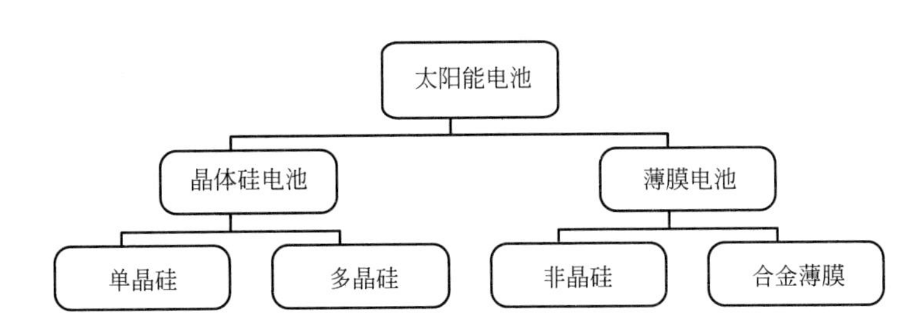

图 131　光伏组件分类

两类电池组件的特点大致如表 38 所示：

各类光伏组件特点 **表 38**

项　　目	晶硅电池	薄膜电池	备　　注
单位面积光电转换效率	14%左右	8%左右	
单位面积的装机容量	较高	较低	薄膜组件单位面积的装机容量为晶硅电池的 40%至 70%左右
与建筑的一体化结合性	低	高	晶硅电池组件的形式较为单一,一般只安装与屋面;薄膜电池组件有较多可与建筑很好结合的组件形式,类如玻璃幕墙等
弱光性能	差	好	在相同的遮蔽面积下,薄膜电池的功率损失更小;薄膜电池更适宜于在建筑立面的应用
寿命	25 年左右	20 年左右	

晶硅电池和薄膜电池组件如图 132 所示。

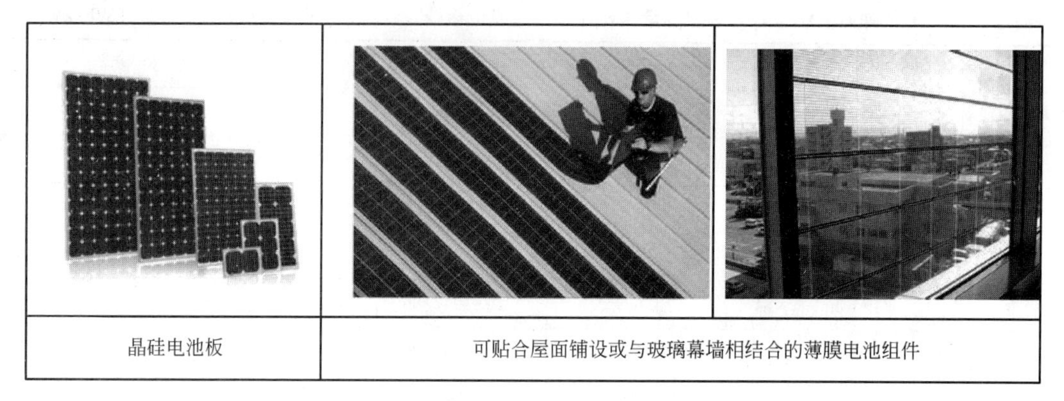

图 132　各类光伏组件实物图

鉴于两种光伏组件的上述差异，晶硅电池板常选择正南向方位角布置且于水平面的夹角通常为当地辐照最大采光面的倾角，以获得最大的太阳直射辐射，从而保证较高的光电转换效率。而建筑立面的或有结合建筑构件的光伏组件安装，一般选用一体化程度高的薄膜电池。

图 133～图 139 所示为各类光伏组件的安装示意图。

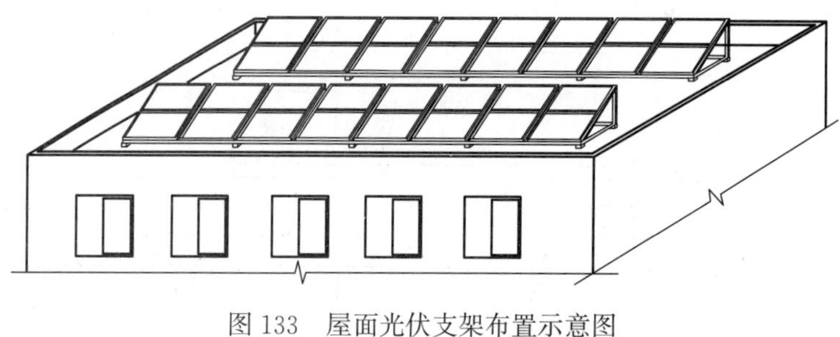

图 133　屋面光伏支架布置示意图

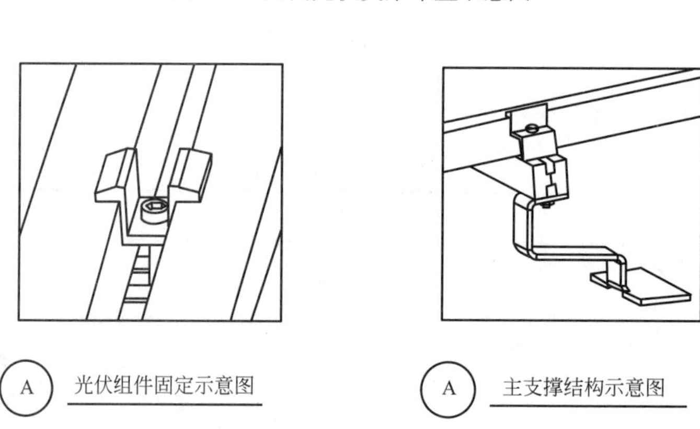

图 134　平屋面支架安装示意图

（3）关于光伏系统的增量成本

光伏系统的增量成本主要由电池组件、逆变器、辅助构件安装以及其他部件的费用构成，对于大型系统而言，其主要构成为电池组件和辅助构件安装的费用。随着技术的成熟

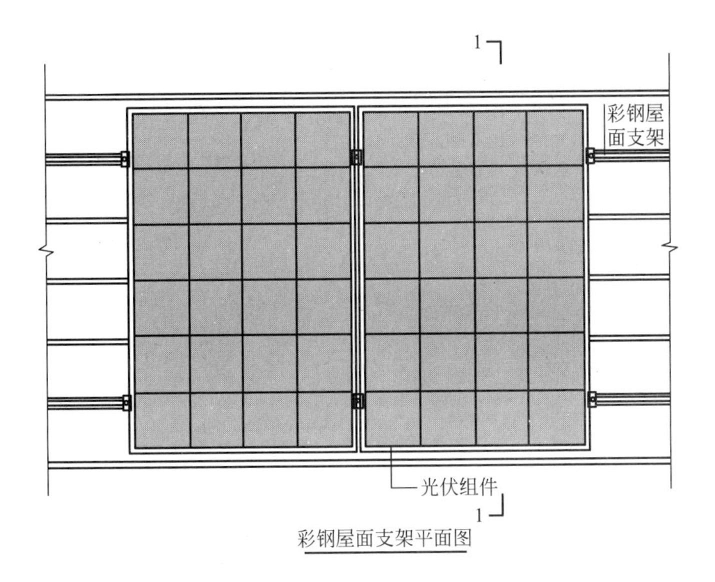

图 135　彩钢屋面支架安装示意图

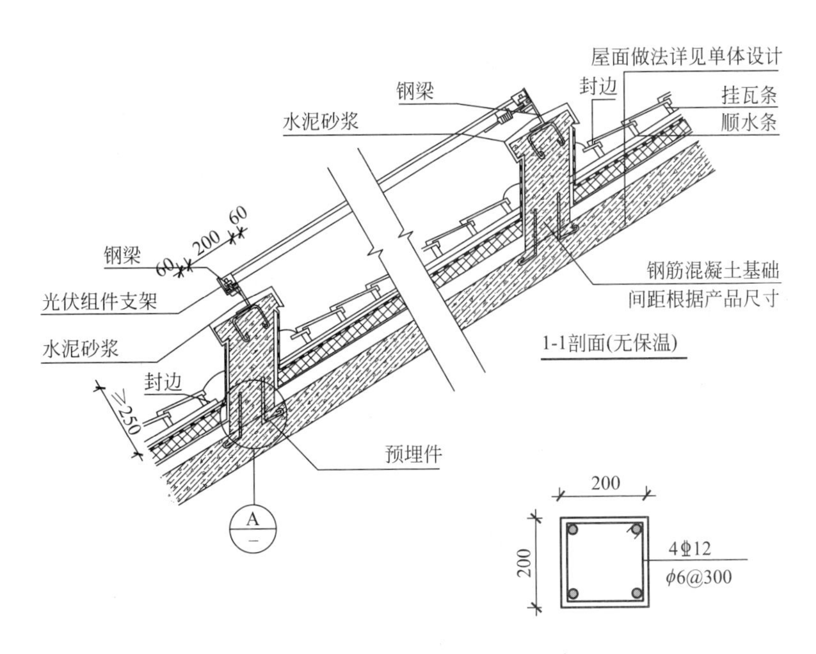

图 136　坡屋面光伏组件安装示意图

和加工工艺的进步，光伏组件的价格已相对前些年（2007 年前后）有了大幅度下降，且有进一步下降的趋势。就现阶段而言，光伏系统单位装机容量的费用大致为 10～16 元/Wp 之间。

举例而言，若一栋楼光伏系统的装机容量为 10kWp，按每 Wp 装机容量的价格进行估算，其整套系统从设备购买到安装调试的整个成本大致在 150 万左右。随着装机容量的进一步加大，单位装机容量的辅助构件和安装人力成本会相应地降低，目前对于兆瓦级别的系统，其单位装机容量的成本基本可控制在 10 元以内。

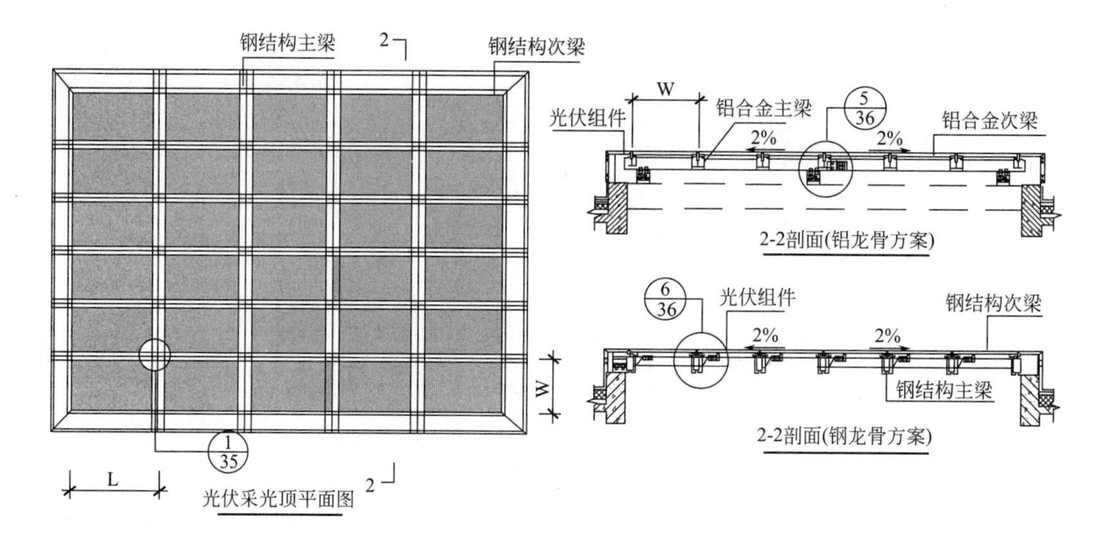

图 137　屋面采光顶光伏组件布置示意图

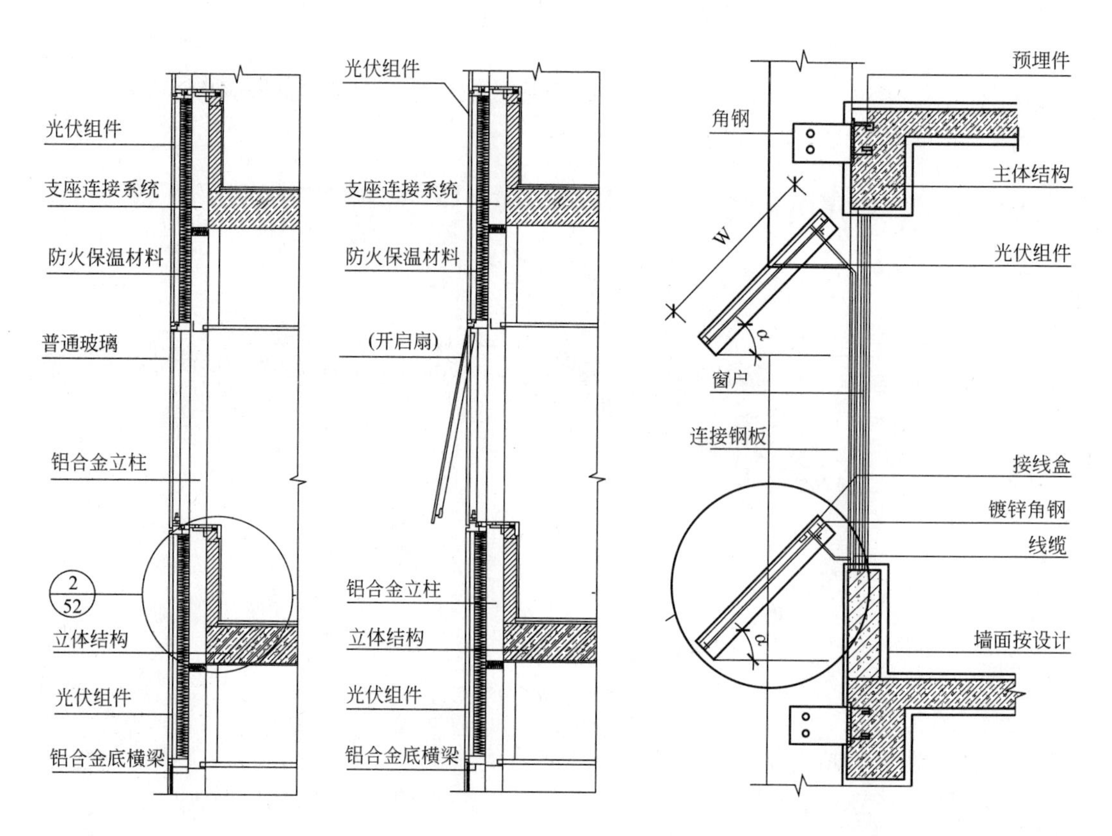

图 138　光电幕墙布置示意图

图 139　百叶式光伏遮阳构件安装示意图

对于实际建筑工程，工程师也常习惯于以面积来进行价格的估算。以晶硅电池板为例，目前 $1m^2$ 的晶硅电池板的装机容量大致在 140Wp 左右，具体数据可依据所选用的具体构件确定，并以此进行系统成本的换算和计算。另外，近年来随着光伏建筑一体化的要

求，非晶硅电池也占据了很大的应用市场，对于非晶硅电池而言，由于其形式的多样性，其功能往往不局限于光伏发电组件，例如具有一定透射率的光电幕墙，可同时作为建筑的透明围护结构构件使用。对于此类，产品系统的成本则不能以上述方式进行计算，需依据具体的构件成本和用量单独核算系统成本。

此外，随着光伏制造工艺的不断改善和性能研究的不断突破，构件的光电转换效率和使用寿命均可得到相应的增加，意味着同样的发电量需求下，系统的装机容量可有所降低，即系统的成本将进一步降低。

（4）光伏建筑一体化案例

下面将结合光伏与建筑一体化结合的实际案例作简要介绍。

图 140 所示为某太阳能工程技术研究中心的光伏系统案例图，其采用内嵌薄膜组件的光电幕墙玻璃形式，与建筑外立面形成了很好的构造结合。

图 141 所示为两处高铁站的屋面顶棚光伏构造案例，其采用薄膜组件与建筑的曲面屋顶相贴合，形成了建筑造型和设备功能的相统一。

图 142 所示为西班牙 Atika 住宅，该项目位于西班牙的毕尔巴鄂市，具有较好的年太阳能辐射条件。该项目采用与屋面一体化结合的光伏发电系统且并网运行。

光电幕墙实物图

图 140　电幕墙实物和构造图

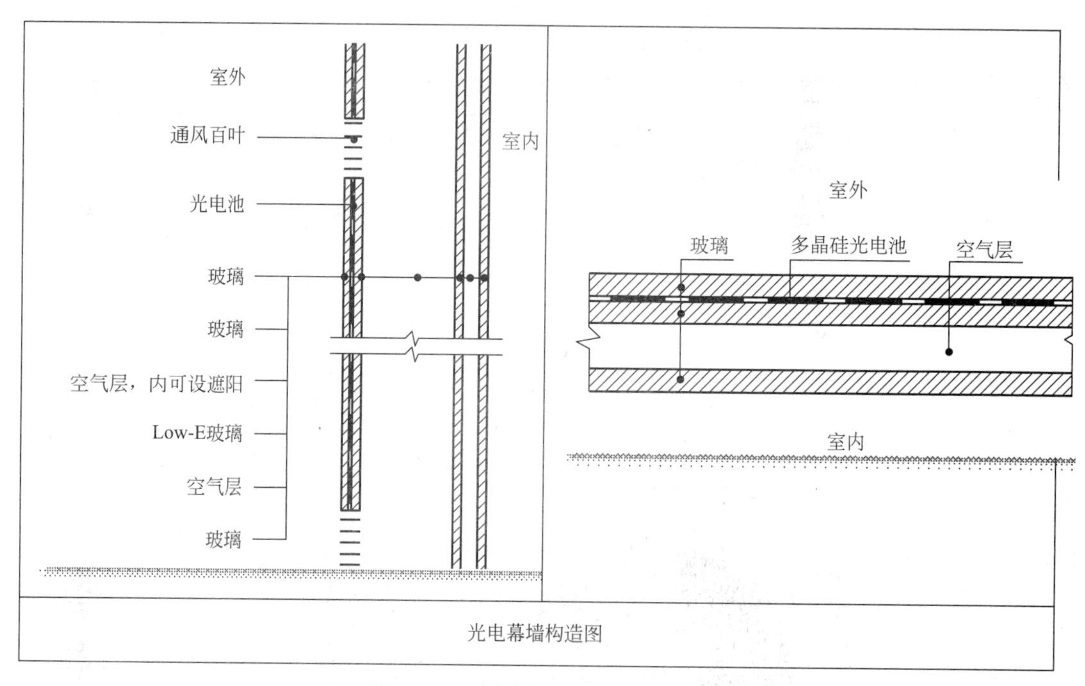

图 140　电幕墙实物和构造图（续）

图 141　屋面光伏构件一体化结合案例

图 142　西班牙 Atika 住宅

图 143 所示为德国弗莱堡的 SOLAR BOAT 项目。该项目的建筑功能，商业、办公、居住综合建筑；建筑体量，小区共 1.1 万 m^2；其中商业 1200m^2，办公 3600m^2，住宅 60 套，其面积 91～168m^2 不等；地上 6 层，地下 2 层。该地区全年阳光充足，是德国的太阳能利用示范城市，建筑顶部安装太阳能电池板，光伏装机容量 445kWp，其安装太阳能光伏板的建筑顶部可随着太阳方位角的变化而变化以最大程度的接收太阳辐射。

图 143　德国弗莱堡的 SOLAR BOAT 项目

图 144 所示为位于瑞典马尔默西部的旧工业码头区的明日之城-BO01 住宅社区。该项目为可持续发展住宅示范项目，获得欧盟“推广可再生能源奖”。小区 100%依靠当地的可再生资源（包括风能、太阳能、地热能、生物能等）。其中，每栋楼顶安有约 120m^2 的太阳能光伏电池系统。

图 145～图 149 所示为相关案例的实景图片。

图 144 明日之城-BO01 住宅社区

图 145 斜屋面钢架光伏组件布置

图 146　平屋面水平光伏组件布置

图 147　彩钢屋面支架光伏组件布置

图 148 弧形屋面光伏组件布置

图 149 光电幕墙布置

【问题 62】对于项目周边有分布式能源覆盖范围的项目，考虑到集中冷热源的建设周期和项目建设周期不同步，项目本身配置一套冷热源系统。该部分项目得分如何满足，比如冷热源效率提高和分布供能是否都可以满足得分要求？项目本身配置的冷热源设备效率是否也需要提高才能满足要求？

这个主要涉及《绿色建筑评价标准》评分项 5.2.4 供暖空调系统的冷、热源机组能效

均优于现行国家标准《公共建筑节能设计标准》GB 50189 的规定以及现行有关国家标准能效限定值的要求（6 分）；《绿色建筑评价标准》11.2.3 采用分布式热电联供技术，系统全年能源综合效率不低于 70%（1 分）。

对于类似项目，需要达到如下要求才能满足《绿色建筑评价标准》5.2.4 条和 11.2.3 条的得分要求。

（1）首先项目周边有分布式能源供应，申报项目需要有相应的分布式能源供应相应的接入机房及相应的冷热源交换设备，以保障分布式能源供应需求，同时需要提供周边分布式能源供应中心相应的设计图纸及资料，证明分布式供能系统能源综合效率满足上海市《分布式供能系统工程技术规程》DG/TJ08-115-2008 规定分布式供能系统总热效率不小于 70%的要求。

（2）另外对于项目自己配置的冷热源，需要按照《绿色建筑评价标准》5.2.4 条及 11.2.3 条相应的要求，冷热源设备效率提高一定比例要求才能满足得分要求。见表 39。

冷、热源机组能效指标比《公共建筑节能设计标准》GB 50189 的提高或降低幅度　表 39

机组类型		能效指标	5.2.4 条提高或降低幅度	11.2.3 条提高或降低幅度
电机驱动的蒸汽压缩循环冷水（热泵）机组		制冷性能系数（COP）	提高 6%	提高 12%
溴化锂吸收式冷（温）水机组	直燃型	制冷、供热性能系数（COP）	提高 6%	提高 12%
	蒸汽型	单位制冷量蒸汽耗量	降低 6%	降低 12%
单元式空气调节机、风管送风式或屋顶式空调机组		能效比（EER）	提高 6%	提高 12%
多联式空调（热泵）机组		综合制冷性能系数（IPLV）	提高 8%	提高 16%
锅炉	燃煤	热效率	提高 3 个百分点	提高 6 个百分点
	燃油燃气	热效率	提高 2 个百分点	提高 4 个百分点

【评价案例】

青浦区徐泾镇潘中路南侧 27-03 地块（1～2 号楼，绿色二星），项目位于虹桥商务区区域能源中心供应范围内，设计时采用区域能源站提供集中冷、热源。集中冷热源夏季冷水供回水温度为 5℃/13℃、冬季热水供回水温度为 52℃/42℃。按照分布式供能系统要求，项目设计相应的分布式供能系统接入机房并配置相应的热源交换设备，满足大楼供冷供热需求。见图 150。

考虑到能源站建设周期及时间周期等限制条件，项目 1 号楼和 2 号楼自备一套冷热源系统。冷热源采用离心冷水机组（变频机组）+燃气真空热水锅炉。按照《绿色建筑评价标准》5.2.4 条得分要求，离心机组效率比现行标准提高 6%，燃气锅炉效率比现行标准提高 2%。

通过上述两项设计措施，满足《绿色建筑评价标准》5.2.4 条和 11.2.3 条的得分要

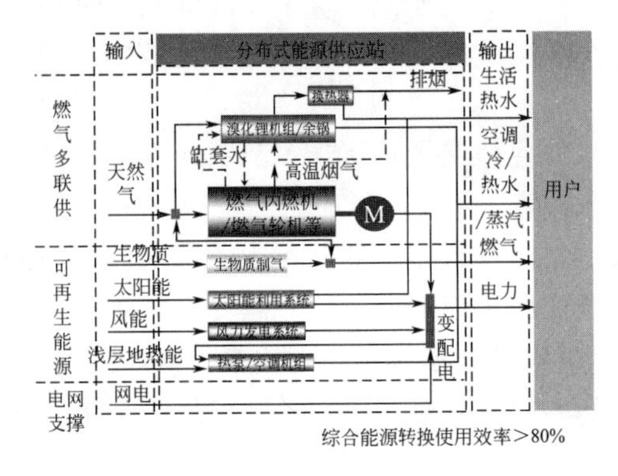

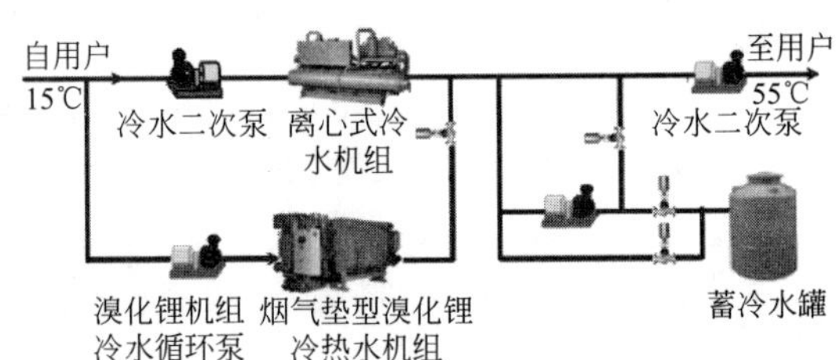

图 150　项目周边分布式供能系统配置示意图

求。但两项同时得分会带来冷热源重复投资，因此建议业主自行选择，取一项技术得分。但确实因能源站建设周期满足不了项目运行需求，如项目提前运行，在这种情况下，业主可以考虑采用上述两项技术措施。

【问题 63】雨水专项规划设计应当如何编制？

雨水专项规划应首先确定规划范围、规划期限，并基于城市或所在区域的基本情况进行了解，包括城市建设情况、水环境水资源水生态水文化的历史与现状、降雨情况、地质与土壤情况、现有问题与需求，从而确定规划的总体目标与具体指标。规划内容包括总体规划和详细规划两部分。

总体规划需要结合专项分析，提出低影响开发系统、排水防涝系统、防洪潮系统的标准与布局；明确项目中水生态敏感区及保护策略；确定渗、滞、蓄、净、用、排各项雨水基础设施的建设规模。

详细规划需要将总体规划中控制目标与指标落实到具体空间、设施、地块当中；以目标可达、投入产出效益较佳为目的，通过模型或加权进行反复分解和试算；确定各项雨水基础设施的衔接设计、竖向设计；明确规划建设的管理管控机制，构建低影响开发引导机制。雨水专项规划应由规划设计单位完成，并由地方规划管理部门审批方可作为绿色建筑相关条款得分的依据。

【问题 64】利用河道、湖泊、水库进行的雨水调蓄量是否属于控制的雨水量？

海绵城市建设提倡利用水系对雨水量进行调节，但任何水系均有其最大调蓄能力，因此在制定区域性海绵城市专项规划时应充分考虑河道的泄洪能力，湖泊水库的调蓄能力，

对流域范围内所有项目的外排量进行总量控制，规定各建设项目允许排入水系的雨水量。因此若将河道、湖泊、水库的雨水调蓄量记为径流总量控制，项目需同时满足以下要求：

（1）提供申报项目所在区域的海绵城市专项规划；

（2）所提供的海绵城市专项规划中允许项目雨水排入水系，且对排入水系的雨水量进行了规定；

（3）核算项目排入水系的雨水量，要求满足海绵城市专项规划的要求。

此外对于在项目内部设置人工湖进行雨水调蓄的，这部分雨水量明确不进行外排，可直接计为控制的雨水量。

【评价案例】

某地块Ⅰ位于某开发区内，周边有自然河道两条。为了贯彻海绵城市建设要求，该开发区编制了海绵城市专项规划。规划要求开发区按照径流总量控制率80%，其中地块Ⅰ按照70%的径流控制率设置雨水径流控制系统。根据规划要求，地块Ⅰ在对应的控制降雨厚度条件下，需通过渗透设施实现雨水渗透60m^3，通过设置下沉式绿地、调蓄池等实现雨水调蓄80m^3，通过周边河道水系控制雨水量不超过20m^3。

本项目通过场地内的雨水基础设施设置，在控制降雨厚度条件下，实现雨水渗透64m^3，实现雨水场地内调蓄85m^3，剩余11m^3雨水量排入河道。因此该项目符合区域海绵城市规划对本地块70%径流控制率的规划要求，《绿色建筑评价标准》项目4.2.14条可得6分。

【问题65】如何制定合理的水资源利用方案，统筹利用各种水资源？

水资源利用方案应在对项目及周边各类水资源情况进行综合分析的情况下进行制定。具体方案应包括以下几部分：

（1）分析水资源情况

包括地表水情况（水量、水质、含沙量、冬季结冰情况、地表水取用许可等），地下水情况（地下水埋深、含水层厚度、水质、地下水取用许可等），降雨情况（气候类型、年降雨量等），市政情况（市政饮用水、市政再生水、市政排水等）。

（2）项目情况

包括项目位置、项目用水量、水质需求，建筑供水分区要求，供水方式等。

（3）项目给水排水情况

给水系统（设计水量、给水管道、卫生器具设置等），排水系统（排水量、排水体制、排水管道、雨水排水设计等），热水系统（热水水量、热水管道及保温、热源热媒等）。

（4）非传统水源利用

非传统水源选择（根据水资源情况进行分析），原水量，原水水质，处理工艺，水量平衡，经济分析。

（5）径流控制

通过入渗、滞留、调蓄达到的径流控制量及控制率。

【问题66】关于非传统水源利用，应如何开展合理的策划与设计？

开展非传统水源利用策划设计，应在充分了解项目气候环境、市政设施、建筑布局、用水与排水特点等基础条件上进行。基本的策划与设计步骤如下：

（1）合理选择非传统水源。对于有市政再生水设施的，优先利用市政再生水；对于南方大部分地区由于降雨充沛，具备良好的雨水收集利用条件，且雨水处理回用难度和成本明显小于杂排水，可将雨水作为良好的非传统水源；对于建筑内采用污废合流的排水系统时，由于优质杂排水难以单独分离出进行净化，会导致处理回用成本大大增加，且卫生安全性较差，此时不建议采用中水回用系统。

（2）确定非传统水源的用途。根据收集水量以及随季节、时间变化的特点，通过水量平衡计算，确定其用途。目前较为适合非传统水源的主要用途有绿化灌溉、地面冲洗、道路浇洒、冲厕、洗车等。但对于原水中含砂较多的（如雨水），用于洗车时可能会导致汽车表面划伤，用于冲厕时可能会导致冲洗阀门堵塞，因此不建议用于这两项用途。非传统水源的用途和供水范围还应结合水源水量进行水量平衡确定。

（3）确定非传统水源处理工艺。对于雨水，其主要污染物质为悬浮物、泥沙，应采用物理处理的方式，以沉淀过滤工艺为主；对于优质杂排水，除了悬浮物以外，还包括表面活性剂等污染物，应采用物化工艺，辅助以混凝剂投加；对于杂排水水质较差的，污染包括较多有机物的，可以采用生物处理工艺；对于海水淡化利用的，污染物主要为盐类，应采用反渗透处理方法。同时对各类水质的处理都应采取消毒措施，对冲厕、洗车等用水需采用具有持续消毒能力的氯消毒。

（4）确定非传统水源利用系统规模。非传统水源利用系统规模（原水池、清水池、水泵流量、处理系统规模等）应根据项目原水量、用水量等情况确定，目前《建筑与小区雨水利用工程技术规范》GB 50400、《建筑中水设计规范》GB 50336对非传统水源利用系统规模计算方法进行了明确规定，对于考虑径流控制的雨水收集系统原水池容积还应满足雨水调蓄量的要求。

（5）对非传统水源利用系统位置布置进行设计。包括水池布置、机房设置位置等。对于地下室满铺的项目，可在机房内预留水池布置空间，对于有地下空间可利用的可采用地埋式水池、蓄水模块等。

（6）布置收集与回用管线、计量设施。管线应保证非传统水源的原水能够重力流入或通过水泵提升进入收集系统。回用管线应注意防止误接误用的措施。

【评价案例】

上海郊区某公园配套用房项目，建筑共地上两层，项目场地南北侧分别为人工湖及人工河道。建筑室内年用水量约为7300m^3/d。

而室外用水包括景观补水和绿化灌溉用水。根据建筑的初步设计，有较大面积的

场地和屋顶绿化，室外给水需要对这部分绿化进行浇灌，同时在南侧和北侧分别设置景观水池，由于蒸发和入渗等因素的影响，需要对景观水池进行补水和存水的更换。两块水景平均日用水量分别为 1355.35m^3/d 和 6420m^3/d，灌溉平均日用水量约为 10021.45m^3/d。

结合项目水资源情况以及室内外用水情况，认为项目具有如下特点：

（1）水资源方面

① 项目所在地水资源丰富，种类较多；

② 地表水系贯穿建筑内外，可以起到很好的水源补给及雨水排水调蓄作用；

③ 项目所在地降雨量大于蒸发量，合理设置水景大小及控制方式可以达到良好的水量平衡。

（2）项目用水方面

① 项目室外用水很大，室内用水较少；

② 项目室外的绿化灌溉、水景补水，室内的冲厕用水均是良好的非传统水源用水点，可以考虑非传统水源的利用；

③ 项目有较大容积的景观水池，可用于雨水调蓄及非传统水源的储存处理。

考虑到以上因素，进行非传统水源利用策划与设计：

1）考虑到室内用水量较少，并且将非传统水源接入到室内有误接误用的风险，因此室内全部采用市政自来水作为用水水源；

2）结合项目所处区域地表水丰富，降雨量较多的特点，在建筑中采用雨水为主的非传统水源利用体系，对非传统水源进行综合利用，供应建筑范围内室外绿化灌溉及水景补水；

3）利用项目绿地和与景观结合的湿地景观系统进行雨水处理，使进入到河水中的雨水水质可以达到河水纳污要求。

项目中配套用房硬质屋面面积为 2822.8m^2，屋面径流系数取 0.9，屋顶绿化面积水平投影面积为 690.34m^2，径流系数 0.3，场地烧结砖铺地面积约为 2282.47m^2，径流系数为 0.8，场地透水铺装路面面积约为 13058.2m^2，径流系数取 0.6，地面绿化面积约为 34560.09m^2，径流系数取 0.15，景观水体面积 2403m^2，径流系数取 1。按照上海市降雨量为 1285.26mm，计算得建筑年总径流雨水量为：

$$(2822.8\times0.9+690.34\times0.3+2282.47\times0.8+13058.2\times0.6+34560.09\times0.15+2403\times1)\times1.28526=25699.46m^3$$

按照雨水弃流量 10%计算收集处理雨水量，则收集处理雨水量为：

$$25699.46\times(1-10\%)=23129.51m^3$$

根据逐月降雨量计算各月的雨水收集量如表 40。

逐月雨水收集量与水景二补水量 **表 40**

序号	月份	1月	2月	3月	4月	5月	6月
1	降雨量(mm)	65.4	92.62	54.74	85.3	107.46	166.02
2	可收集总量(m^3)	1176.94	1666.79	985.10	1535.06	1933.85	2987.69
3	水景二补水量(m^3)	39.16	45.11	95.97	139.36	173.43	151.16
4	进入河道水量(m^3)	1137.78	1621.68	889.13	1395.70	1760.42	2836.53

续表

序号	月份	7月	8月	9月	10月	11月	12月
1	降雨量(mm)	163	230.98	140	34.3	97.5	47.94
2	可收集总量(m^3)	2933.34	4156.71	2519.44	617.26	1754.61	862.73
3	水景二补水量(m^3)	213.06	181.2	124.16	95.62	51.86	45.27
4	进入河道水量(m^3)	2720.28	3975.51	2395.28	521.64	1702.75	817.46

从表中可以得知，各月份的雨水收集量均大于所需要的补水量，通过4号公园的雨水收集可以满足水景二的补水需求。经过水景二处理的雨水进入紧邻河道的雨水滞留区进行储存，并用于水景一补水和绿化灌溉，多余部分排入河道。见图151。

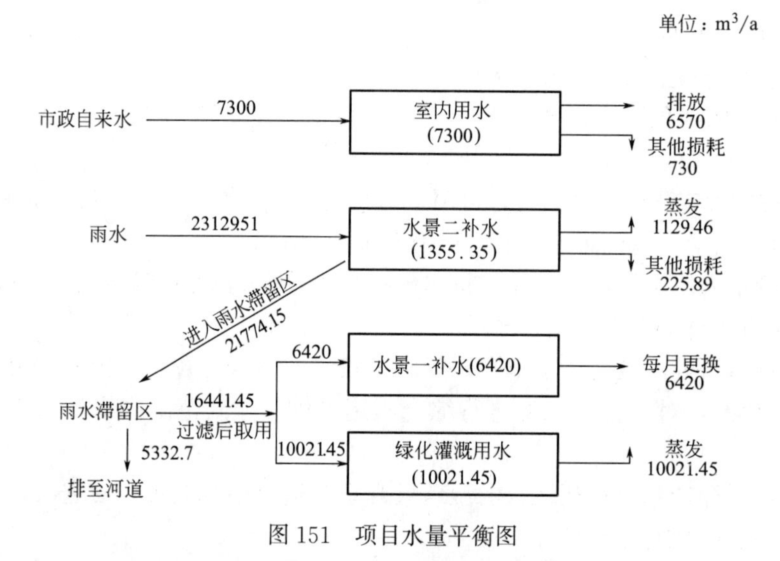

图151　项目水量平衡图

根据上述非传统水源利用方案进行雨水处理系统及给水排水管线的设置，并设置计量设施，对水景取水和绿化灌溉用水量以及排入河道的雨水水质进行在线监测。

【问题67】怎样综合考虑雨水回用系统的节水效果与能耗物耗的关系，在设计环节如何保证雨水回用系统使用效益的提高？

雨水回用系统的能耗物耗主要与处理工艺在选择有关，因此在选择工艺时，应尽可能避免选择能耗物耗较高的工艺。

在能耗方面，曝气是处理流程中能耗较大的部分，而雨水的原水水质不适合采用生物处理工艺，因此需要长期供氧曝气的生物处理工艺（BAF、MBR等）不宜在雨水处理中使用。而气浮工艺也有较大的供气需求，而且雨水中杂质不适合浮选分离，这一工艺同样不适用。目前常用的较为节能的工艺主要以沉淀、过滤、消毒为主。其中在沉淀、过滤环节充分利用雨水重力势能、采用低压过滤的方式是进一步优化工艺，降低运行能耗的有效措施。

在物耗方面，主要体现在处理系统构建的材料损耗以及运行过程中药剂投加。例如有项目试图将沉淀池增设斜板改造为斜板沉淀池的方式提高沉淀效果，这一做法由于雨水水源供给的间断性，不适用“浅池理论”，反而造成了材料浪费，这一工艺不可取。在运行过程中，混凝、气浮等工艺需要进行混凝剂的投加，应尽量避免使用。活性炭吸附工艺由于也需要大量的活性炭颗粒耗材使用，且在运行性难以再生，也不宜用于雨水处理。见图 152。

图 152 雨水回用处理系统选择

除此之外，雨水原水的水质也对工艺能耗物耗有较大影响，在收集雨水原水时，收集相对洁净的屋面雨水，使使处理工艺简化的有效手段，也是降低能耗物耗的有效手段。

处理后清水根据所需的流量选择适宜型号的水泵也可以使供水能耗降低，也是雨水回用系统效益提高的手段。

【评价案例】

某 6 层商业建筑，部分屋面设置屋顶绿化，主要的杂用水用途包括场地和屋顶绿化、广场地面冲洗。项目从降低雨水回用系统能耗物耗入手，以屋面相对洁净的雨水作为主要水源，屋面径流雨水均经过屋顶绿化部分，通过屋顶绿化进行预处理通过排水层进入地下一层雨水机房。机房中雨水收集池按照沉淀池形式设计，底部设有找坡和泥斗，使雨水能够在收集池中静沉。沉淀后雨水经过多介质过滤器过滤后进入清水池中。考虑到供应至屋顶绿化使用需要选用较高扬程水泵，会增加系统供水能耗，因此雨水主要回用至场地冲洗和地面绿化灌溉。

【问题 68】如何评判非传统水源利用的经济性，雨水和中水回用系统中分别都常用哪些水处理技术？

（1）雨水处理以物化处理工艺为主，最为常用的处理流程为以下三种：

① 雨水原水→雨水蓄水池沉淀→消毒→雨水清水池。

② 雨水原水→雨水蓄水池沉淀→过滤→消毒→雨水清水池。

③ 雨水原水→生态处理。

对于原水中包含大量地面雨水径流时，水质会相对较差，可以通过投加混凝剂的方式增加沉淀过滤效果。

（2）中水回用系统处理工艺根据原水情况进行选择：

对优质杂排水应选择物化处理为主的工艺：

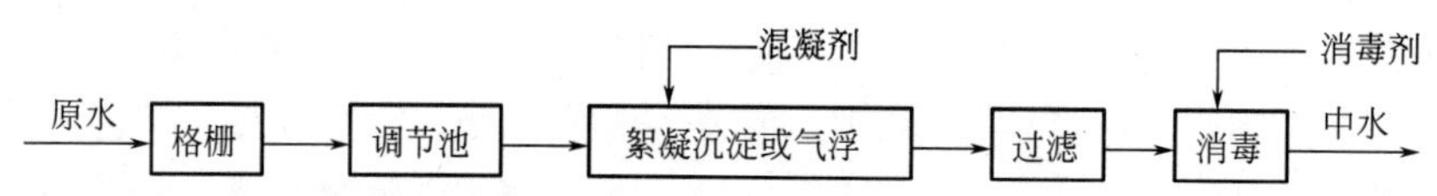

对于杂排水可选择生物处理和物化处理结合的工艺或是预处理与膜分离结合的工艺流程：

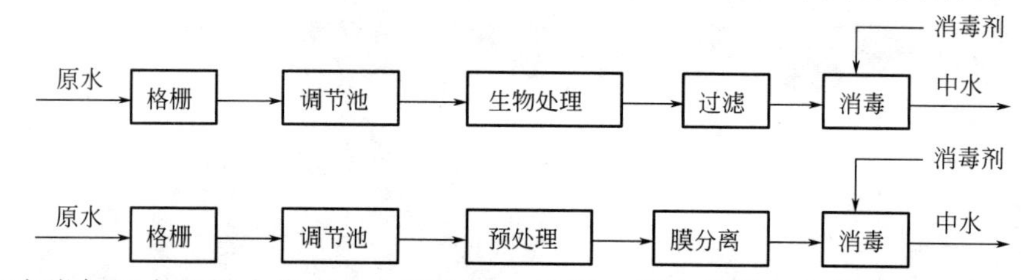

当含有粪便污水的排水作为中水原水时，采用二段生物处理与物化处理相结合的处理工艺：

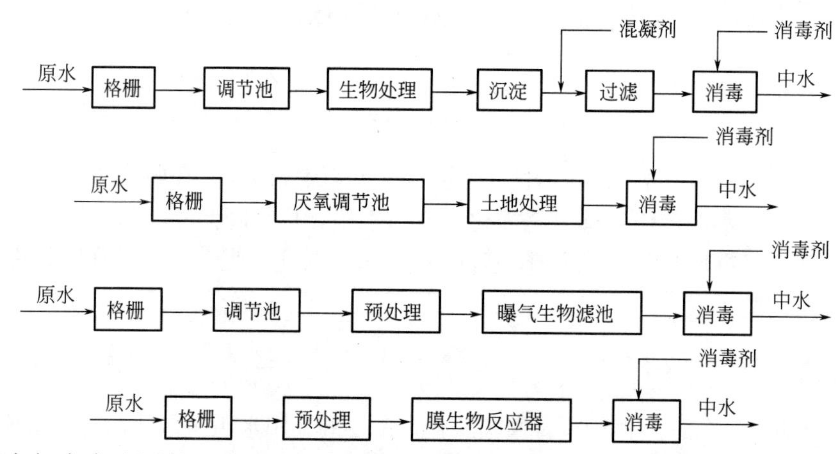

从雨水与中水选用的工艺可以看出原水水质对处理工艺影响很大，因此选择适宜的原水是非传统水源利用系统经济性的决定因素。通常通过生态处理的雨水和优质杂排水处理回用系统投资回收期为10～15年，通过物化方法处理的雨水和优质杂排水处理回用系统投资回收期为20～30年，杂排水为主的中水系统投资回收期为50年左右，含有粪便污水的中水系统通常无法进行投资回收，经济性较差。

【问题69】初期雨水弃流的作用是什么，该如何设置？

由于初期径流雨水污染物浓度高，通过设置雨水弃流设施将降雨初期含有较高污染物浓度的初期雨水排出，可有效地降低收集雨水的污染物浓度，减小净化工艺的负荷。

对初期雨水弃流设施进行设计时，最关键的是要确定初期径流厚度，可以通过实测进行确定，也可以根据经验对建筑屋面采取2～3mm初期径流厚度，地面采用3～5mm初期径流厚度。

此外，对于跨度较大的建筑或区域雨水收集管线过长，导致收集面上雨水流行时间差异较大，此时远距离区域地表径流的初期雨水得不到弃流，而近距离区域中较为洁净的持续径流雨水被弃流掉，使优质的雨水流失，收集雨水的水质得不到提升。因此对弃流设施

还应规定最大的服务距离，一般不超过 300m。大于该服务距离的可以采用“分段式”弃流，即规定单个弃流设施的最大服务距离，对收集区域较大的项目，弃流设施分段设置。其中收集屋面雨水的系统，可在每根立管上设置雨量型弃流装置；需要收集地面雨水的系统，可在室外雨水排水管道中，间隔一段距离设置一个雨水弃流井，采用渗透弃流井，使初期雨水得到渗透排放。见图 153、图 154。

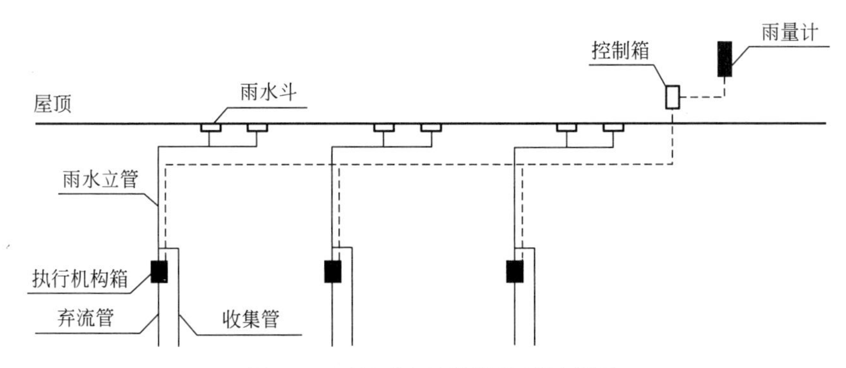

图 153　雨量型弃流装置设置示意图

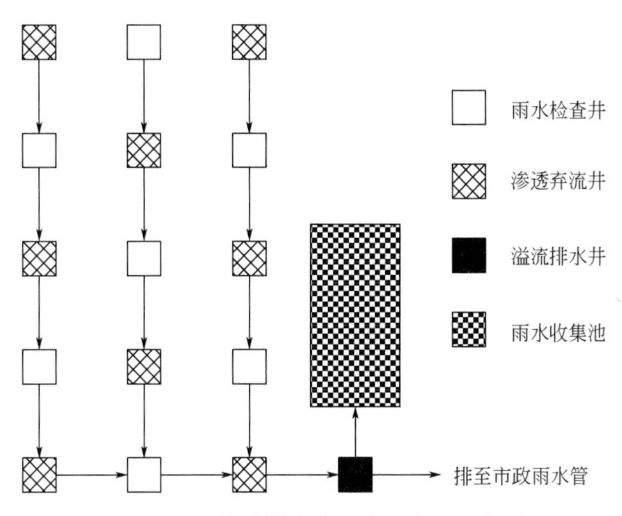

图 154　室外分散式渗透弃流布置示意图

【问题 70】为了保障雨水储存回用系统安全运行，雨水溢流该如何设置？

对于设置在地下机房的雨水储存回用系统，若溢流设施设置不当，很容易发生地下室淹水的情况。《建筑与小区雨水利用工程技术规范》规定了“雨水储存设施应设有溢流排水措施，溢流排水措施宜采用重力溢流”，对在室内设置溢流口的，要求“当设置自动提升设备排除溢流雨水时，溢流提升设备的排水标准应按 50 年降雨重现期 5min 降雨强度设计，并不得小于集雨屋面设计重现期降雨强度”。但由于溢流工况发生时，通常室外雨水排水管道处于满管流状态，采用水泵很难将溢流雨水及时排出，仍有地下室被淹的风险。

因此，为了保障雨水储存回用系统安全运行，最佳方式是在室外设置地埋式雨水收集储存装置。室外没有条件，必须在地下室设置雨水收集池的，可以通过设置雨水溢流井，在雨水收集池未达到最高水位时，雨水通过水泵提升进水，雨水收集池达到最高水位的条件下，水泵停止运行，雨水通过溢流管排出。将雨水溢流至地下室集水井通过水泵排出的方法不建议采用。见图 155。

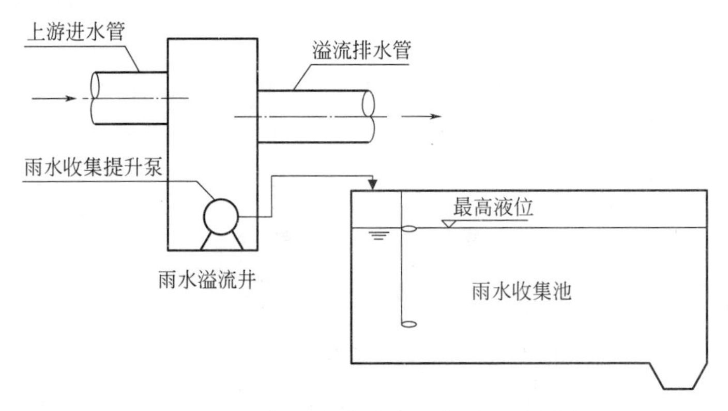

图 155　雨水溢流井溢流工作原理示意图

【问题 71】河道水、湖水是否属于非传统水源？是否可作为景观用水水源？

根据定义，非传统水源为“不同于地表水供水和地下水供水的水源，包括再生水、雨水、海水等。”而河道水、湖水是最典型的地表水供水水源，因此不属于非传统水源。在《绿色建筑评价标准》6.2.10 条中使用河道水、湖水进行利用的方案不能得分。

但值得注意，河道水与湖水本身也不属于市政自来水，因此利用河道水与湖水作为景观用水水源不违反《民用建筑节水设计标准》GB 50555-2010 中 4.1.5 条“景观用水水源不得采用市政自来水和地下井水。”

【问题 72】一、二级节水器具的参数具体是多少？节水器具的增量成本大致多少？

目前国家对水嘴、坐便器、小便器、淋浴器、大便器冲洗阀、小便器冲洗阀共 6 种器具进行了用水效率等级规定。具体用水效率等级对应的流量和用水量如表 41～表 46。

水嘴用水效率等级指标　　表 41

用水效率等级	1 级	2 级	3 级
流量(L/s)	0.100	0.125	0.150

坐便器用水效率等级指标 **表 42**

用水效率等级			1 级	2 级	3 级	4 级	5 级
用水量(L)	单档	平均值	4.0	5.0	6.5	7.5	9.0
	双档	大档	4.5	5.0	6.5	7.5	9.0
		小档	3.0	3.5	4.2	4.9	6.3
		平均值	3.5	4.0	5.0	5.8	7.2

小便器用水效率等级指标 **表 43**

用水效率等级	1 级	2 级	3 级
冲洗水量(L)	2.0	3.0	4.0

淋浴器用水效率等级指标 **表 44**

用水效率等级	1 级	2 级	3 级
流量(L/s)	0.08	0.12	0.15

大便器冲洗阀用水效率等级指标 **表 45**

用水效率等级	1 级	2 级	3 级	4 级	5 级
冲洗水量(L)	4.0	5.0	6.0	7.0	8.0

小便器冲洗阀用水效率等级指标 **表 46**

用水效率等级	1 级	2 级	3 级
冲洗水量(L)	2.0	3.0	4.0

同一品牌中，不同用水等级卫生器具的价格差异不大，节水器具增量成本相对较低。但对于用水效率较高的卫生器具来说，目前仅部分知名品牌能够在用水量较小的情况下保证使用舒适度。见图 156、图 157。

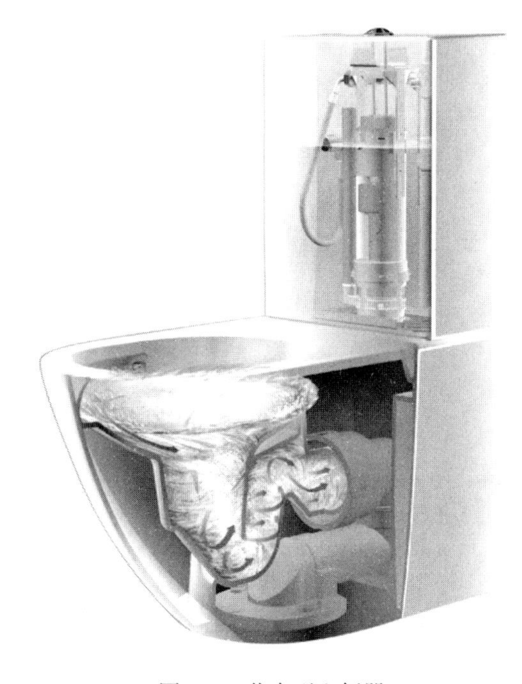

图 156　节水型坐便器

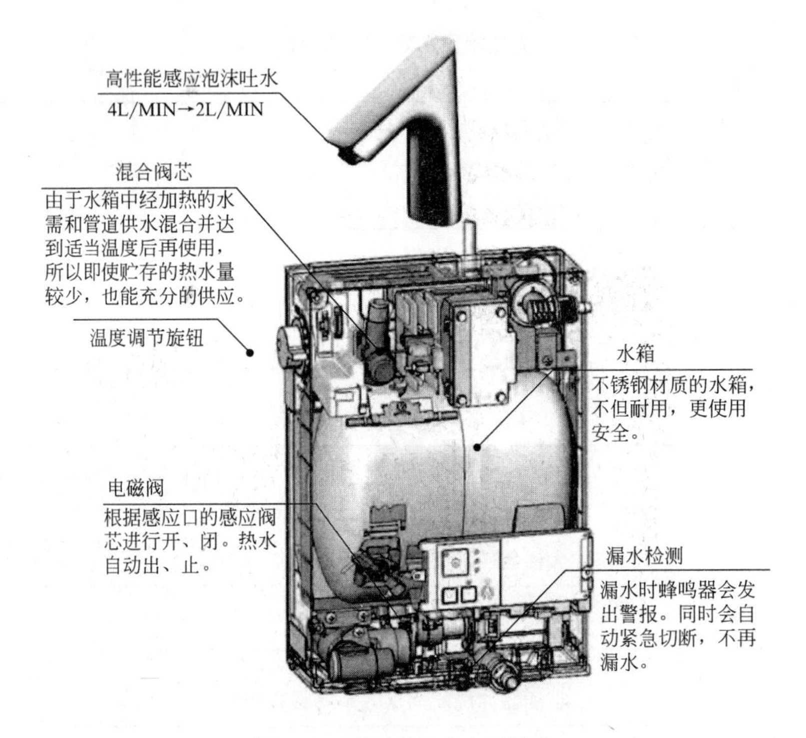

图 157　节水型水嘴主要构件

【问题 73】在有些采用一级节水器具的项目中，会因为水量过小影响使用舒适度，在使用一级节水器具时，对设计有什么要求？

节水水嘴与节水淋浴器使通过降低流量的方式达到节水效果，通常通过加入特质的起泡器以及使水流进行雾化，从而使水流中含气量增加，减少用水的同时保证水流冲刷作用，并且使水流不会飞溅。为了保证起泡和雾化效果，这类节水产品会要求配水点具备一定的工作压力，因此在设计时在防止配水点超压出流以外还应校核最低压力是否满足卫生器具的要求。除此之外，对于商场、车站、机场等公共建筑，为了防止人们用水的不良习惯，可以通过采取延时自闭或是红外感应设备，避免用水后不关造成的人为浪费。见图 158、图 159。

图 158　延时自闭水嘴

图 159　红外感应水嘴

坐便器和小便器是通过降低冲洗水箱容积来达到节水效果，大便器冲洗阀和小便器冲洗阀都是通过减少阀门自动关闭时间来达到节水效果。其中小便器及小便器冲洗阀对设计无特殊要求。坐便器及大便器冲洗阀在冲洗水量的减少的条件下需要保证良好冲洗效果就必须要保证排水的顺畅，其中排水横支管的长度对排水的顺畅有较大影响。通常采用一级节水型坐便器工艺大便器冲洗阀时，横支管的长度不宜超过 10m。

【问题 74】什么是用水的三级计量安装设置？

一般对于民用建筑的用水来说，一级计量为进入地块的总水表计量点，二级计量为各栋楼/各单元用水，三级计量为各户/各楼层用水。三级计量仪表的设置是保证水平衡测试进行的必要条件，通过各级水表水量的对比可以及时发现系统给水管道的漏损点，是避免管网漏损的有效措施。下级水表应对上级水表用水完全覆盖，通过两级水表水量的差异确定漏损率。见图 160。

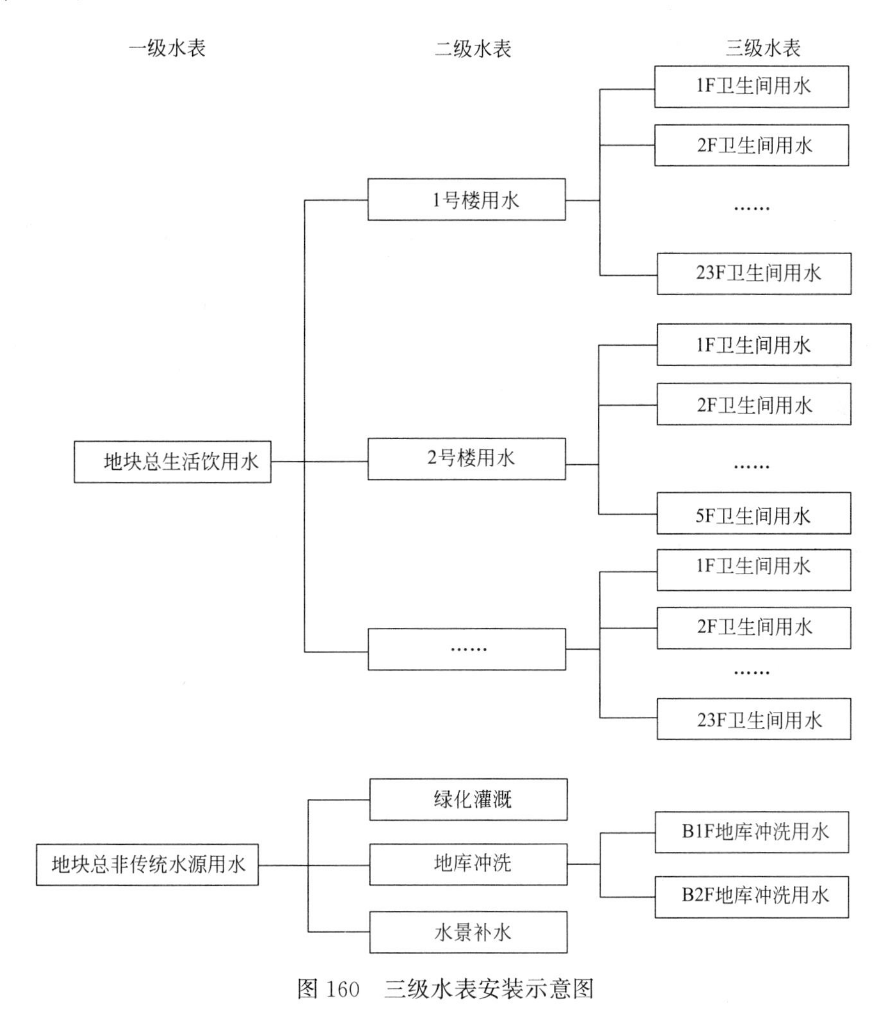

图 160　三级水表安装示意图

在设计分级计量设施时，仪表计量精度应尽可能一致，以防止因为系统误差影响测试的准确性。

【问题 75】节水灌溉系统应如何选择？

节水灌溉系统包括喷灌、微喷灌、滴灌等。应结合绿化类型、面积、分布、景观效果等因素，根据各类灌溉系统的优缺点选择适宜的技术。见图 161～图 163。具体如下：

图 161　喷灌系统

图 162　微喷灌系统

图 163　滴灌系统

（1）喷灌

优点：

① 覆盖面积大，喷洒均匀，且能够对植物叶面形成冲洗；

② 地埋喷灌隐蔽性好，不影响景观造型；

③ 喷洒水型美观，具有景观效果。

缺点：

① 只适用于草坪或低矮灌木的灌溉，大型乔灌木会阻挡喷灌水流路线；

② 土层厚度需达到 25cm 以上。

（2）微喷灌

优点：

① 安装及施工简单；

② 喷洒面积相对较小，适宜于地形复杂的屋顶绿化；

③ 需要的基质较浅（小于 20cm）。

缺点：

① 喷头容易被风力或是人为碰倒；

② 微喷头长期暴露在紫外线下容易老化损坏。

（3）滴灌

优点：

① 流量小，最大限度节约灌溉用水；

② 压力要求低；

③ 不受风的影响；

④ 适合草木、灌木、乔木各类植物灌溉。

缺点：

对水质要求较高，悬浮物过多会堵塞滴灌口。

【问题 76】节水灌溉的比例计算中，绿化面积是否包括立体绿化部分？非传统水源用水量比例计算中，立体绿化灌溉用水是否应计入？

由于立体绿化与地面绿化相比，具有基质保水性差、蒸发速度快等特点，需要用进行“高频少量”的灌溉，因此具备自动灌溉效果的节水灌溉系统更加适合立体绿化灌溉的要求。这部分应属于节水灌溉系统鼓励使用的范围，应计入节水灌溉的绿化面积中。

同样，由于立体绿化采用非传统水源供水也体现分质给水的节水要求，因此《绿色建筑评价标准》6.2.10 条非传统水源用水量的比例计算中，提到的室外绿化灌溉用水也包括立体绿化部分。但应当注意，由于该条款并未要求绿化灌溉部分 100%全部采用非传统水源，因此根据项目情况来确定是否有必要对立体绿化灌溉采用非传统水源供应。例如，高层建筑设置的屋顶绿化，若设计时采用地下机房的雨水回用系统出水供应，则会造成供水扬程选取过大，造成能量浪费，且容易发生管网漏损。此时，屋顶绿化的供水并入高区生活饮用水给水系统中较为合理。

【评价案例】

某项目室内生活用水 15000m^3/a，室外绿地面积 5400m^2，其中 5000m^2 绿地采用微喷灌的灌溉方式，400m^2 绿地由于管道无法覆盖，采用人工灌溉，其灌溉用水量 1500m^3/a；屋顶绿化面积 360m^2，采用滴灌的灌溉方式，其灌溉用水量 100m^3/a；地面冲洗用水 1000m^3/a。项目设置雨水回用系统，全年可供应雨水 2300m^3/a，供应地面绿化和地面冲洗使用。对于该项目，各项指标计算如下：

节水灌溉比例：

$$a=\frac{5000+360}{5400+360}=93.06\%$$

非传统水源用水比例：

$$b=\frac{2300}{1500+1000+100}=88.46\%$$

【问题 77】在进行水量平衡计算时，用水定额应如何选取？

用水定额原则上应按照《民用建筑节水设计标准》GB 50555 选取，但如果项目通过调研、测试、模拟等手段，获得更加准确的定额数据，该数据也可以作为用水定额的选取依据，但申报时应提供定额数据的选取依据。

《民用建筑节水设计标准》GB 50555 仅对部分用途的定额进行了规定，对于标准中没有规定的，也应通过类似项目的分析来获得定额数据。

【评价案例】

上海某新建酒店 A 项目，设置中水回用系统用于客房冲厕。

通过对上海市同一管理公司经营的另一酒店 B 两年运营阶段用水量情况进行逐日计量分析。酒店 B 的给排水系统设置、客房数量、建筑层数、卫生器具等于 A 项目类似。分析发现，项目客房用水量约为 180L/(床位 · d)，不同于《民用建筑节水设计标准》GB 50555 中 220～320L/(床位 · d)，酒店室内用水量中冲厕用水比例约为 18%，厨房用水比例约为 13%，沐浴用水比例约为 55%，盥洗用水比例约为 14%。该比例也不同于《民用建筑节水设计标准》GB 50555 中 3.1.8 条各项给谁百分率情况。

由于有较为详细的统计数据，酒店 A 在进行中水回用系统水量平衡计算时，采用酒店 B 中的用水定额和各项比例进行取值，水资源规划方案依据可信，符合要求。

【问题 78】对于多种用水功能的建筑，如何通过用水量判断其定额在上限值还是下限值？

对于多种用水功能的建筑，其用水量的上下限应通过对各类用途用水定额加权计算来确定，具体以下为例：

某建筑用水有 A、B、C 三种功能，三种功能用水单位数量分别为 n_A、n_B、n_C，定额上限分别为 m_{Amax}、m_{Bmax}、m_{Cmax}，下限分别为 m_{Amin}、m_{Bmin}、m_{Cmin}。可以通过计算得到：

全部下限定额时计算得到的用水量（最小用水量）：

$$Q_{min}=n_A\times m_{Amin}+n_B\times m_{Bmin}+n_C\times m_{Cmin}$$

全部上限定额时计算得到的用水量（最大用水量）：

$$Q_{max}=n_A\times m_{Amax}+n_B\times m_{Bmax}+n_C\times m_{Cmax}$$

通过总水表测量得到年用水量为 Q，通过 Q 与 Q_{min}、Q_{max} 对比可以确定用水量所在的上下限区间：

用水定额得分区间表　　表 47

Q值大小	用水定额	6.2.1条得分
$(Q_{max}+Q_{min})/2<Q<Q_{max}$	达到用水定额上限要求	4
$Q_{min}<Q<(Q_{max}+Q_{min})/2$	达到用水定额上限与下限平均值	7
$Q<Q_{min}$	达到用水定额下限要求	10

【评价案例】

某医院住院部，设置有单独卫生间的病房床位 100 个，有医务人员 30 人，按照 3 班倒每班 10 人。

根据计量水表读数，项目全年用水量为 5125m^3。

按照《民用建筑节水设计标准》GB 50555 计算得到的用水量，医院住院部（病房设单独卫生间）用水定额为 110～140L/(床位·d)，医务人员用水定额为 65～90L/(人·班)，则

用水量下限为：

$Q_{min}=365\times(110\times100+65\times30)/1000=4726.75\text{m}^3$

用水量上限为：

$Q_{max}=365\times(140\times100+90\times30)/1000=6095.5\text{m}^3$

上限与下限平均值为：

$(Q_{max}+Q_{min})/2=(4726.75+6095.5)/2=5411.125\text{m}^3$

因此全年用水量 $Q=5125\text{m}^3$ 处于 $Q_{min}<Q<(Q_{max}+Q_{min})/2$，可得 7 分。

【问题 79】进入景观水体的雨水可采取哪些控制面源污染的措施？常见可用于水体净化的水生生物有哪些？

面源污染主要指通过降雨和地表径流冲刷，将大气和地表中的污染物带入受纳水体，使受纳水体遭受的污染。对于建筑与小区，主要的控制面源污染的措施包括人工湿地、湿塘、植被缓冲带、植草沟等。见图 164。

常用的水体净化水生生物有美人蕉、鸢尾、黄菖蒲和千屈菜等植物，也可以通过投放浮游动物、鱼类、虾类、贝类动物构建生态系统，加强水体净化作用。见图 165。

图 164　植草沟

图 165　生态水体净化系统

【问题 80】对地基基础、结构体系、结构构件进行优化设计的方法有哪些？

（1）地基基础

对项目可选用的各种地基基础方案进行比选（从天然地基、复合地基到桩基础等）及定性（必要时进行定量）论证，最终选用材料用量少，施工对环境影响小的地基基础方案。在确定地基方案后，可以进一步采取地基优化设计措施，如变刚度调平技术等措施进一步的节约材料用量。

【评价案例】

某办公楼建筑面积 9000m²，地上 9 层，地下 1 层，框架结构，抗震设防烈度 7 度，框架抗震等级为二级，地基基础设计等级为乙级。天然地基、复合地基、桩基础 3 种方案在工程设计中都能满足规范要求，因此进行技术经济性比选。具体为：①天然地基柱下条形基础设计；②CFG 桩复合地基柱下独立基础设计；③挤扩支盘桩基础设计。

三种方案的基础平面布置如图 166 所示：

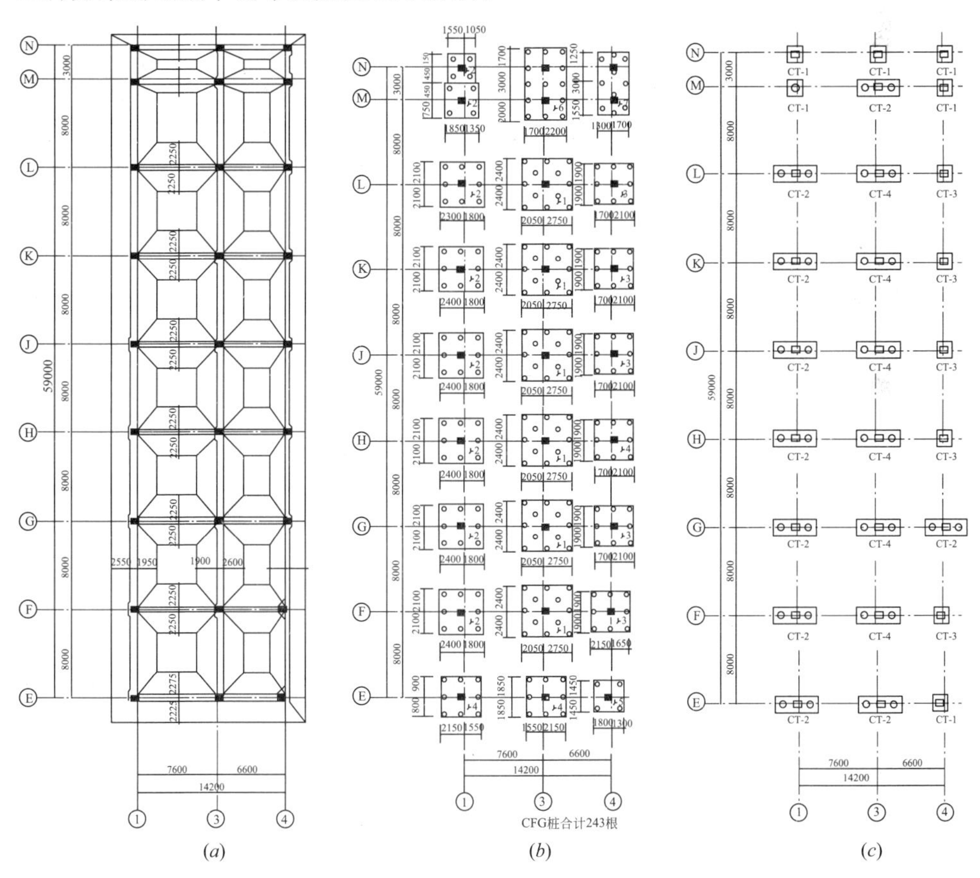

图 166　不同基础平面布置方案比较

（a）条形基础平面布置（mm）；（b）CFG 桩复合地基基拙平面布置（mm）；

（c）扩支盘桩、承台平面布置（mm）

三种基础方案的材料用量和造价计算如表48～表50所示：

天然地基柱下条形基础造价计算 **表48**

项目	单位	数量	定额单价(元)	定额合价(元)	综合取费价(元)
C10混凝土垫层	m^3	95.64	263.2	25172	39077
C35钢筋混凝土有梁条形基础	m^3	604.01	505.9	305569	559438
合计					598515

CFG桩复合地基柱下独立基础造价计算 **表49**

项目	单位	数量	定额单价(元)	定额合价(元)	综合取费价(元)
C10混凝土垫层	m^3	60.12	263.2	15824	24564
砂石褥垫	m^3	111.40	89.8	10004	17750
C30钢筋混凝土独立基础	m^3	233.32	387.7	90458	159252
C30钢筋混凝土基础拉梁	m^3	37.63	776.9	29235	54266
CFG桩	m^3	366	460	168360	168360
复合地基载荷试验	处	3	6000	18000	18000
桩低应变动力检测	处	24	100	2400	2400
合计					444592

挤扩支盘桩造价计算 **表50**

项目	单位	数量	定额单价(元)	定额合价(元)	综合取费价(元)
C10混凝土垫层	m^3	13.39	263.2	3524	5471
C30钢筋混凝土矩形承台	m^3	177.45	576.2	102247	186867
C30钢筋混凝土基础拉梁	m^3	37.63	776.9	29235	54266
C45钢筋混凝土挤扩支盘桩	m^3	366	1120	409920	409920
桩基载荷试验	处	4	6000	24000	24000
桩低应变动力检测	处	39	150	5850	5850
合计					686374

通过分析可以看出，CFG桩复合地基方案是最经济的基础方案，其造价约为天然地基方案的74%，约为挤扩支盘桩方案的65%。挤扩支盘桩造价高、施工较复杂、工期长，不具有推荐使用的价值。天然地基条形基础施工简单，质量易于保证，工期最短，但造价高出CFG桩复合地基柱下独立基础34%，经济性较差，但如果工期要求特别紧，可选择该方案。CFG桩具有易于就地取材、造价低、沉降相对较小、成桩质量稳定的优点，就本项目而言，CFG桩复合地基柱下独立基础应作为首选方案。

（2）结构体系

重复考虑建筑层数和高度、平立面情况、柱网大小、荷载大小等因素，对项目可选用的各种结构体系进行定性（必要时进行定量）必选论证，并最终选用材料用量少，施工对环境影响小的结构体系。鼓励采用钢结构体系、木结构体系、就地取材或利用废弃材料制作的砌体结构体系以及预制结构体系。

【评价案例】

某停车楼工程双向柱距均较大，且使用荷载较大。如采用普通框架梁板结构体系，考虑结构的承载能力极限状态及正常使用极限状态的控制要求，将需增大构件截面。构件截面的增加同时又使得结构自重增大，从而导致结构高度大、混凝土使用量大、结构整体经济性差。而采用预应力梁则能减小结构高度，减小混凝土用量。经比较后，工程采用预应力结构。其中关于次梁楼板的形式，设计比较了如下三种方案：大跨度厚板方案、单向次梁方案、双向井格梁方案。分析结果显示，双向井格梁方案能使得结构双向受力，结构承载效率更高，同时也有效降低及结构高度，提高建筑节能效率。见图 167、表 51。

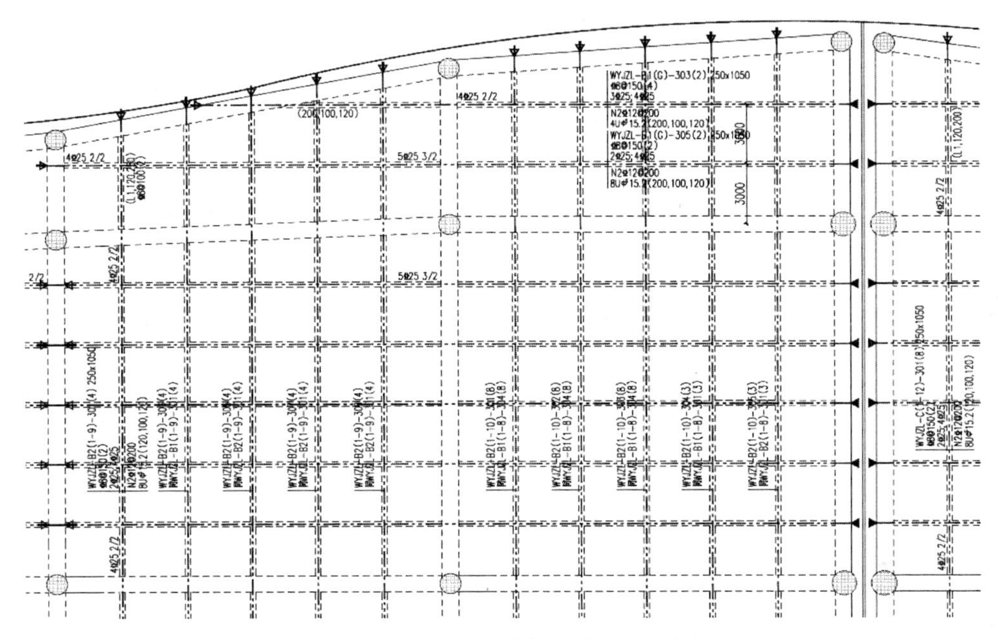

图 167 预应力主次梁布置图（局部示意）

楼板体系比较 **表 51**

	框架梁截面（$b\times h$）	次梁截面（$b\times h$）	底板厚度/梁板等效厚度(mm)	厚度比率
大跨度楼板方案	800×1100	—	500	1.55
单向次梁方案(两方向框架梁受力不均)	800×1400 400×1100	300×1200	400	1.25
双向井格次梁方案	800×1100	250×1050	320	1

(3) 结构构件

充分考虑建筑功能，柱网跨度、荷载大小等因素，分别对墙、柱（如混凝土柱或钢骨混凝土柱等）、楼盖体系（梁板式楼盖或无梁楼盖）、梁（如混凝土梁或预应力梁）、板（如普通楼板或空心楼板）的形式进行节材定性（必要时进行定量）必选，并最终选用材料用量少，施工对环境影响小的结构构件形式。

【评价案例】

某机场航站楼为大跨度混凝土结构，通过合理使用预应力混凝土结构，在满足建筑施工功能要求的前提下，可以有效地控制混凝土用量。见图 168。该工程在主楼三层结构中使用了预应力构件，图 169、图 170 为结构未经优化及优化后结构局部梁断面尺寸图，其中粗线标示出的为经优化后的混凝土梁。见表 52。

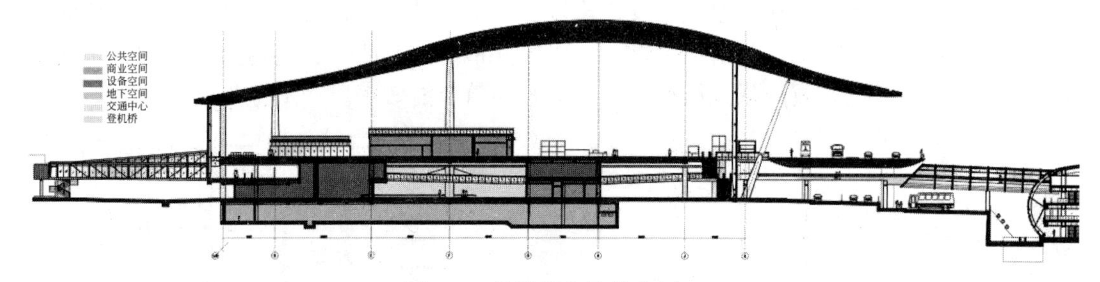

图 168　航站楼主楼横向剖面

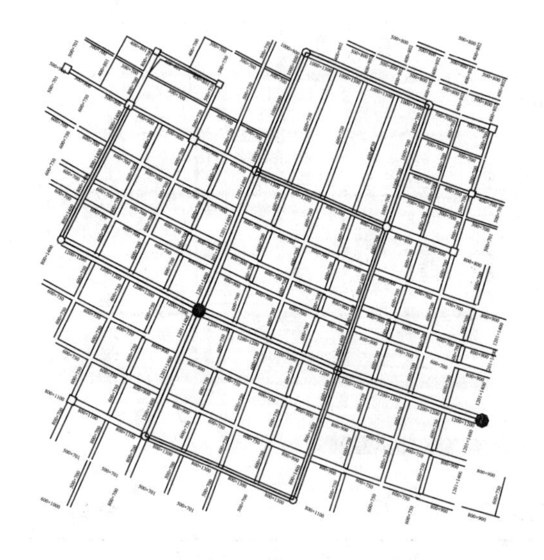

图 169　未经优化结构局部梁断面尺寸图

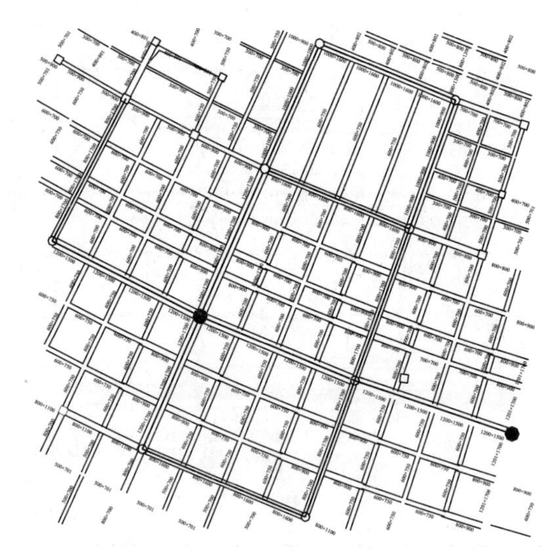

图 170　经优化结构局部梁断面尺寸图

结构优化比照表　　　　**表 52**

	优化前构件截面	优化后构件截面	混凝土节省量	节约高度
17M 跨度典型梁截面(m×m)	1000×1000	1000×800	20%	200mm
18M 跨度典型梁截面(m×m)	800×1500	800×1200	20%	300mm
20M 跨度典型梁截面(m×m)	1200×1700	1200×1400	18%	300mm
混凝土用量(m^3)	1811	1441	20%	—

经比较可见在满足其挠度要求前提下，采用预应力结构可有效地减少梁的断面大小，经计算该层采用预应力的梁节约 20%。另外，由于降低了结构梁高，在同样跨度的情况下，使用预应力梁可以降低建筑层高，减小外立面幕墙面积，从而对建筑整体产

生节能效果。

【问题 81】土建工程与装修工程一体化设计应注意哪些要点?

要求土建设计和装修设计统一协调，在土建设计时考虑装修设计需求，事先进行孔洞预留和装修面层固定件的预埋，避免在装修时对已有建筑构件打凿、穿孔。装修设计时，不破坏土建设计的墙体和构件。

【评价案例】

某中学科技楼在土建设计时即考虑与装修的一体化，其中土建的平面设计与装修设计完全吻合，并且在土建设计时预留了相关孔洞，避免了装修时的重复施工和材料浪费。见图 171～图 173。

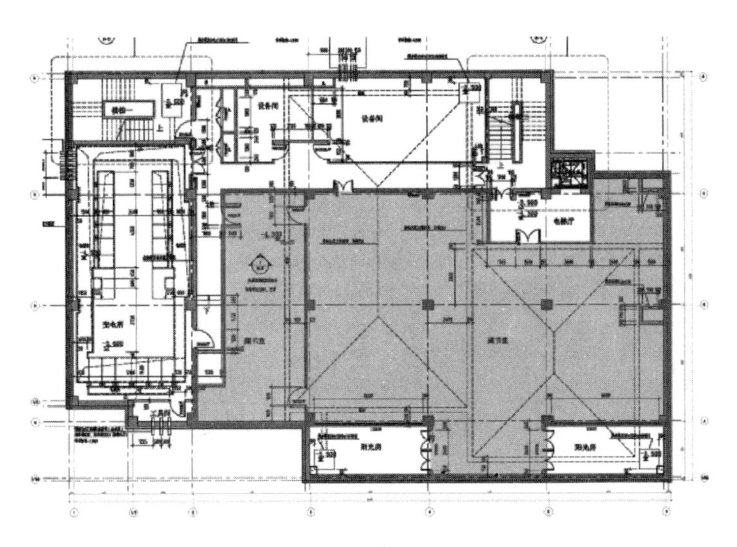

图 171　建筑平面

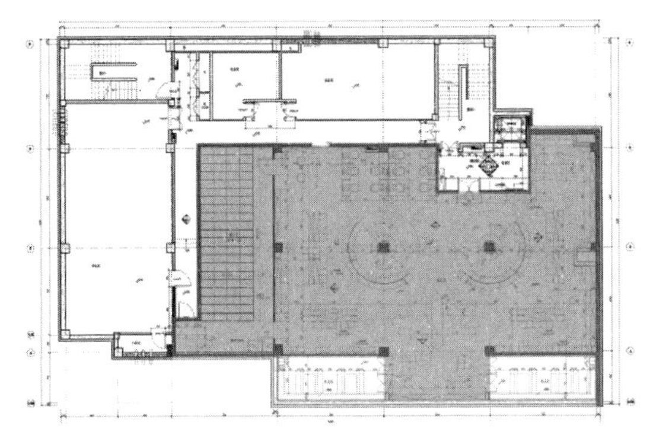

图 172　装饰平面

图 173　装饰效果图

【问题 82】采用工业化生产的预制构件，其预制构件用量比例应如何计算？

绿色建筑评价中的预制构件用量比例，是以重量单位进行计算。

首先应将项目中的预制构件进行分类整理并统计预制构件总重量。绿色建筑评价标准中提出的预制构件，是指在工厂或现场采用工业化方式生产制造的各种结构构件和非结构构件，包括预制梁、预制柱、预制墙板、预制楼面板、预制阳台板、预制楼梯、雨棚、栏杆等。预制构件用量的核算依据可以是工程概预算清单，或者造价单位核算的预制构件用量清单。见图 174～图 177。

图 174　预制墙板

图 175　预制楼梯

图 176　预制阳台板

图 177　预制柱

其次应依据项目概算书或者预算书中的工料机表，统计建筑地上部分建材重量，其中仅针对主体的土建部分，如混凝土、钢筋、砌块、门窗等，不包含装饰面层、设备系统。

最终的预制构件用量比例 R_{pc} 应按照下式计算：

$$R_{pc} = （各类预制构件重量之和/建筑地上部分重量）\times 100\%$$

【评价案例】

某办公楼采用工业化生产的预制构件，包括采用预制叠合板、预制 AAC 墙板、预制叠合梁、预制楼梯板等。核算的预制构件用量如表 53：

预制构件用量核算　　表 53

预制构件	体积(m³)	重量(t)
ACC 板材墙体	419	1047
叠合板 DBD	190	476
预制混凝土看台板	52	129
预制混凝土楼梯踏步	16	40
合计	677	1692

根据项目预算书核算的地上部分建筑材料总重量为 9096t，则核算的预制构件用量比例为 1692t/9096t=18.6％。

【问题 83】高耐久性建筑结构材料具体指标有哪些？如何实现？

高耐久性建筑结构材料对于混凝土结构的建筑而言主要是指高耐久性混凝土，要求其用量占混凝土总用量的 50％以上；对于钢结构建筑而言主要是指应全部采用耐候结构钢或耐候型防腐涂料。

其中高耐久性混凝土是指按现行行业标准《混凝土耐久性检验评定标准》JGJ/T193 进行检测，其抗硫酸盐侵蚀性能达到 KS90 级、抗氯离子渗透、抗碳化及早期抗裂性能均达到Ⅲ级，具体参数如表 54，并不低于现行国家标准《混凝土结构耐久性设计规范》GB/T50476 中 50 年设计寿命要求的混凝土。对于严寒、寒冷地区，还要求抗冻性能至少达到 F250 级。

高耐久性混凝土要求　　表 54

表 3.0.2-1　混凝土抗氯离子渗透性能的等级划分(RCM 法)

等级	RCM-Ⅰ	RCM-Ⅱ	RCM-Ⅲ	RCM-Ⅳ	RCM-Ⅴ
氯离子迁移系数 D_{RCM} (RCM 法)($\times 10^{-12} m^2/s$)	$D_{RCM} \geq 4.5$	$3.5 \leq D_{RCM} < 4.5$	$2.5 \leq D_{RCM} < 3.5$	$1.5 \leq D_{RCM} < 2.5$	$D_{RCM} < 1.5$

表 3.0.2-2　混凝土抗氯离子渗透性能的等级划分（电通量法）

等级	Q-Ⅰ	Q-Ⅱ	Q-Ⅲ	Q-Ⅳ	Q-Ⅴ
电通量 Q_s(C)	$Q_s \geq 4000$	$2000 \leq Q_s < 4000$	$1000 \leq Q_s < 2000$	$500 \leq Q_s < 1000$	$Q_s < 500$

表 3.0.3　混凝土抗碳化性能的等级划分

等级	T-Ⅰ	T-Ⅱ	T-Ⅲ	T-Ⅳ	T-Ⅴ
电通量 d(mm)	$d \geq 30$	$20 \leq d < 30$	$10 \leq d < 20$	$0.1 \leq d < 10$	$d < 0.1$

表 3.0.4　混凝土早期抗裂性能的等级划分

等级	L-Ⅰ	L-Ⅱ	L-Ⅲ	L-Ⅳ	L-Ⅴ
单位面积上的总开裂面积 c(mm^2/m^2)	$c \geq 1000$	$700 \leq c < 1000$	$400 \leq c < 700$	$100 \leq c < 400$	$c < 100$

一般项目为满足高耐久性混凝土的性能要求，需要在一般混凝土材料中渗入聚丙烯纤维，增量成本每立方米不到 20 元，实现并不困难。渗入后混凝土测试结果示例如图 178 所示。

上海建科检验有限公司

检 验 报 告

检验类别：普通送样　　报告编号：H

委托编号：

共1页 第1页

委托单位		联系电话	
单位地址	——	邮政编码	——
工程名称		工程地址	——
工程部位	——	委托日期	2015-8-28
试验日期	2015-9-1~2015-12-28	送样日期	2015-8-28
样品见证	——	报告日期	2015-12-29
检验依据	GB/T50082-2009《普通混凝土长期性能和耐久性能试验方法标准》		

样品编号	HL628-150027-1	样品名称	混凝土原材料	样品数量	150L

样品信息	名称	规格	生产厂家	样品状态
	水泥	P.O42.5	——	无异常
	粉煤灰	II级	——	无异常
	矿粉	S95	——	无异常
	砂	中砂	——	无异常
	石子	碎石（5~25）mm	——	无异常
	纤维	——	——	无异常
	外加剂	LEX-8 高效	——	无异常

配合比，kg/m³	水泥	粉煤灰	矿粉	砂	石	水	纤维	外加剂
	255	87	95	759	1006	155	0.9	4.59
说明	实测坍落度为 130mm		设计强度等级		C40、P8			

序号	检验项目		标准值	检验结果	单项判定
1	56d 电通量，C		——	1251	——
2	碳化深度，mm		——	10.4	——
3	早期抗裂性能	每条裂缝的平均开裂面积，mm²/条	——	150	——
		单位面积 的裂缝数目，条	——	4.2	——
		单位面积上的总开裂面积，mm²/m²	——	632	——
4	KS90 抗硫酸盐等级	干湿循环次数，次	90	90	合格
		抗压强度耐蚀系数，%	>75	94	合格
检验结论	送检的样品经检测，按以上检验依据的技术指标，判定为抗硫酸盐等级 KS90 合格。				
备注	1、未经本检验机构同意，不得部分复制本报告。 2、以上检验结果委托单位如有异议，请在报告收到之日起十五日内提出。 3、配合比及原材料由委托方提供。 4、按JGJ/T 193-2009《混凝土耐久性检验评定标准》的技术指标要求，判定抗氯离子渗透等级（电通量法）为Q-III，抗碳化性能等级为T-III，早期抗裂性能等级为L-III。				

检验单位（盖章）：　　批准：　　审核：　　主检：

地址：申富路568号

邮编：201108

电话：54425584、54428584

上海建科检验有限公司

检 验 报 告

检验类别：普通送样　　报告编号：

委托编号：

共1页 第1页

委托单位		联系电话	
单位地址	——	邮政编码	——
工程名称		工程地址	——
工程部位	——	委托日期	2015-8-28
试验日期	2015-9-1~2015-12-28	送样日期	2015-8-28
样品见证	——	报告日期	2015-12-29
检验依据	GB/T50082-2009《普通混凝土长期性能和耐久性能试验方法标准》		

样品编号	HL628-150025-1	样品名称	混凝土原材料	样品数量	150L

样品信息	名称	规格	生产厂家	样品状态
	水泥	P.O42.5	——	无异常
	粉煤灰	II级	——	无异常
	矿粉	S95	——	无异常
	砂	中砂	——	无异常
	石子	碎石（5~25）mm	——	无异常
	纤维	——	——	无异常
	外加剂	LEX-8 高效	——	无异常

配合比，kg/m³	水泥	粉煤灰	矿粉	砂	石	水	纤维	外加剂
	217	79	99	759	1006	170	0.9	4.15
说明	实测坍落度为 165mm		设计强度等级		C35、P6			

序号	检验项目		标准值	检验结果	单项判定
1	56d 电通量，C		——	1396	——
2	碳化深度，mm		——	12.3	——
3	早期抗裂性能	每条裂缝的平均开裂面积，mm²/条	——	129	——
		单位面积 的裂缝数目，条	——	4.2	——
		单位面积上的总开裂面积，mm²/m²	——	542	——
4	KS90 抗硫酸盐等级	干湿循环次数，次	90	90	合格
		抗压强度耐蚀系数，%	>75	93	合格
检验结论	送检的样品经检测，按以上检验依据的技术指标，判定为抗硫酸盐等级 KS90 合格。				
备注	1、未经本检验机构同意，不得部分复制本报告。 2、以上检验结果委托单位如有异议，请在报告收到之日起十五日内提出。 3、配合比及原材料由委托方提供。 4、按JGJ/T 193-2009《混凝土耐久性检验评定标准》的技术指标要求，判定抗氯离子渗透等级（电通量法）为Q-III，抗碳化性能等级为T-III，早期抗裂性能等级为L-III。				

检验单位（盖章）：　　批准：　　审核：　　主检：

地址：申富路568号

邮编：201108

电话：54425584、54428584

图 178　高耐久性混凝土检测报告示意

耐候结构钢需要符合现行国家标准《耐候结构钢》GB/T 4171 的要求；耐候型防腐涂料应符合现行行业标准《建筑用钢结构防腐涂料》JG/T 224 中Ⅱ型面漆和长效型底漆的要求。

【问题 84】《绿色建筑评价标准》7.2.12 中对于可再循环材料和可再利用材料有何区别，常见的可再循环和可再利用材料包括哪些？对于一个申报项目包含多个多栋楼，可循环材料的比例是否按照整个项目的平均值进行判断？

可再利用材料，是指不改变物质形态可直接利用的，或经过组合、修复后可直接利用的材料，即基本不改变旧建筑材料或制品的原貌，仅对其进行适当的清洁或修整等简单工序后经过性能检测合格，直接回用于建筑工程的建筑材料。可再利用材料一般是指制品、部品或型材形式的建筑材料。

可再循环材料是指通过改变物质形态可实现循环利用的材料，如难以直接回用的钢筋、玻璃等，可以回炉再生产。可再循环材料主要包括金属材料（钢材、铜等）、玻璃、铝合金型材、石膏制品、木材。

有的建筑材料则既可以直接再利用，又可以回炉后再循环利用，例如标准尺寸的钢结构型材等。

可再循环材料中常见的材料主要包括钢筋、玻璃等。建筑中可再循环材料包含两部分内容：一是用于建筑的材料本身就是可再循环材料；二是建筑拆除时能够被再循环的材料，如金属材料（钢材、铜）、玻璃、铝合金型材、木材等。

对于一个包含多栋楼的绿建项目，需要每栋楼的可循环材料利用率均达到相应的比例要求才能满足相应的得分要求。

【评价案例】

青浦区徐泾镇潘中路南侧23－02地块（1～6号楼）绿色二星项目，该项目共包含6栋楼，在计算可循环材料比例计算时，每栋楼的可循环材料比例用量均分开计算，图179为2号楼和4号楼可循环材料比例计算示例。

表4 4#楼本项目材料用量计算表

建材种类		数量	单位	单位密度		重量
不可循环材料	C15混凝土	37.49	m^3	2380	kg/m^3	208, 226.20
	C20混凝土	203.40	m^3	2400	kg/m^3	488, 160.00
	C30混凝土	1, 405.40	m^3	2420	kg/m^3	3, 401, 068.00
	C30P6混凝土	583.02	m^3	2420	kg/m^3	1, 410, 908.40
	C35混凝土	783.26	m^3	2440	kg/m^3	1, 911, 154.40
	砂浆	1, 165, 316.91	kg	/	/	1, 165, 316.91
	防水卷材	1, 238.17	m^2	1.35	kg/m^2	1, 671.53
	轻质加气混凝土砌块隔墙	36.55	m^3	600	kg/m^3	51, 930.00
	砼加所混凝土砌块	498.38	m^3	800	kg/m^3	299, 028.00
	灰加气混凝土砌块	631.76	m^3	800	kg/m^3	379, 056.00
可循环材料	门窗型材	10, 853.56	kg	/	/	10, 853.56
	门窗玻璃	2, 093.63	m^2	33	kg/m^2	69, 089.83
	地面粉刷	2, 234.04	m^2	0.026	kg/m^2	58.09
	内墙粉刷	35, 524.54	m^2	0.026	kg/m^2	923.64
	一级纲HPB300	38.52	t	/	/	38, 520.00
	三级纲HRB400	459.93	t	/	/	459, 930.00
	木材	44.16	m^3	700	kg/m^3	30, 912.71
4#楼可再循环材料和可采利用材料总重量(t)		609, 306.09				
4#楼建筑材料总重(t)		9, 925, 825.53				
4#楼可再循环材料比例(%)		6.14				

表2 2#楼本项目材料用量计算表

建材种类		数量	单位	单位密度		重量
不可循环材料	C15混凝土	58.28	m^3	2380	kg/m^3	138, 706.40
	C20混凝土	211.95	m^3	2400	kg/m^3	508, 680.00
	C30混凝土	1, 320.95	m^3	2420	kg/m^3	3, 196, 699.00
	C30P6混凝土	579.45	m^3	2420	kg/m^3	1, 402, 269.00
	C35混凝土	513.66	m^3	2440	kg/m^3	1, 253, 330.40
	砂浆	1, 165, 316.91	kg	/	/	1, 165, 316.91
	防水卷材	1, 238.17	m^2	1.35	kg/m^2	1, 671.53
	轻质加气混凝土砌块隔墙	73.64	m^3	600	kg/m^3	44, 184.00
	砼加所混凝土砌块	408.97	m^3	600	kg/m^3	245, 382.00
	灰加气混凝土砌块	673.49	m^3	600	kg/m^3	404, 094.00
可循环材料	门窗型材	11, 758.35	kg	/	/	11, 758.35
	门窗玻璃	2, 958.36	m^2	33	kg/m^2	97, 460.85
	一级纲HPB300	34.11	t	/	/	34, 110.00
	三级纲HRB400	391.52	t	/	/	391, 520.00
	木材	41.46	m^3	700	kg/m^3	29, 021.52
2#楼可再循环材料和可采利用材料总重量(t)		563, 870.72				
2#楼建筑材料总重(t)		8, 924, 203.95				
2#楼可再循环材料比例(%)		6.32				

图179　2号楼和4号楼可循环材料比例计算示例

【问题85】如何进行建筑围护结构结露验算？如何进行建筑内表面温度验算？

关于围护结构结露验算，《绿色建筑评价标准》GB/T 50378—2014技术细则中，要求采用《民用建筑热工设计规范》GB 50176—2016中的方法。有别于一直沿用的《民用建筑热工设计规范》GB 50176—1993中提出的结露计算方法，2016版要求采用二维或三维传热计算，需要依赖于计算软件。修订版标准虽然未正式发布，但可采用编制团队之前发布的软件“热桥线传热系数计算软件PTemp”，现阶段可采用该软件进行结露验算。

关于围护结构内表面温度验算，《民用建筑热工设计规范》GB 50176—2016对计算方法做出了较大的变动，并增加了空调工况下的内表面温度验算要求。该标准同样提出了采用二维或三维传热计算的要求，因此无法手动计算。目前相关软件未发布，相关计算工具缺失。现阶段的评价仍然可以按照《民用建筑热工设计规范》GB 50176—1993中的方法进行手动计算，待《民用建筑热工设计规范》GB 50176—2016正式发布后，应以标准中的方法和软件进行计算。

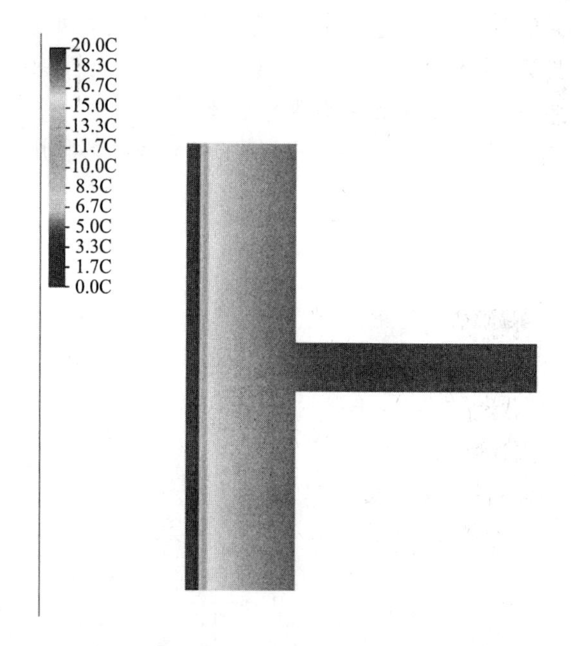

图 180　采用 PTemp 软件进行二维的结露验算

【问题 86】绿色建筑评价标准中对楼板撞击声隔声的要求一般如何满足？常见构造做法？

《绿色建筑评价标准》GB 50378－2014 中对建筑隔声提出了控制项的强制要求及评分项的加分要求。其中针对楼板撞击声隔声，控制项要求其隔声性能必须满足《民用建筑隔声设计规范》GB 50118－2010 的低限值要求，而要得到更高分数，还需要做到低限值与高标准的平均值，甚至达到高标准的要求。以住宅建筑为例，控制项要求分户楼板撞击声隔声量单值评价量应≤75dB，做到≤70dB 即可获得 3 分得分，做到≤65dB 可获得 4 分得分。见表 55。

住宅撞击声隔声要求　　**表 55**

建筑类型	楼板部位	撞击声隔声单值评价量(dB)		
			低限要求	高标准要求
住宅建筑	卧室、起居室的分户楼板	计权规范化撞击声压级 $l_{n,w}$（实验室测量）	<75	<65
		计权规范化撞击声压级 $l_{nl,w}$（现场测量）	≤75	≤65

按目前建筑楼板的一般做法，120mm 厚的钢筋混凝土，其撞击声压级在 80dB 以上，即便增加砂浆、地砖等面层，也无法达到 75dB 的基本要求。因此针对楼板的隔声，上海

市特别在沪建管联［2015］417号文中提出“新建民用建筑的楼板厚度应不小于150mm，并采取相应技术措施满足隔声要求”，强制所有新建民用建筑执行。这里需要注意，楼板150mm厚包括面层，除了楼板加厚外，还应采取相应的技术措施来满足隔声要求。

根据撞击声产生与传播的途径，隔绝撞击声的措施主要有三种。首先是减少楼板受撞击引起的振动，即在楼板表面铺设弹性面层，如铺设地毯、橡胶板、木地板等。这种措施最易实施，效果也好。如通过铺设地毯可直接将楼板的计权标准化撞击声压级降到52dB，隔声效果非常显著。但在设计过程中，只有精装修的建筑才能控制楼板面层的材料选择，若是毛坯交付，这种做法无法得到保证。见图181、图182。

构造简图	面密度（kg/m^2）	计权标准化撞击声压级Lnpw(dB)
20、100 1.地毯 2.20厚水泥砂浆 3.100厚钢筋混凝土楼板	270	52
16、20、100 1.16厚柞木木地板 2.20厚水泥砂浆 3.100厚钢筋混凝土楼板	275	63

图181　楼板隔声构造示意1

（引自《建筑隔声与吸声构造》08J931）

图182　楼板隔声做法示意

（引自网络）

第二个方法是阻断或减弱振动的传播，即在楼板面层与承重结构层之间设置弹性垫层，如岩棉板、橡胶板、玻璃棉毡等。有的建筑做地板辐射采暖，需要在楼板结构层上设置保温层，也同时可以起到阻隔撞击声的作用。需要注意的是楼板面层需要与四周墙体也断开以弹性材料填充。见图183。

第三个方法是减弱楼板向接收空间辐射的空气声，即做隔声吊顶。但这种吊顶必须是封闭的，吊顶单位面积质量越大越好，且吊顶与楼板之间应为弹性连接，吊顶上铺设吸声材料隔声效果会更好。但这种占用空间较多，且对施工要求较高，一般不用于住宅，多用在公共建筑中。见图184。

楼板撞击声隔声效果无法通过理论计算得到，只能进行实验室或现场测量。在设计阶

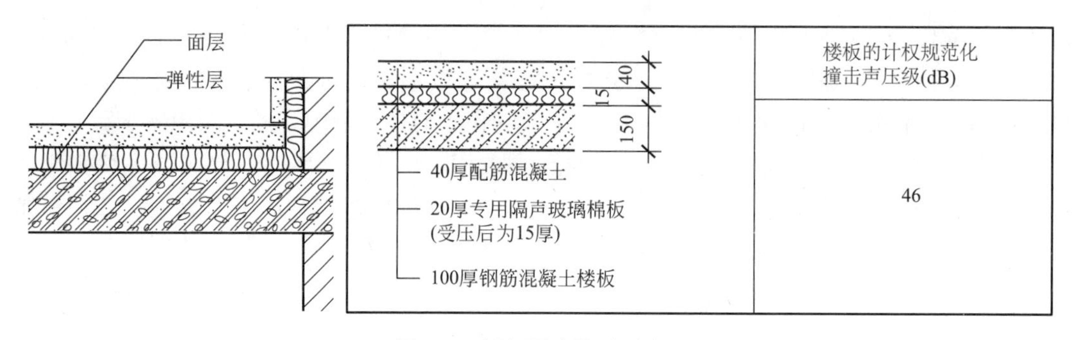

图 183　楼板隔声构造示意 2

注：左图引自《建筑声环境》；右图引自《建筑隔声与吸声构造》08J931。

段，除了实验外，设计师只能参考已测量过的构造做法，选择接近隔声目标的做法，通过优于其做法的设计满足隔声要求。目前比较权威的各构造隔声性能参考多出自《建筑声学设计手册》、《实用建筑声学》及图集《建筑隔声与吸声构造》08J931。但前两本书分别是 1987 年和 1992 年出版，图集也是 2008 年实行的，随着建筑技术的发展，近年来许多新的构造做法的隔声性能在这些参考资料中很难查到，只能通过实测验证。相信随着对建筑声学的日益重视，声学做法的参数资源也会越来越丰富。见图 185。

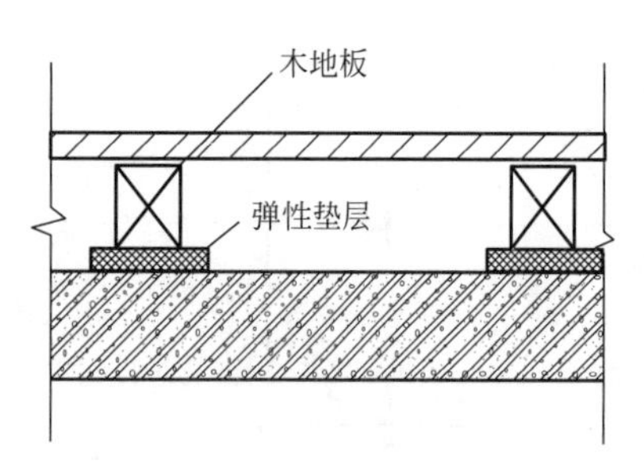

图 184　楼板隔声构造示意 3

注：引自《建筑声环境》。

图 185　较权威的各构造隔声性能参考

【问题 87】满足绿色标准要求的建筑墙体隔声做法都有哪些?

建筑隔墙一般分为一般砌块式的密实墙体和轻钢龙骨石膏板之类的轻质墙体两种。

（1）密实墙体隔声

一般 200mm 厚蒸压加气混凝土砌块墙体双面抹灰空气声隔声量可以达到 47～48dB，满足隔墙的基本要求。钢筋混凝土墙体 120mm 厚时隔声量可以达到 47dB，当厚度达到 150mm 时，隔声量可以达到 51dB，所以剪力墙也能够满足隔声要求，甚至能够达到高要求标准。见图 186。

构造简图	构造	墙厚（mm）	面密度（kg/m^2）	计权隔声量 R_w(dB)	频谱修正量		R_w+C
					C(dB)	C_{tr}(dB)	
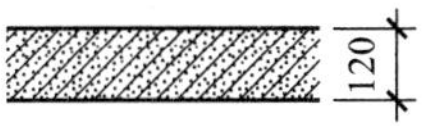 120	钢筋混凝土	120	276	49	−2	−5	47
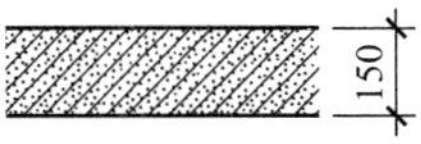 150	钢筋混凝土	150	360	52	−1	−5	51
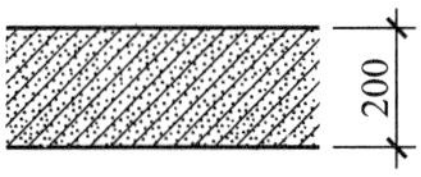 200	钢筋混凝土	200	480	57	−2	−5	55
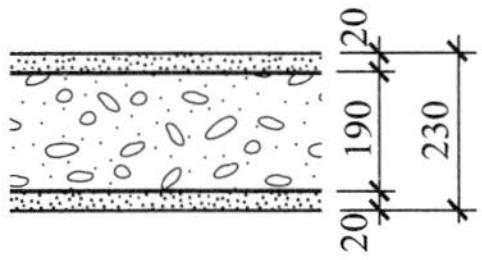 20 190 20 230	蒸压加气混凝土砌块 390×190×190 双面抹灰	230	284	49	−1	−3	48
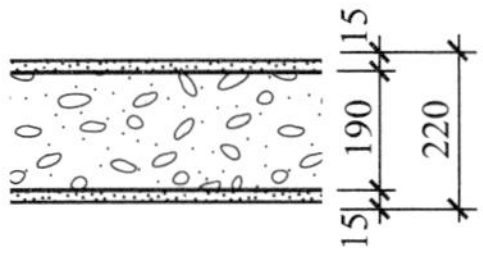 15 190 15 220	蒸压加气混凝土砌块 390×190×190 双面抹灰	220	259	47	0	−2	47

图 186　密实墙体隔声性能

（引自《建筑隔声与吸声构造》08J931）

可以看到同样厚度墙体，钢筋混凝土墙体的隔声效果要优于蒸压加气混凝土砌块。这是因为单层匀质密实墙体的隔声性能的重要影响因素之一就是其面密度，一般面密度越大，隔声性能越好。因此，一般分户墙不宜采用过于轻质的材料，选择面密度较大的墙体材料有利于提升其隔声性能。

（2）轻质墙体隔声

除了密实墙体，在公共建筑常用轻质墙作为分隔墙。工业化建筑与绿色建筑也均提倡采用轻质隔墙代替厚重的隔墙，如用得较多的轻钢龙骨石膏板隔墙等。按照质量定律，这种隔墙的面密度较小，其隔声性能必然较低，难以满足隔声要求。一般采取多层、增设空气层及填充多孔材料的方法改善其隔声性能。

① 两层轻质墙体之间设空气层，且空气层厚度达到 75mm，对大多数频带隔声量可以增加 8～10dB。如 12mm 纸面石膏板隔声量只有 25dB，两层中设中空层 80mm，其隔声量可达 35.5dB。

② 空气层中填充多孔材料。如上述两层石膏板中空 80mm 的隔墙，内填矿棉后，隔声量可提升至 46dB。见图 187。

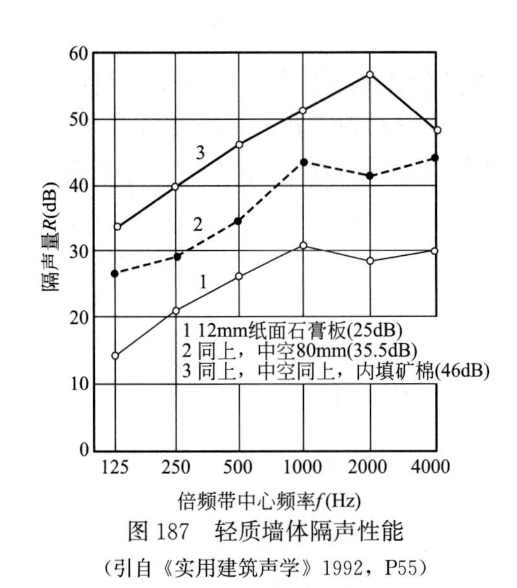

图 187　轻质墙体隔声性能

（引自《实用建筑声学》1992，P55）

③ 增加轻质墙体材料的层数，且错缝拼接，每增加一层石膏板，隔声量可以提高 3～6dB。见表 56。

轻质墙体不同做法隔声性能　　　　表 56

墙体间填充材料	板的层数及构造	隔声量(dB)
空气层	1 层+龙骨+1 层	36
	1 层+龙骨+2 层	42
	2 层+龙骨+2 层	48
玻璃棉	1 层+龙骨+1 层	44
	1 层+龙骨+2 层	50
	2 层+龙骨+2 层	53

注：引自《建筑物理》。

一般满足隔声低限值要求的轻质隔墙做法如图 188 所示。

构造简图	构造	墙厚(mm)	计权隔声量 R_w(dB)	频谱修正量		R_w+C
				C(dB)	C_{tr}(dB)	
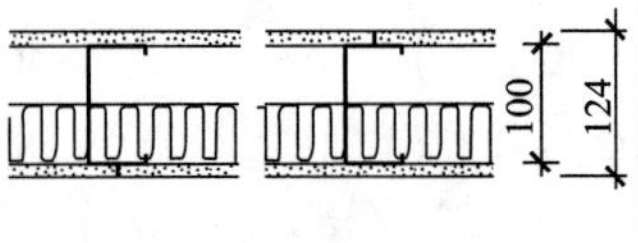 100 124	100 系列轻钢龙骨 双面单层 12 厚标准纸面石膏板 墙内填 50 厚玻璃棉	124	49	−4	−11	45
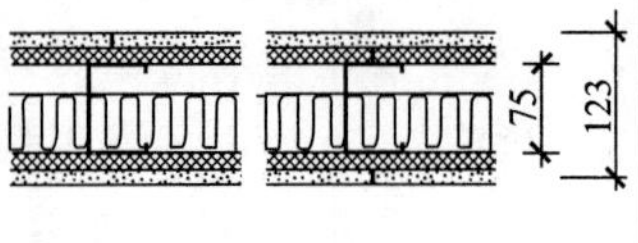 75 123	75 系列轻钢龙骨 双面双层 12 厚防火纸面石膏板 墙内填 50 厚玻璃棉	123	51	−4	−11	47

图 188　轻质隔墙隔声做法

（引自《建筑隔声与吸声构造》08J931）

轻质隔墙如轻钢龙骨石膏板若要达到50d的高标准隔声要求，一般需要设置相互脱开或弹性连接的双层龙骨，两边各设双层石膏板，中间设一层石膏板，内填多孔材料。见图189。

构造简图	构造	墙厚（mm）	计权隔声量 R_w(dB)	频谱修正量		R_w+C
				C(dB)	C_{tr}(dB)	
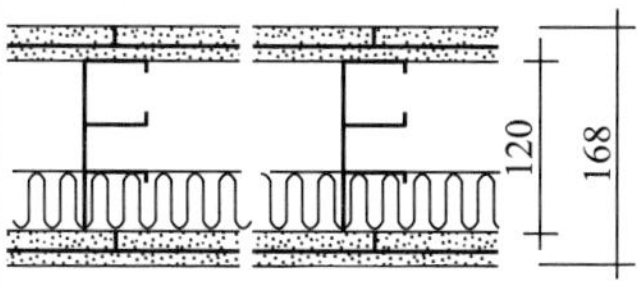 120 168	双排50系列轻钢龙骨 双面双层12厚标准 纸面石膏板 墙内填50厚玻璃棉	168	54	－4	－10	50

图189　达到高标准隔声要求的轻质隔墙做法

（引自《建筑隔声与吸声构造》08J931）

另外，做好石膏板隔墙隔声还应特别注意隔墙与地面、顶面及石膏板之间接缝的连接处理，做到密缝、错缝才能达到理想的隔声效果。

【问题88】提高外窗隔声性能的做法有哪些？

（1）一般外窗隔声性能

目前住宅一般采用的玻璃是5＋12A＋5的中空Low－E玻璃，从图190中可以看到其隔声量在25～27dB之间，可以满足一般外窗的最低隔声要求，但无法达到绿色建筑得分项要求，而且对于紧临交通干线的外窗，普通外窗做法无法满足其基本隔声量要求。

玻璃隔声性能

构造	厚度（mm）	计权隔声量 R_w(dB)	频谱修正量		R_w+C	R_W+C_{tr}
			C(dB)	C_{tr}(dB)		
单层玻璃	3	27	－1	－4	26	23
	5	29	－1	－2	28	27
	8	31	－2	－3	29	28
	12	33	0	－2	33	31
夹层玻璃	6＋	32	－1	－3	31	29
	10＋	34	－1	－3	33	31
中空玻璃	4＋6A～12A＋4	29	－1	－4	28	25
	6＋6A～12A＋6	31	－1	－4	30	27
	8＋6A～12A＋6	35	－2	－6	33	29
	6＋6A～12A＋10＋	37	－1	－5	36	32

注：本表数据建筑科学研究院物理所提供的资料编制。6＋、10＋表示夹层玻璃。

图190　玻璃隔声性能表

（引自《建筑隔声与吸声构造》08J931）

（2）提高外窗隔声性能

1）夹层玻璃

如果仅是固定窗扇，从图 190 与图 191 中均可以看到，单纯采用夹层玻璃就能起到较好的隔声效果。这是由于夹层玻璃的夹胶层能够起到很好的阻尼作用。

频率 Hz	100	125	160	200	250	315	400	500	630	800	1000	1250	1600	2000	2500	3150	4000	Rw	C	C_{tr}	Rw+C	Rw+Ctr
国产 8+0.76+8	19.7	23.2	27.2	28.7	30.8	33.1	35.1	35.0	35.2	35.1	35.8	37.3	40.3	41.3	40.8	41.5	45.0	38	−2	−5	36	33
国产 10+0.76+12	19.0	22.2	27.0	29.3	31.7	33.3	33.5	33.3	32.3	30.5	33.5	36.8	39.3	40.4	37.3	36.6	41.1	36	−2	−4	34	32
杜邦 10+0.76+12	20.2	24.0	27.0	28.3	31.7	33.3	34.1	33.2	32.8	32.2	34.8	37.4	39.8	41.0	38.5	37.8	42.1	37	−1	−4	36	33
佳士富 10+0.76+12	19.8	22.9	26.9	28.0	30.8	31.6	32.8	32.4	31.7	31.3	33.1	36.0	39.2	40.0	37.3	35.9	40.3	36	−1	−4	35	32

图 191　夹层玻璃隔声性能

（引自《建筑隔声与吸声构造》08J931）

2）玻璃不同厚度、角度

采用较厚的玻璃也能提高一定隔声量。最佳做法是双层玻璃各层玻璃厚度各不相同，这样可以避免由于厚度相同共振频率相同而造成的共振吻合效应。如 8＋12A＋6 的玻璃就可以比 6＋12A＋6 的玻璃隔声量提高 2dB。若有可能，两层玻璃不平行放置，也可以较好的避免吻合效应。

3）吸声材料和弹性固定材料

在两层玻璃之间沿周边填放吸声材料，把玻璃安放在弹性材料上，如软木、海绵、橡胶条等可进一步提高隔声量。见图 192。

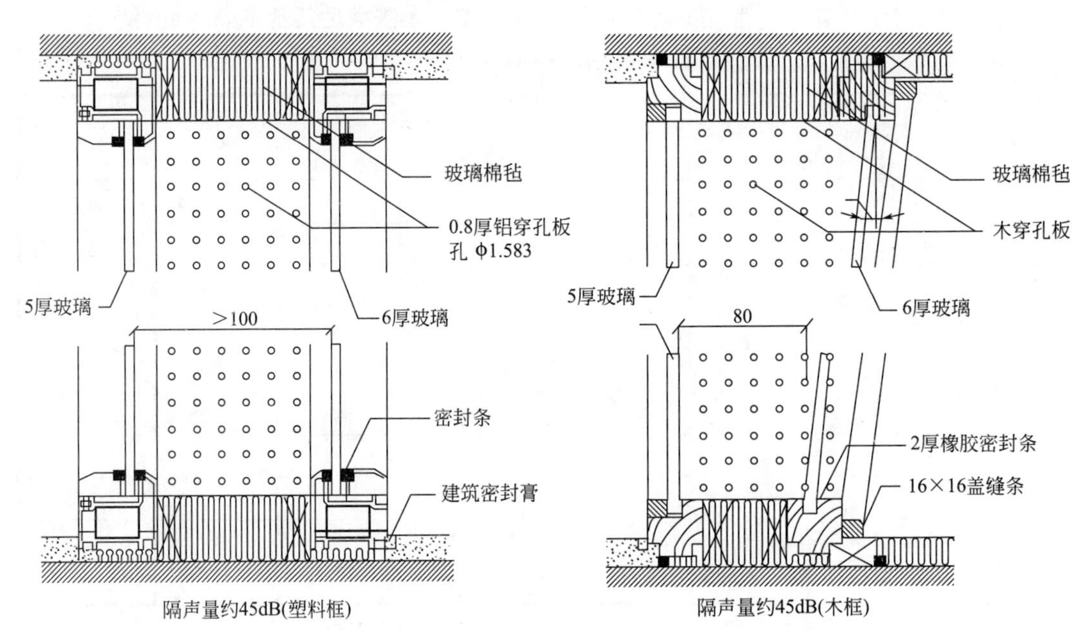

图 192　外窗隔声做法与性能

（引自《建筑隔声与吸声构造》08J931）

4）双层通风隔声窗

主要针对开窗通风时的隔声，通过内、外层窗错位开窗，在通风风路上设置吸声材料达到开窗时也能降低外界噪声干扰的目标。主要用于交通干线两侧或高架两侧需要开窗的建筑。做好密缝的条件下，其开窗隔声量能达到35dB左右。见图193。

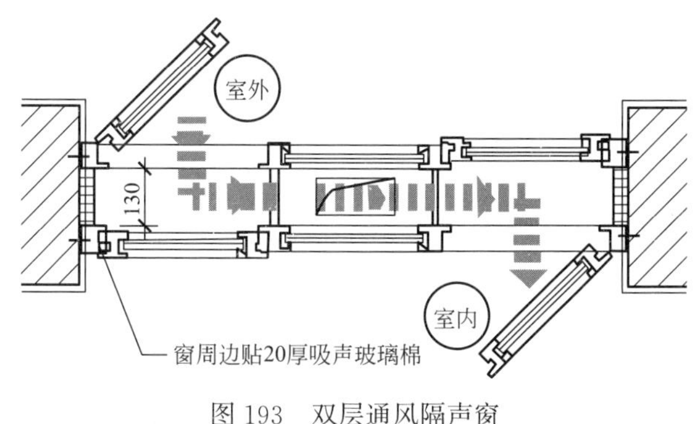

图193　双层通风隔声窗

（引自《建筑隔声与吸声构造》08J931）

【问题89】公共建筑和居住建筑中，如何判定建筑主要功能房间具有良好的户外视野？视野模拟分析报告的关键点？

天然光营造的光环境以经济、自然、宜人、不可替代等特性为人们所习惯和喜爱。各种光源的视觉试验结果表明，在同样照度条件下，天然光的辨认能力优于人工光。天然采光不仅有利于照明节能，而且有利于增加室内外的自然信息交流，改善空间卫生环境，调节空间使用者的心情。在建筑中充分利用天然光，对于创造良好光环境、节约能源、保护环境和构建绿色建筑具有重要意义。

8.2.5条为《绿色建筑评价标准》GB 50378－2014新增条文，参考了美国LEED标准中对获得良好视野的相关规定。对于居住建筑，主要依靠控制建筑间距来获得良好的视野。根据经验，当两幢住宅楼居住空间的水平视线距离超过18m时即能基本满足要求。当两幢住宅水平视线距离不超过18m时，临近住宅应通过建筑户型设计避免产生私密问题。当两居住建筑相对的外墙间距不足18m时，但至少有一面外墙上无窗户时，也可认为没有视线干扰。

对于公共建筑，要求在主要功能房间的使用区域内都能看到室外自然环境，没有构筑物或周边建筑物对视野造成完全遮挡。要确定最不利楼层或房间的平面图、剖面图，并提供视野模拟分析报告。视野模拟分析报告中应将周边高大的建筑物、构筑物的影响考虑在内，建筑自身遮挡也不可忽略，并涵盖所有朝向的最不利房间。具体评价时，应选择在其主要功能房间的中心点1.5m高的位置，与窗户各角点连线形成的立体视角内，看其是否可看到天空或者地面。

【评价案例】

（1）计算原理

1）视野率

在室内参考平面上的一点，可看到的天空半球的面积比例。

2）评价方法

依据《绿色建筑评价标准》8.2.5 的规定，通过计算主要功能房间视野率大于 0 的面积比例是否达到 70%，作为判断是否具有良好的视野。

（2）计算过程

1）模拟条件

分析参考平面：1.50m。

分析计算网格划分的间距（表 57）：

分析计算网格划分的间距 **表 57**

房间面积(m^2)	网格大小(m)
≤10	0.25
10～100	0.10
≥100	1.00

周边环境：考虑分析区内的建筑物之间遮挡。

外窗窗台高度：500mm。

2）项目总平面图（图 194）

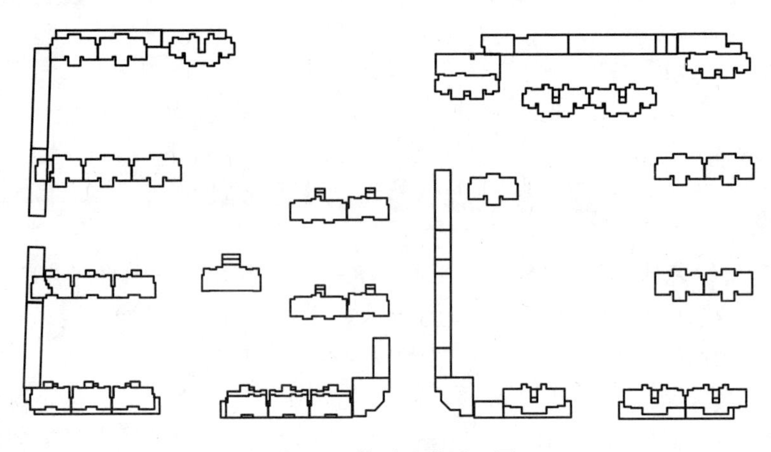

图 194　某项目总平面图

3）计算结果（图 195）

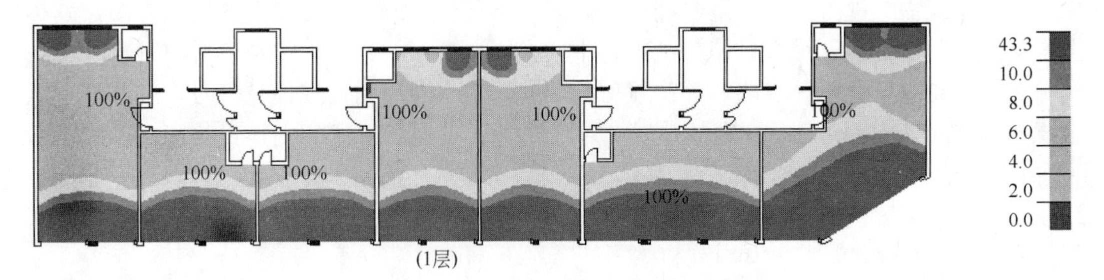

图 195　主要功能房间视野率计算结果

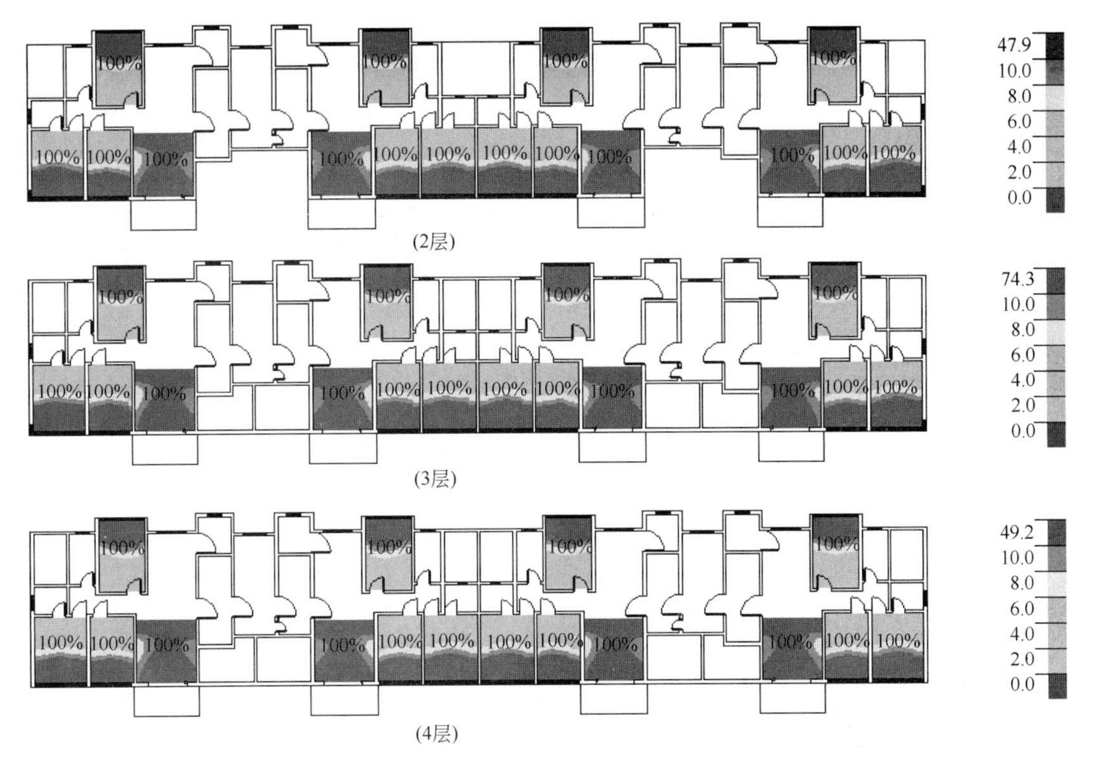

图 195　主要功能房间视野率计算结果（续）

【问题 90】建筑设计中优化室内光环境的自然采光设计方法有哪些？

绿色建筑要求主要功能空间（如办公室、会议室、酒店客房等）至少 60％以上空间面积满足采光设计标准对采光系数的要求。见表 58。

采光要求　　表 58

采光等级	房间类型	侧面采光		顶部采光	
		采光系数(％)及照度(lx)		采光系数(％)及照度(lx)	
		Ⅲ区	本区	Ⅲ区	本区
Ⅲ	办公室、阅览室、会议室等	3.0	450	2.0	300
Ⅳ	酒店客房、大堂、餐厅、档案室等	2.0	300	1.0	150
Ⅴ	走道、楼梯间、库房等	1.0	100	0.5	50

（1）控制进深

首先设计合理的空间进深，合理开设外窗，保证基本的内部采光。按一般立面开窗形式，办公功能空间满足采光的最大进深宜控制在 11.5m 范围内，否则整个功能空间的平均采光系数将难以满足要求；对于大堂、餐厅等功能的大空间，在单侧采光面较大情况下，满足采光的最大进深宜控制在20.5m以内。见图196。

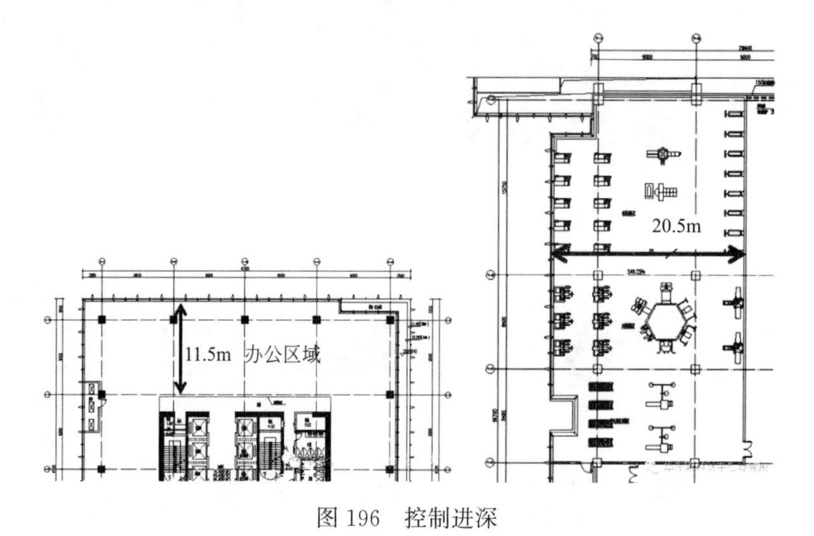

图196 控制进深

（2）中庭、庭院设置

当室内进深过大时，可在建筑内部增设中庭、内部庭院及天窗等设置对采光加以改善。如某改造项目中由于原建筑进深30m，内部很难采光，因此改造设计时拆除了中间一跨的楼板配合天窗设置了一个通高的中庭，为建筑部分引入自然采光。见图197。

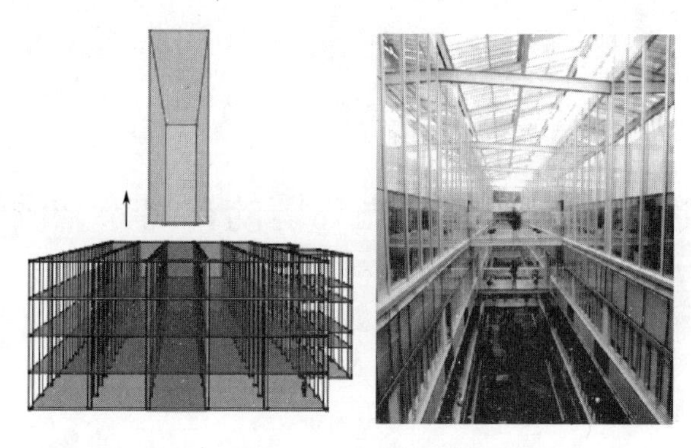

图197 中庭设置

也有的建筑在中部设置庭院，为内部空间提供采光。见图198。

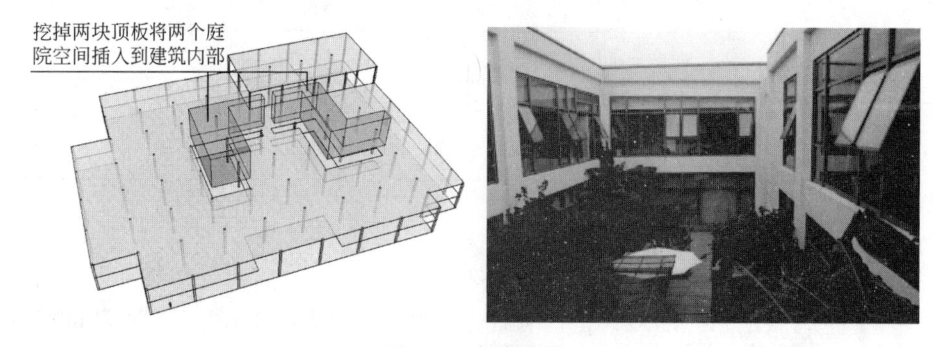

图198 庭院设置

（3）增设反光板

为改善采光还可以在外窗上增设反光板，可将多余的日光通过反光板和浅色顶棚反射向纵深区域，同时减弱窗口处眩光。如某项目在距地面 2.5m 高处设置了遮阳反光板（外挑 600mm，内挑 400mm）后，满足采光系数要求的区域面积增加了 20%，采光均匀度提高 30%以上。见图 199。

图 199　增设反光板

（4）下沉庭院与采光天窗

对于大进深空间的顶层和地下空间，则可以通过设置采光天窗、采光天井改善采光。通过下沉空间使部分原本无法侧面开窗的空间可以正常的侧向采光，而采光天窗和采光井则可以增加顶部采光，从而改善内部光环境。见图 200。

图 200　下沉庭院

（5）设置导光管

对于地下或顶层空间还可以采用导光管改善采光。其开洞面积小而采光效率高，一般一个导光管直径只有 600mm，一个 $20m^2$ 功能房间只需要 4 个即可满足采光要求，地下车库 $30m^2$ 只需要 1 个即可。见图 201。

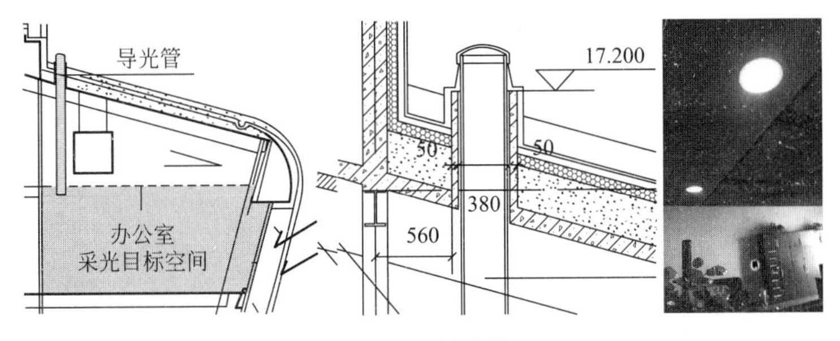

图 201　导光管

【示例】上海市某展览建筑建筑主朝向为东西朝向，基于遮阳和减少夏季冷负荷等考虑，建筑一层东西侧堆土，二层采用双层幕墙，由于两侧堆土和双层幕墙的遮挡，建筑侧面采光较弱，且展示要求对眩光控制要求也较高；同时由于屋面要布置大面积的光伏阵列，因而顶部采光天窗设置面积受限。在此条件下对室内采光进行了优化设计。见图 202。

图 202　上海市某展览建筑

首先结合功能空间在建筑两侧均匀布置了顶部天窗，中部延通道设置长条形天窗，将自然光从顶部引入室内。见图 203。

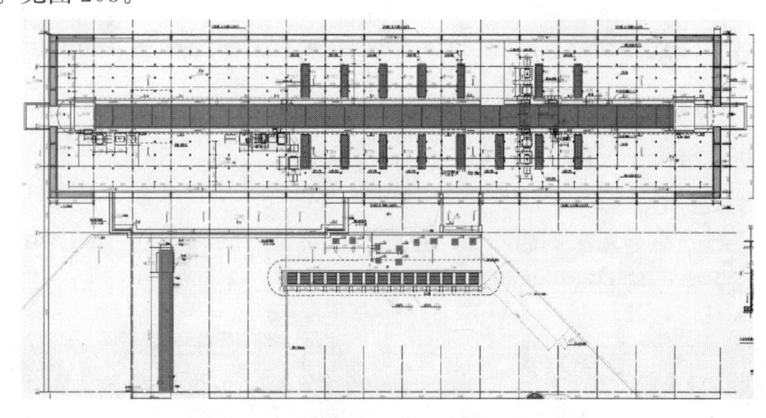

图 203　天窗设置

同时考虑眩光控制在中部长条大面积的天窗下部设置格栅，使进入的光线更柔和，也避免强光直接射入人眼。从模拟结果看，增设格栅后过强的采光区域均得到有效改善。见图 204～图 206。

图 204　格栅设置

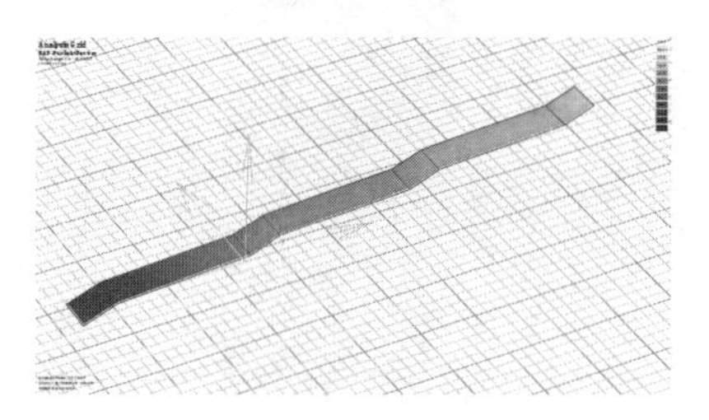

图 205　无格栅光照

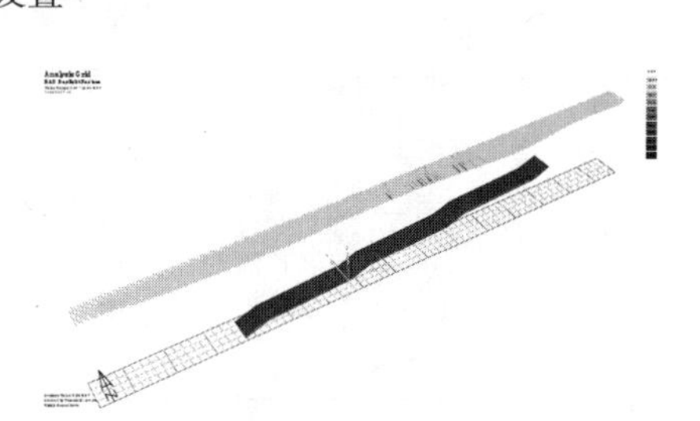

图 206　设格栅后光照

结合空间氛围营造在二层内侧墙开洞，将中部采光引入两边展示空间内，形成间接采光。从模拟结果看，内侧墙开洞后使功能空间的采光稍有提高，且更加均匀。见图 207～图 209。

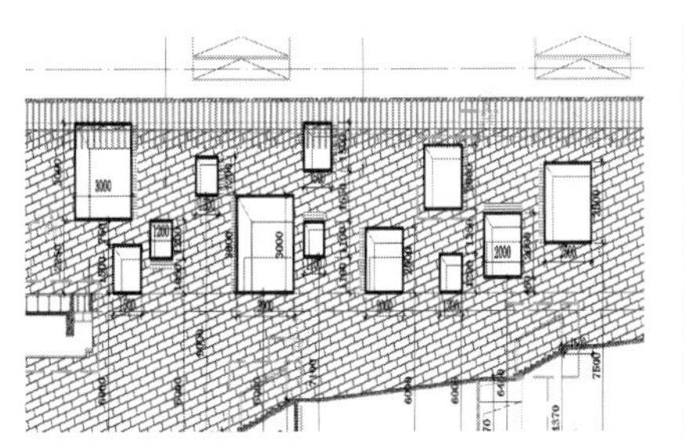

图 207　墙体开洞采光

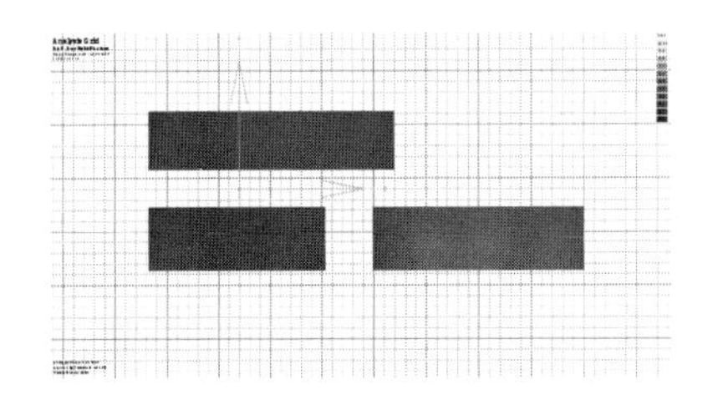

图 208　内侧墙未开洞时功能空间采光

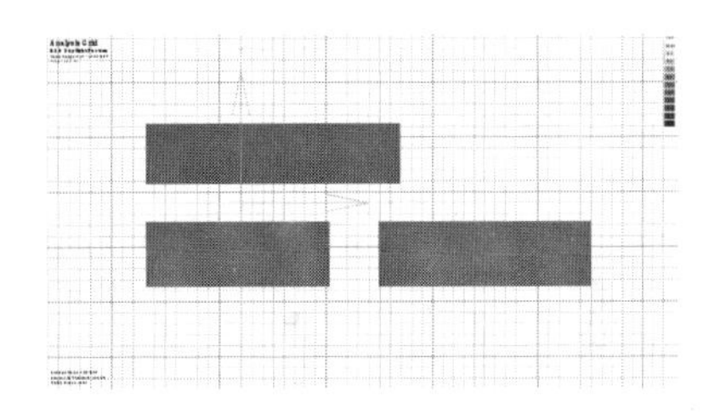

图 209　内侧墙开洞后功能空间采光

此外，在土坡下的书法中心侧向采光很少，设置了导光管为内部引入自然光。从效果看，导光管的设置大大改善了内部采光。见图 210～图 212。

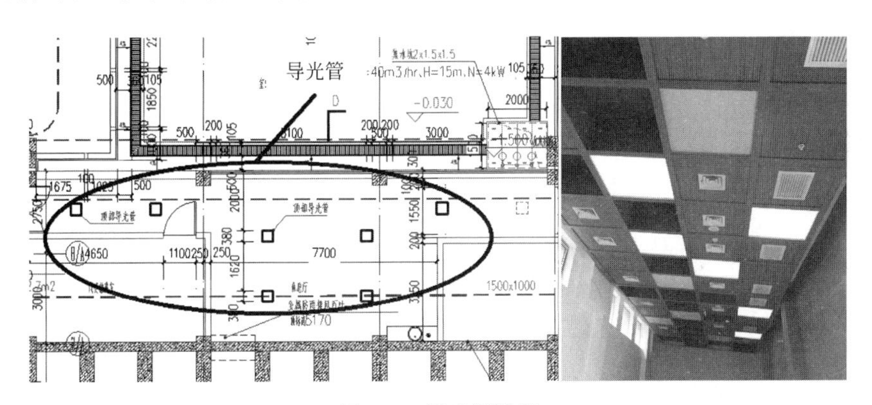

图 210　导光管设置

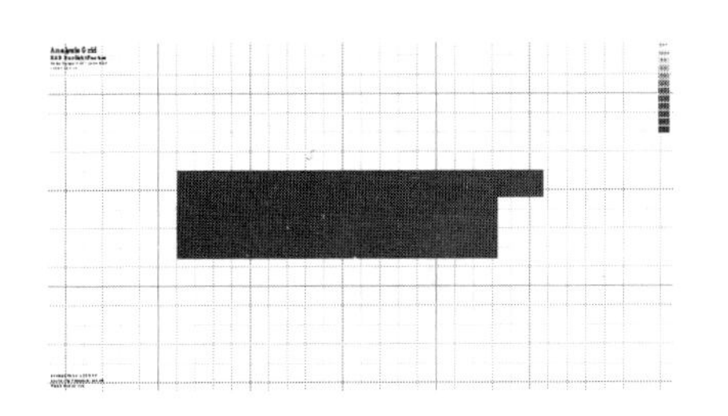

图 211　导光管设置前采光分布

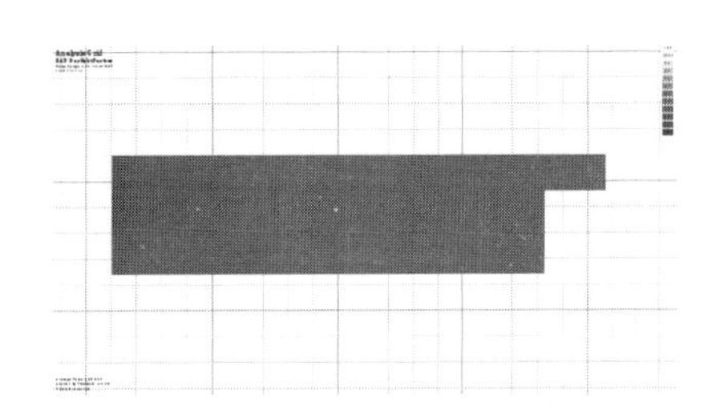

图 212　导光管设置后采光分布

【问题 91】不同气候区、不同朝向下，如何开展遮阳设计？有哪些形式？构造做法？

建筑遮阳特别适合在夏热冬暖、夏热冬冷地区采用，其中夏热冬冷地区由于还要兼顾冬季保温与争取日照，因此更适合采用活动外遮阳，在夏季需要时遮阳，在冬季需要争取日照时可以收起不影响吸收太阳热辐射。

以夏热冬冷地区为例，从所受辐射量看，天窗所受辐射量最大，其次是南向和西向。因此就建筑各个朝向而言，主要有遮阳需求的是天窗、南立面与西立面。见图 213。

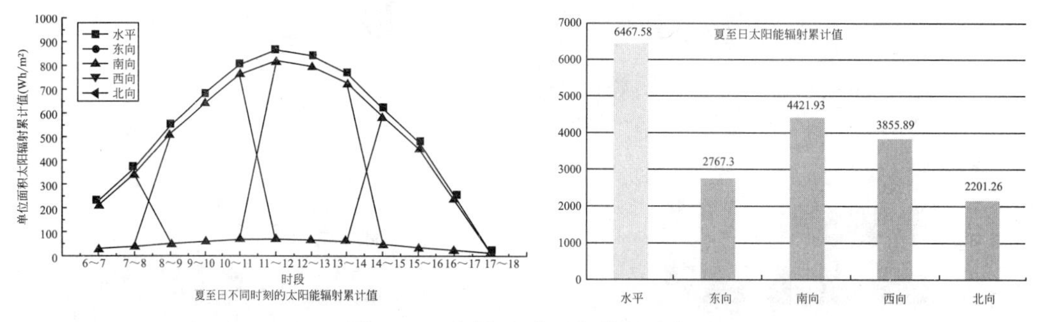

图 213　不同朝向太阳辐射累计值

根据遮阳效果，西立面外遮阳主要需要采用活动外遮阳；南立面由于所受太阳高度角较高，除了可以同样采用活动外遮阳外，还可以结合建筑本身的构件，设置水平固定遮阳，配合可调光的内遮阳百叶；天窗外遮阳可以采用可调节百叶，也可以与太阳能利用相结合，设置光伏板遮阳。

（1）固定遮阳

固定遮阳可通过建筑体形内凹自遮阳、外窗内凹及设置固定水平遮阳板。

【评价案例】

项目设计外窗比外墙内凹 300mm，同时在外窗上部设置金属遮阳板，约 300mm 宽；遮阳板设计使各个立面外窗的平均累计辐照值有 6.29%～20.28%程度的下降，日晒较为严重的东南立面和西南立面的下降值均达到了 19%以上。见图 214。

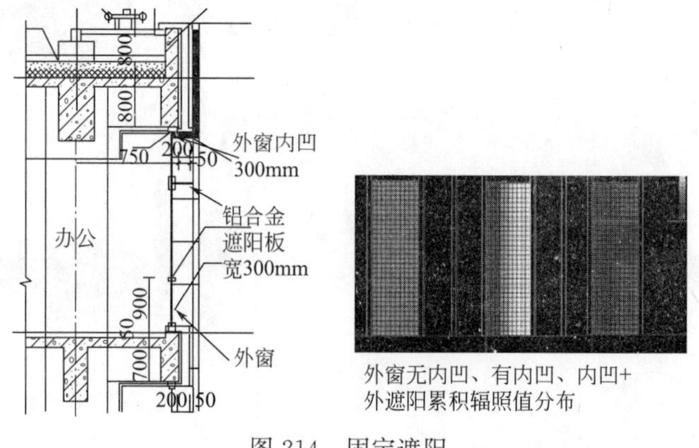

图 214　固定遮阳

（2）卷帘活动外遮阳

卷帘外遮阳由卷帘盒、帘片、导轨组成，展开后具有一定隔声隔热作用。这种遮阳施工方便，造价也较低，但卷帘放下时会影响视野。见图 215。

图 215　卷帘活动外遮阳

（3）百叶活动外遮阳

可根据光线变化调整帘片角度，不需要时刻完全收拢，不影响观景，也可以用在天窗上。但受气候影响，在风力较高的沿海地区、高层建筑上需要注意其安全性。这种遮阳形式比卷帘式造价稍高，且需要维修维护。见图 216。

图 216　百叶活动外遮阳

（4）中置百叶活动遮阳

玻璃幕墙或外窗与遮阳做法一体化，不影响立面的简洁性。但这种做法造价较高，需要订制玻璃或幕墙，中置百叶可手动也可电动控制，但有一定维修维护成本。见图 217。

图 217　中置遮阳

（5）光伏板遮阳

一般用于天窗遮阳，将光伏板设置于中庭天窗上部，兼顾天窗遮阳和发电，可一举两得。见图218。

图218　光伏板遮阳

【评价案例】

首先对建筑各个立面进行太阳辐射分析，对遮阳需求进行分析，根据不同立面效果确定遮阳方式。见图219。

首先结合造型加大屋面挑檐挑出进深，形成建筑自遮阳，因此4区立面不需要额外设置遮阳。见图220。

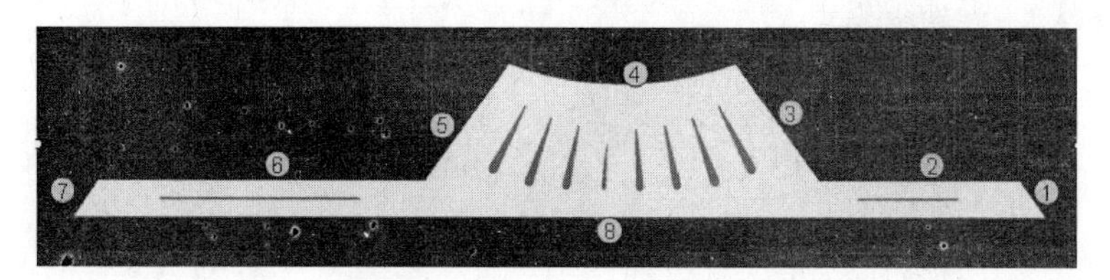

图219　夏热冬冷地区某机场

图220　大屋面挑檐遮阳

2、6、8区立面均为空侧，但有很高的视野需求，且为南北向，太阳辐射角度高，综合考虑宜设置内遮阳。

5区为西立面，遮阳需求高，且室内办票、安检等无视野要求，故可设固定外遮阳。

7区同样西晒严重，但位于候机指廊端头且面积不大，可考虑活动外遮阳。

不同立面区域遮阳需求分析　　**表59**

区域	阴影分析	遮阳需求
1区	夏季有不足3h的直射辐射，主要集中于6～8点以及18～19点	不需要
2区	夏季超过5h的直射辐射，主要集中于15～19点	需要，视野
3区	夏季有不足3h的直射辐射，主要集中于6～8点以及18～19点	不需要
4区	受高架桥和自遮阳的影响，夏季直射辐射不超过2h，主要集中于17～19点	不需要
5区	夏季超过5h的直射辐射，主要集中于14～19点	非常需要
6区	夏季超过5h的直射辐射，主要集中于15～19点	需要，视野
7区	夏季超过5h的直射辐射，主要集中于14～19点	非常需要
8区	夏季直射辐射超过5h，主要集中于6～11点	需要，视野

西侧候机指廊端头（立面 7）设电动外遮阳。铝合金百叶及电动推杆安装于钢结构立柱上，百叶片宽度 600mm，百叶片的铝合金板厚度 1.5mm，穿孔率 25%左右，可转动角度 0～90°，铝合金遮阳片由电机驱动，由中央 BA 系统管理，可以根据室外日照程度自动调整角度。可以看到设置活动外遮阳后，累计辐照值降低了 40%，遮阳效果明显。见图 221、图 222。

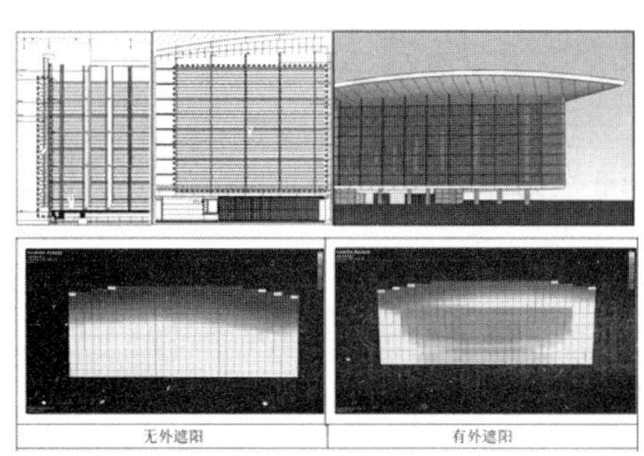

图 221　活动遮阳

立面	累计辐照值(Wh)		减少量
	无外遮阳	有外遮阳	
长廊西立面	89973	53221	40.85%

图 222　活动遮阳效果

主楼西立面（立面 3、5）日照角度较低，对室内负荷影响较大，遮阳需求较大，则结合立面设计设置石材百叶与铝合金型材遮阳条，也能减少 15%的辐射量。见图 223、图 224。

图 223　石材百叶与铝合金型材遮阳条

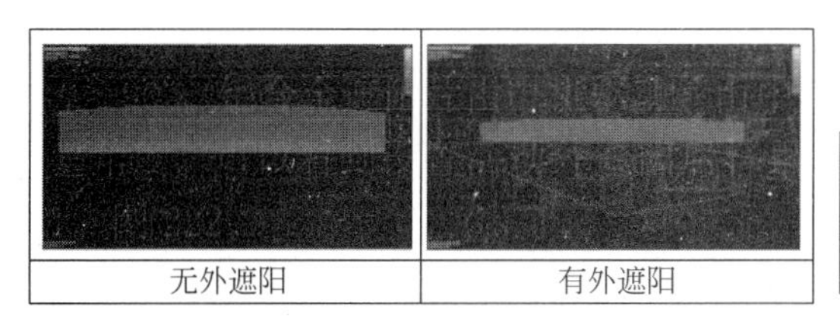

立面	累计辐照值(Wh)		减少量
	无外遮阳	有外遮阳	
主楼西侧面	37572	31892	15.12%

图 224　石材百叶与铝合金型材遮阳条效果

【问题 92】《绿色建筑评价标准》8.2.9 供暖系统末端可独立调节，FCU、VAV 是否均可满足要求？何种状况不满足要求？

末端可调节是指对供暖空调系统室内热舒适的调控性，包括主动式供暖空调末端的可调节，以及被动式或个性化的调调节措施，总的目标是尽量满足用户改善个人舒适性差异需求。根据空调末端装置可独立启停和调节室温情况，是指空调采暖末端应具备温度、风度的独立调节设施。空调房间应设有独立可开启装置，温度可独立调节。

（1）对于 FCU（风机盘管末端）房间内设置相应的风速调节开关，并在回水管设置相应的温度调节阀即可满足要求。VAV（变风量系统末端）满足要求。设有室温调节的 CAV 空调系统也满足要求。

【评价案例】

某项目空调系统采用风机盘管加新风系统，风机盘管采用高、中、低三档实现风机的转速控制，各个功能房间均设置温控器可以独立调节的空调末端，用户可以根据使用要求自己调整，改变室内舒适度。见图 225、图 226。

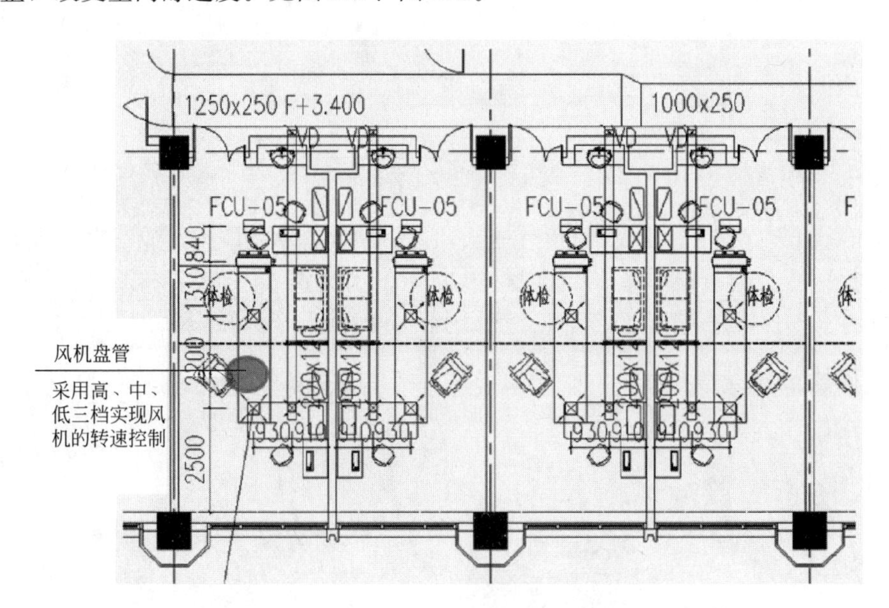

图 225 空调平面布置图

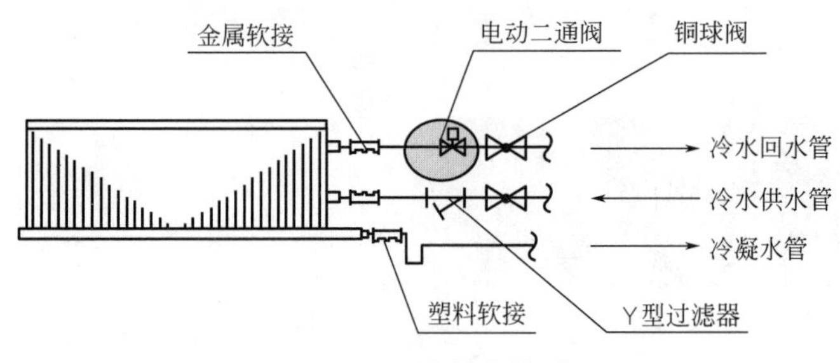

图 226 风机盘管接管详图

（2）对于不可进行室温调节的全空气系统（CAV 系统），没有配除湿系统的辐射吊顶，未设自动温度控制的辐射供暖系统均不满足要求。

【问题 93】什么样的建筑功能与空间，适合采用自然通风？常用的构造措施有哪些？

一般住宅、办公、酒店客房及大部分公共建筑的公共活动空间都适合采用自然通风，大型商场、医院建筑中有可能传染的诊室、手术室等空间不适合自然通风。

设计中常用的促进通风构造措施包括中庭、通风塔、通风竖井、合理开窗、导风构造设置。

（1）中庭

空间优化促进室内气流流动是建筑通风设计中常用的手段，以中庭的设置最为普遍。中庭利用顶部天窗拔风，并通过连通上下空间，促使空气流通。见图 227。

图 227　中庭

如果不考虑自然采光因素，中庭面积大小对通风效果的影响较小，只要风路安排合理，天窗设置开启，中庭大小可根据建筑空间效果与功能安排设置，没有必要牺牲使用面积与空间营造而设置较大的集中中庭。见图 228 和表 60。

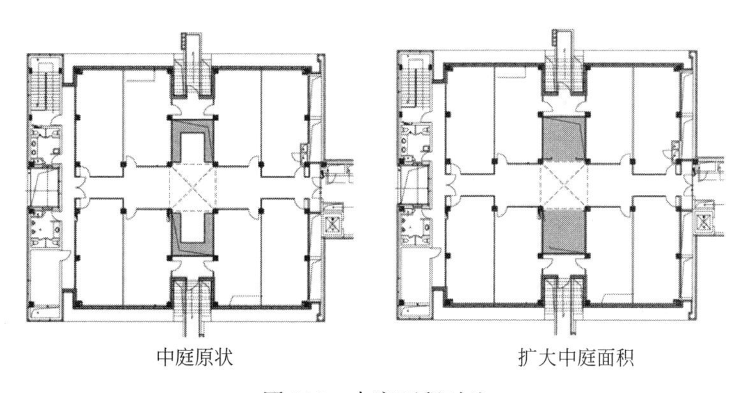

图 228　中庭面积对比

中庭通高面积对通风的影响对比　　　　表 60

工况序号	换气次数(次/h)	通风塔窗口进出气流量(m^3/s)			
		西		东	
Case1-现状	38.77	−29.7	20.3	−19.2	8.5
Case2-中庭面积扩大	38.68	−29.2	20.0	−19.7	8.3

(2) 通风塔

通风塔是建筑高出屋面、用以抽拔风的设计，可以通过开口设置使空气迅速穿过从而形成负压而加强风压对室内气流的抽拔作用，同时通过增加高度而增加热压效应，两者效果综合起来加速建筑内部的空气流通，改善建筑的自然通风。见图 229、图 230。

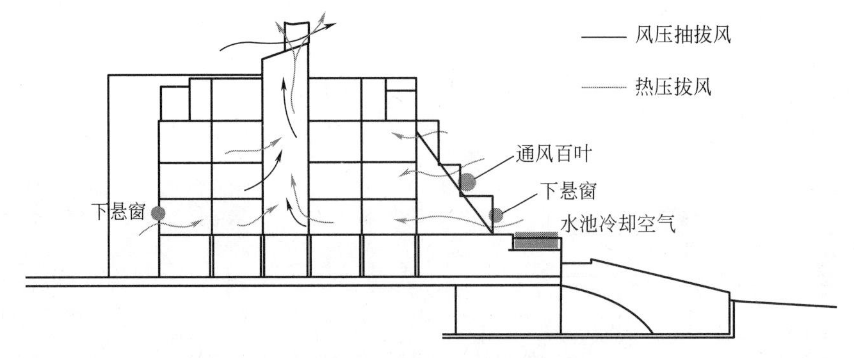

图 229　通风塔拔风示意

图 230　通风塔实景与示意图

对某项目通风塔的通风效果进行测试，可以看到通风塔自然通风所产生的拔风效果平均达到 5.26 次换气次数，最高换气次数为 5.8 次，最低约 4 次，通风效果稳定。而且通风换气次数与底部进风口大小、太阳辐射相关性不大，可见通风塔的设置可补充热压通风的不足，只要保证通风塔排风口面积，在总高不高热压不足的建筑中仍能在过渡季通过风压拔风形成较稳定的通风效果。见图 231、图 232。

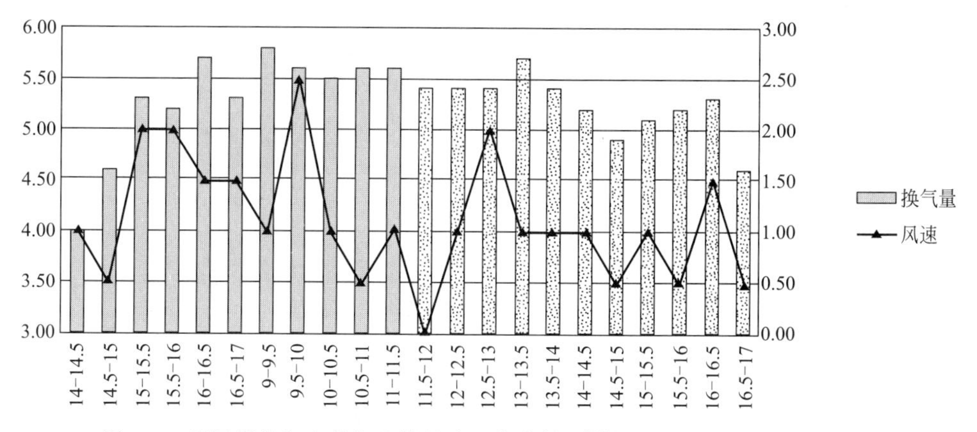

图 231　通风塔换气次数与室外风速环境参数（▨部分为底层通风开口关闭）

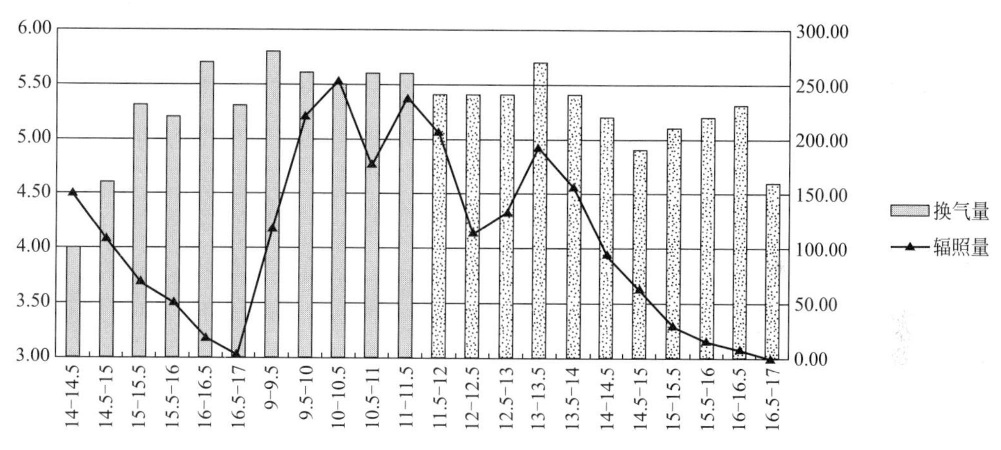

图 232　通风塔换气次数与室外太阳辐射环境参数（▨部分为底层通风开口关闭）

（3）开窗优化

实际有效地开窗面积越大，对通风越有利。而当可开启面积一定时，开窗的位置、开启的方式则对通风有较大影响。除此，建筑中还需要考虑立面效果、采光效果及整体的节能效果。

1）窗扇不同的开启方式通风特点：（见表 61）

开启形式与通风效果　　　　**表 61**

开启方式	示意图	通风剖面矢量	有效开启面积	通风特点
外开上悬			按开启角度 30 度计，窗扇面积的 80%	气流进入房间后略向上抬，竖向剖面上的通风效果与普通平开或推拉窗相近

续表

开启方式	示意图	通风剖面矢量	有效开启面积	通风特点
内开下悬			按开启角度 30 度计，窗扇面积的 80%	气流进入室内后被迅速抬高，同样在窗口高度范围内感受不到较强气流
外推			按外推距离 30cm 计，不足窗扇面积的 60%	气流较为平稳，竖向剖面的通风效果与普通平开或推拉窗相近
		平面矢量		
立轴中转			窗扇面积的 100%	导风效果好，可使气流近直角地大角度转向
外平开			窗扇面积的 100%	有一定的导风入室效果，但不如中转窗导风角度大，而且导风时最好只开下风向一侧的窗扇

开窗的通风优化需要结合立面设计、室内风环境要求与风环境模拟得到的建筑表面风压分布，在不同部位选择合适的窗开启方式。

2）如在换气次数要求较高但对室内风速有控制要求的办公场所即可选择内开的上悬窗，有效通风面积较大而桌面高度气流速度又小。

3）再如立面要求纯净时可选择外推窗，但可适当加大其可开启面积以弥补其有效通风面积的不足。

4）如当立面与主导风向不垂直时，可采用在窗口下风向一侧设单扇外平开窗扇导风入室，或选择立轴中转窗。

5）还可以借助于立面的折线、曲线形等设计改变原有的开窗方向，使开启窗口迎向主导风。

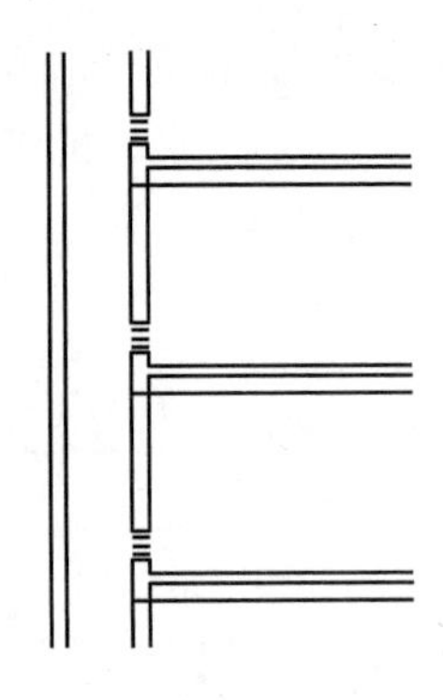

图 233　通风竖井

当窗扇过大、外开有安全隐患而内开影响内部使用的情况下，可采用大面积窗扇固定，而在两个窗扇之间设置细长的可开启通风构造加以解决。如某项目一层所采用的开窗，由于外窗紧临下沉庭院，为兼顾安全与通风，设置竖向可开启通风窄窗，通风效果良好。

（4）通风竖井

当建筑普通开窗较难组织穿堂风（如体量较大，进深较大的建筑）时，而受到空间设置限制难以设置中庭通高空间以拔风时，可采用通风竖井代替。见图 233。

通风竖井的主要作用即为连通上、下空间，使气流可以贯通。竖井平面截面积大小及形状对通风效果影响不大，但竖井底部需设置捕风口，其位置宜选择在气流通畅处，开口迎向来风；结合下沉空间设置的底部捕风口，可以加大竖井的高程，同时地下空间对空气也有一定冷却作用，效果更好；竖井上部一般要与出屋面的通风塔相连通，达到拔风的效果；中部通风竖井与各层通风空间的交汇处均需设置可控通风口，一般使用百叶通风口。

如某项目在南侧设有 7 个、北侧 6 个通风竖井，分布在每个房间窗户旁。地下层竖井空间放大，三面设置可开启窗，使更多经地下空间冷却的气流可以进入竖井。竖井在经过的每层空间均设有电动通风百叶，气流在热压和风压驱动下，沿着各个风道经由布置在各个通风房间的送风口依次进入各个房间。见图 234。

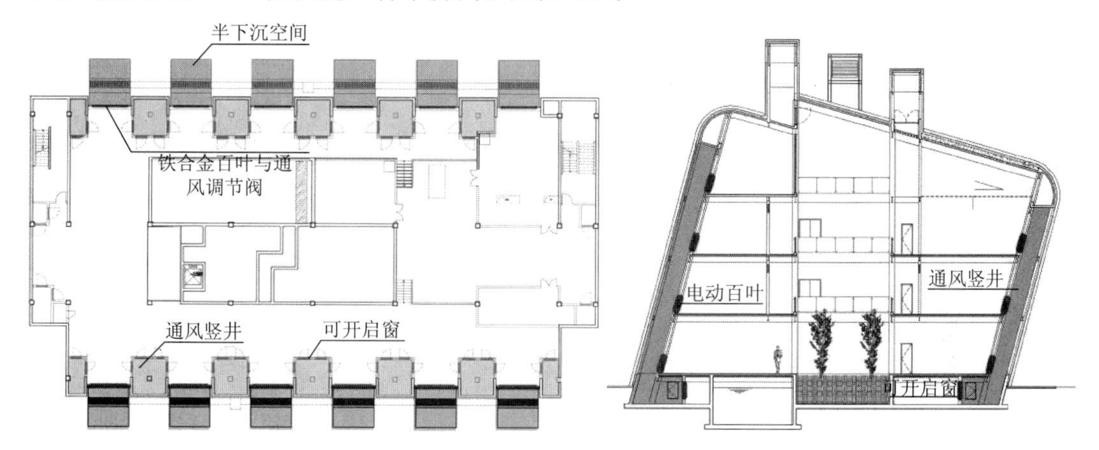

图 234　通风竖井实例 1

另一个项目在架空空间与建筑实体交汇处设置了捕风口，结合底部导风墙设置，使导入的自然风被竖井捕捉，通过竖井与百叶输送到上部空间，与上部中庭与通风塔配合，使拔风效果最大化。见图 235、图 236。

图 235　通风竖井实例 2

(5) 导风墙（板）

当窗口朝向不利于主导风进入时，可通过导风墙、导风板等的设置加以改善；也可利用导风板的设置改变气流在室内的风速分布。

导风墙的设置需要与建筑的造型紧密配合，服从建筑整体风格的设计。一般设在建筑底部，与架空、体形内凹、水景等设计相结合，并配以合理的开启面位置设置。

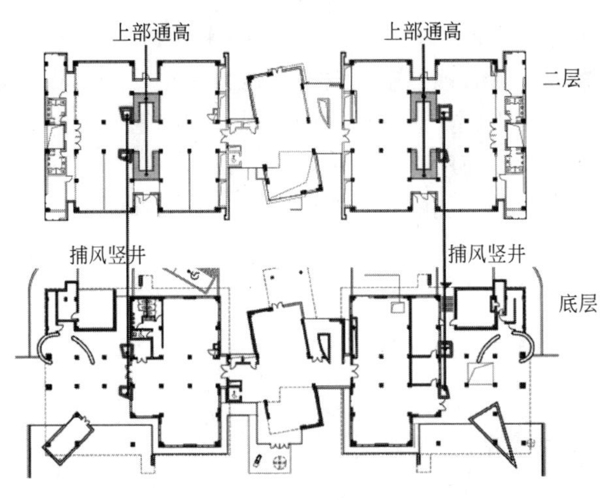

图 236　通风竖井平面示意

如某项目由于建筑朝向为南偏西 24°，与主导风向不一致，结合造型创新性地引入了导风墙元素，使南风能够被引导进入架空空间，加强了建筑的自然通风效果。同时也作为一个活跃的造型因子，以灵动的造型和鲜艳的色彩与主体建筑规则的形体与统一的色调形成对比，丰富了立面色彩与造型。见图 237。

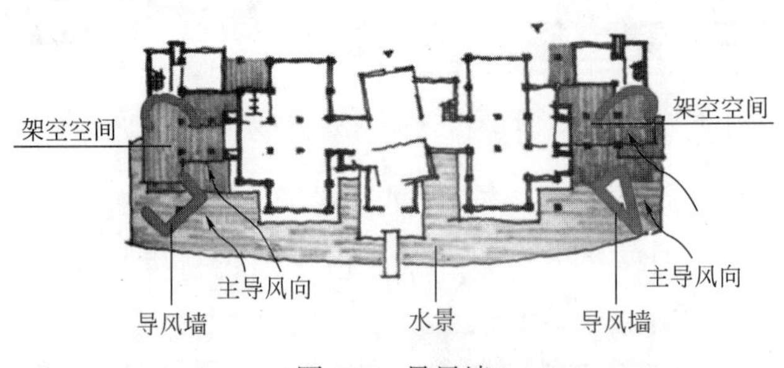

图 237　导风墙

导风板的设置相对灵活，一般设在窗口可开启面附近，所以多与窗扇、窗框相结合，甚至合而为一，直接利用不同开启方式的窗扇导风。

（6）通风百叶

当建筑内通风风路受阻，受功能限制又不能采用完全开敞的大空间时，可在横向隔墙或门上部设置可开启通风百叶，以保证风路的通畅。

但只适用于对背景噪声、私密性要求不高的功能用房；通风百叶距室内地面高度应在人视线高度以上，以保证视线不能穿过；通风百叶应能够手动或电动控制其开闭。见图 238。

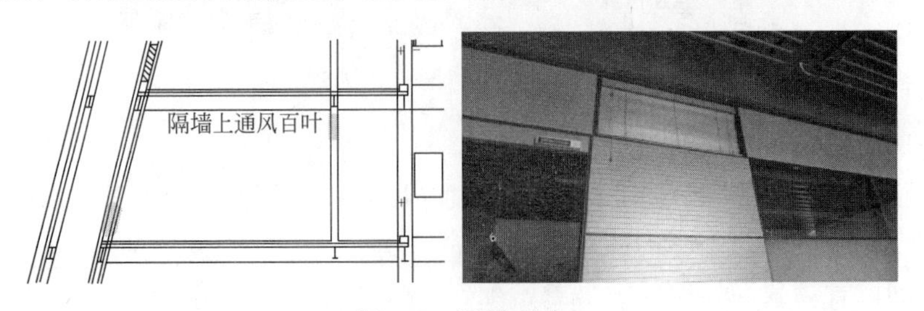

图 238　通风百叶

【问题 94】高层或超高层建筑如何自然通风?

自然通风作为绿色建筑中重要的节能手段之一，在建筑设计中受到广泛的关注。然而，如何合理、安全的采用自然通风措施，依然是高层、超高层建筑中不可回避的问题。

根据《建筑门窗用通风器》JG/T 233—2008 中 3.1 条，关于建筑门窗用通风器的定义如下："安装于建筑外围护结构（门窗、幕墙等）上，墙体与门窗之间，在开启（工作）状态下具有一定抗风压、气密、水密、隔声等性能，并能实现室内外空气交换的可控通风装置》。幕墙通风器可以解决高层和超高层自然通风的难题。见图 239。

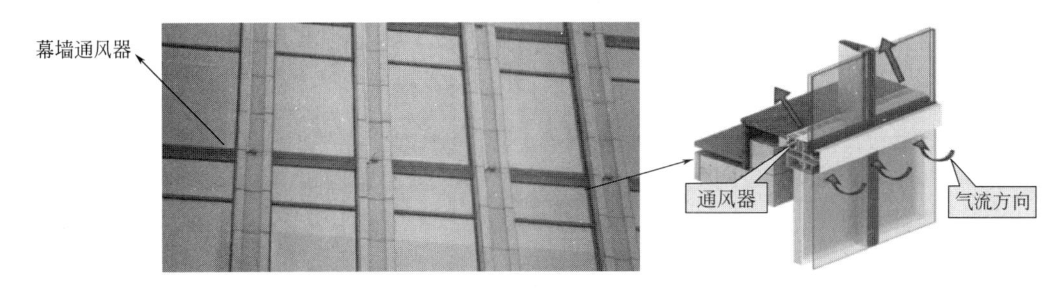

图 239　幕墙通风器

（1）通风器的原理及分类

根据通风器的通风动力不同，可以将通风器分为自然型通风器和动力型通风器。动力型通风器含有电力驱动装置，可以接电源通过电力驱动进行强制室内外通风换气，相当于机械辅助通风。而自然型通风器则不含电力驱动装置，完全依靠自然通风。自然型通风器主要依靠热压原理和风压原理的共同作用进行自然通风，室内外的温差造成室内外的热压，可促使室内外空气流动，而室外自然风产生的室内外风压可促使室外空气通过通风器进入室内。

动力型通风器需要外接电源，现阶段的幕墙型材的设计还无法满足这一要求，因此幕墙之上的通风器都还是自然型通风器。但是，在以后的研发设计中，如果将幕墙型材和智能供电能够成功地结合在一起，那么将大大提高建筑的智能化，给人们带来更加舒适可控的室内空气环境。

此外，按照安装载体的不同可以分为安装在门窗之上的门窗型通风器和安装在幕墙之上的幕墙型通风器。目前市场上，幕墙型通风器的分类主要按照启闭构件和启闭方式的不同来进行分类，可以分为旋转鼓式、翻盖式、旋转百叶式、内倒式、外旋式、平移式、联动式。在实际的产品生产过程中，每种型号通风器的宽度和高度是一个固定值，长度则可以根据幕墙的设计而变化，这样的通风器也被称作条形通风器。

（2）幕墙通风器的优点

1）通风的可控性

幕墙通风器可以解决高层和超高层自然通风的难题。目前市场上每一种型号的通风器都有在 10Pa 和 20Pa 风压下的通风量参数，这使得精确地控制通风量变得可能，并且在通风器中可以加入过滤网和活性炭，可以过滤室外空气，这使得通风器可以控制进入室内的空气质量。

2）通风和隔声、节能、环保、隔热等兼顾

通风器的性能参数需满足相关规范的要求。

3）不会破坏外立面的完整性

由于通风器的开启面都是在幕墙内侧，因此在开启通风时不会破坏外立面的完整性。

4）实用性强，便于维护

通风器结构简单，面板可开启便于清洗，无需维护。此外，通风器风道坡度设计，内设有溢水口，有效预防雨水天气。

（3）幕墙通风器的缺点

1）无法取代开启扇消防排烟的作用

通风器的室内外换风是柔和而平顺的，在发生火灾时无法达到快速排烟的需求，因此在消防排烟方面，通风器是无法取代开启扇的作用的。

2）无法进行标准化生产，价格不菲

幕墙通风器为了适应不同的幕墙工程项目的不同要求，在面对不同的幕墙工程项目时，需要根据不同的要求进行定制化的设计和应用定制的模具来进行生产，因此幕墙通风器无法进行标准化的生产。无法进行标准化生产带来的问题是会使通风器的造价提升，目前无动力自然通风器市场价较高，从百元到千元价位不等，通风器的增加的造价大约占整个幕墙工程的造价的3%～4%。随着通风器生产技术的成熟以及市场的推广，其售价会越来越便宜，于超高层建筑绿色化改造的应用前景也越发广阔。

（4）幕墙通风器的适用性条件

1）需要幕墙通风兼顾节能和隔音需求时：通风器通风克服了开启扇通风的诸多缺点，使得建筑通风可以和节能以及隔音同时兼顾。

2）在不适宜设置开启扇和双层通风幕墙时。

（5）不适宜选用通风器的条件：

1）点支承玻璃幕墙和全玻玻璃幕墙

和开启扇一样，通风器的安装无法满足点支承玻璃幕墙和全玻玻璃幕墙对于幕墙干净通透明亮的外观要求。因此，通风器在点支承玻璃幕墙和全玻玻璃幕墙之上的应用受到较大限制。

2）消防排烟部位

通风器在消防排烟方面无法代替开启扇的作用，因此在建筑需要消防排烟的部位通风器无法取代开启扇的作用。

【问题95】对于设置室内二氧化碳监控系统，人员密度变化较高且随时间变化大的房间一般是指哪些功能房间？每个房间设置二氧化碳监控点数设置多少合理，一般都是安装在什么部分？

设置室内二氧化碳监控系统，主要是通过实施监测室内二氧化碳浓度与新风系统联动，既可以保证室内的新风量需求和室内控制质量，又可实现建筑节能，减少新风系统能耗。

人员密度大、随时间变化大的房间一般是指会议室、餐厅、多功能厅等设置集中空调系统的房间。见图 240。

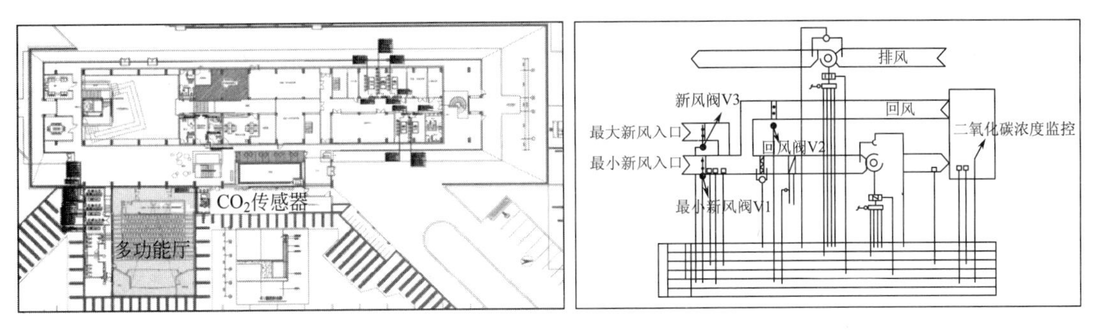

图 240　人员密度大的房间安装二氧化碳传感器平面布置及风机控制原理图

每个房间按照的监控点数没有特别的规定，一般房间建议安装 2～3 个监控点，对于房间面积大的建议安装 6～10 个监控点位。安装部分一般按照高大 1.2～1.4m 之间，便于调节控制即可，部分项目传感器安装在空调箱回风管上。见图 241、图 242。

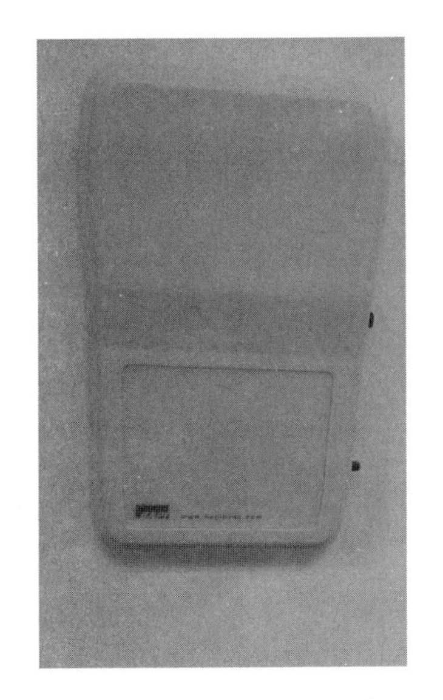

图 241　房间安装 CO_2 传感器

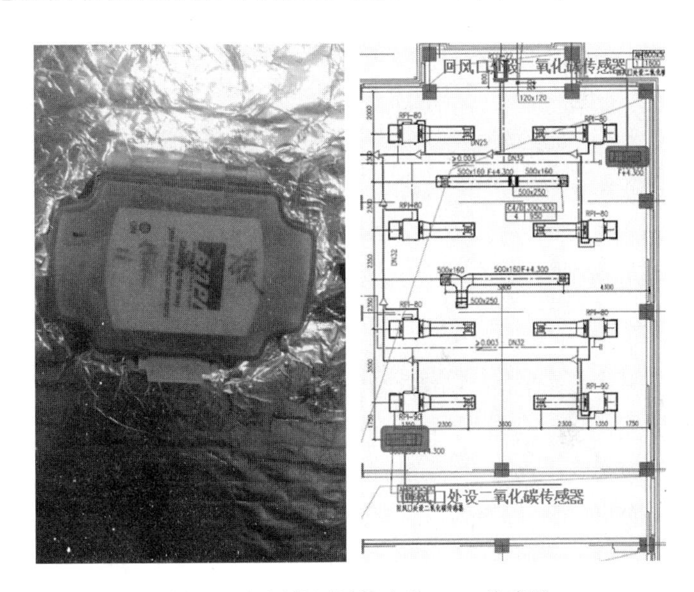

图 242　空调箱回风管安装 CO_2 传感器

【问题 96】设置室内空气质量监控系统时注意哪些要点？关于采用室内 CO_2 浓度控制新风量的方式，新风系统的设计和运行策略是怎样的？设计新风量是按照标准取还是提高？在室内 CO_2 浓度不高的时候，新风应该按什么量供应？在 CO_2 浓度高的时候，新风该按什么量供应？对室内污染物浓度采集分析的布点是否有设置要求？

（1）设置室内空气质量监控系统需要注意要点如下：

① 该条要求是针对人员密度较高且随时间变化大的区域，一般指人员密度超过 0.25 人/m^2，设计总人数超过 8 人，且人员随时间变化大的区域，如会议室、大厅等；

② 设计需要实现室内二氧化碳监控并与通风系统联动；

③ 设计时需要暖通与弱电专业配合，暖通专业提出相应的监测点及控制要求，并给出空调箱控制要求，然后电气专业根据暖通要求，提供相应的控制点表及监控平面布置图。见图 243。

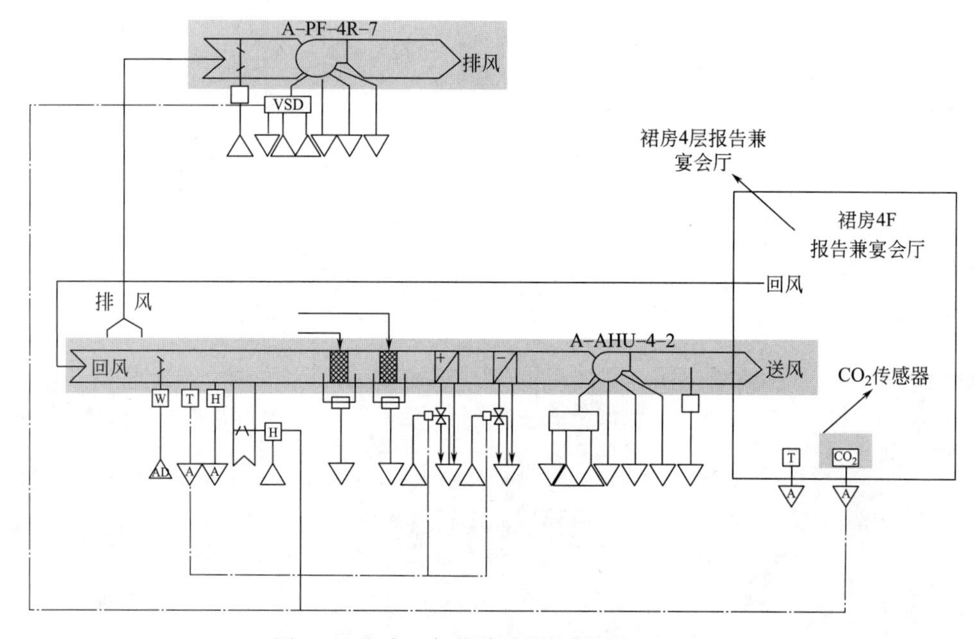

图 243　室内二氧化碳监控控制原理图示例

(2) 室内 CO_2 浓度控制运行策略：

① 空调季节系统根据室内二氧化碳浓度控制排风量、新风量，当空调区域二氧化碳浓度高于 0.10%（1000ppm）时，新风阀全开，回风阀关闭，系统按 100%新风模式运行，直至二氧化碳浓度降为 0.08%（800ppm）恢复正常运行模式。过渡季节采用比例调节方式控制，引入大量新风，可以根据温度传感器及二氧化碳浓度传感器进行新回风比调节。新风量设计标准按照标准要求取值，不需要提高。

② 设置 CO_2 监控的房间室内新风量按照标准要求取值即可，不需要提高。

(3) 监测点位要求：

每个房间安装监控点数没有特别的规定，一般房间建议安装 2～3 个监控点，对于房间面积大的建议安装 6～10 个监控点位。

【评价案例】

某上海办公楼项目，按照绿色三星设计标识进行设计。包含 A、B 两座，为高层办公，其中 A 座塔楼 23 层，主要功能房间为办公，裙楼 4 层，局部 3 层，主要功能房间为商务中心、银行办公、食堂、报告厅等。B 座塔楼 23 层，主要功能房间为办公，裙楼 3 层，局部 2 层，主要功能房间为商务中心、食堂、商业等。见图 244。

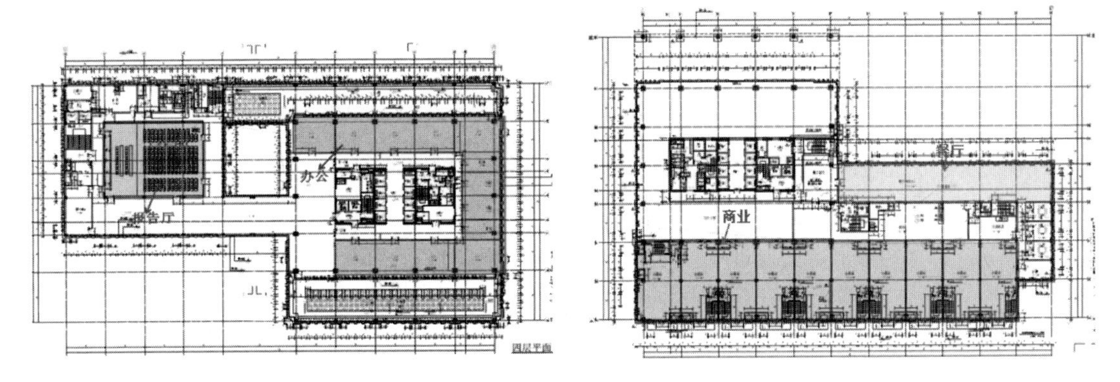

图 244 平面布置图

（1）CO_2 监控设置房间：本项目人员密度大的 A 座报告厅、B 座餐厅内设置 CO_2 传感器，进行数据采集、分析、浓度超标报警，排风机根据室内 CO_2 浓度变频控制，空调箱新风阀相应控制，节省空调系统运行能耗。见图 245。

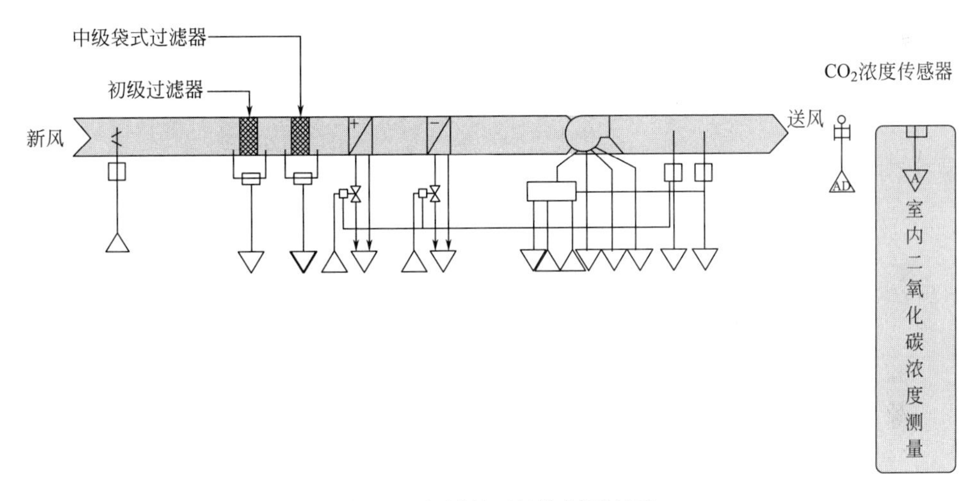

图 245 新风处理机控制原理图

（2）新风量设取值：新风量设计按照标准要求取值，如 B 楼餐厅设置 CO_2 监控措施，新风量按照标准要求进行设置，详见图 246。

内容	夏季			冬季			人员密度（m²/人）	新风量（m³/p·h）	噪音 NC	照明 W/m²
	温度（℃）	湿度（%）	风速（m/s）	温度（℃）	湿度（%）	风速（m/s）				
办公室	25	≤50		20	40		7	30	NC40	9
餐厅	25	≤65	0.15～0.3	20	40	0.10～0.2	1－2.5	23－30	NC45	11
会议室	25	≤65		20	40		2－3	14－11	NC40	9
门厅	26	≤65		18	40		10	10	NC50	7

图 246 B 座餐厅设置 CO_2 监控新风量设置参数

（3）室内二氧化碳点位设置：本项目报告厅设置 4 个 CO_2 监控点位，餐厅设置 3 个 CO_2 监控点位，安装高度为 1.3m。见图 247。

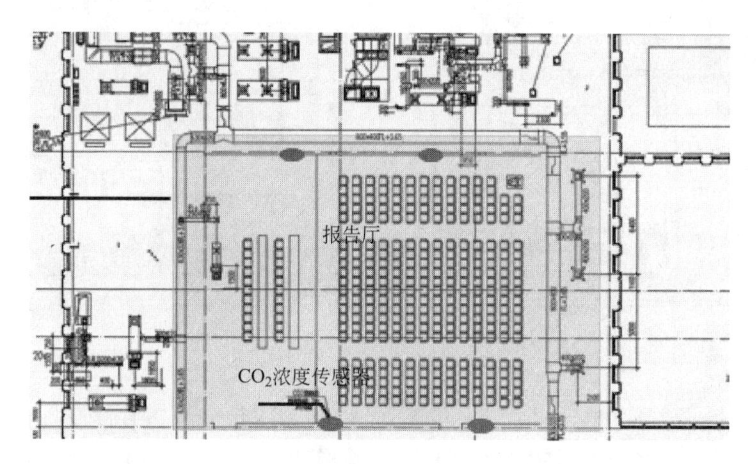

图 247 报告厅 CO_2 监控点位布置

（4）室内运行控制策略：空调季节系统根据室内二氧化碳浓度控制排风量、新风量，当空调区域二氧化碳浓度高于 0.10%（1000ppm）时，新风阀全开，回风阀关闭，系统按 100%新风模式运行，直至二氧化碳浓度降为 0.08%（800ppm）恢复正常运行模式。过渡季节采用比例调节方式控制，引入大量新风，可以根据温度传感器及二氧化碳浓度传感器进行新回风比调节。

【问题 97】绿色施工管理阶段，重点关注哪些要点，常见的表单和工具有什么？

首先要建立绿色施工管理体系，包括：建立绿色施工管理体系和组织机构，并落实各级责任人；制定施工全过程环境保护计划、施工人员职业健康安全管理计划；施工前应进行绿色建筑重点内容专项交底；对施工、采购人员进行绿色培训；在施工过程中完成绿色施工相关文件的收集和整理，现场照片、现场文件等收集，做好施工记录。见图 248～图 250。

第二是对建筑材料的控制，包括：控制施工现场 500km 以内生产的本地建筑材料质量的比例；以废弃物为原料生产的再生建材用量占同类建筑材料的比例，如以工业废弃物、农作物秸秆、建筑垃圾、淤泥为原料生产的水泥、混凝土、墙体材料、保温材料等，以及生活废弃物经处理后制成的建筑材料（粉煤灰砌块，麦秸均质板等）；采用玻璃、木材等可循环材料的利用率；采用高耐久性混凝土、耐候结构钢、耐候防腐涂料；采用耐久性好、易维护的装饰装修建材等。见图 251。

第三是对建筑过程的控制，包括：对施工过程中产生的扬尘、废水、废气、固体废弃物、场地噪声和光污染等进行控制和处理（如电弧焊作业时的遮蔽措施、施工现场周围的绿化加固措施等），并做相应检测及记录；制定并实施施工废弃物减量化、资源化计划，回收利用施工废弃物；制定并实施施工节能、节水、降低材料损耗等的施工方案，监测并记录消耗。见图 252。

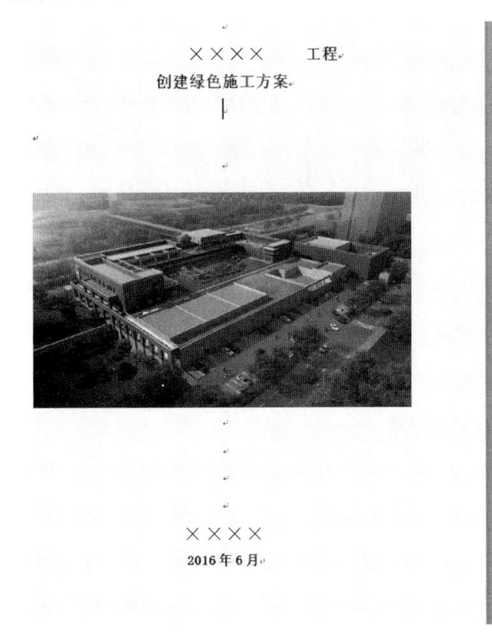

××××　　工程

创建绿色施工方案

××××

2016 年 6 月

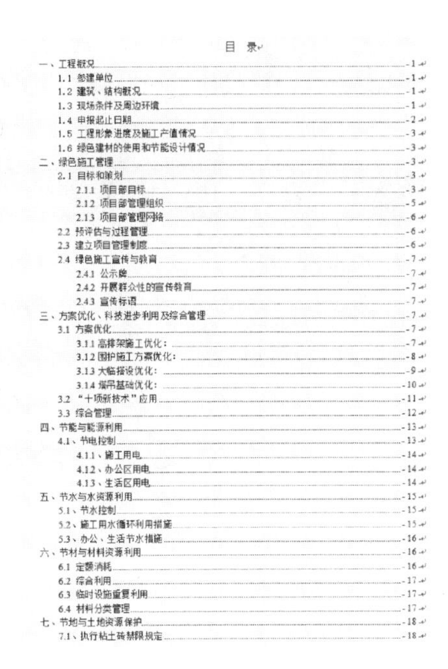

目　录

图 248　绿色施工组织方案

图 249　绿色交底培训

图 250　现场会议

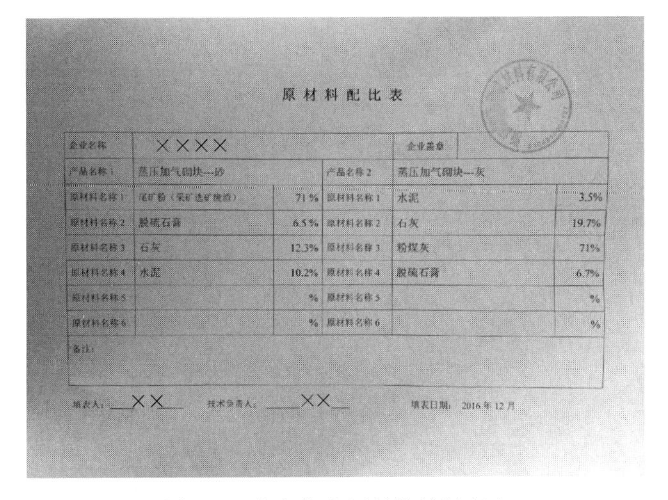

原材料配比表

企业名称	××××			企业盖章	
产品名称 1	蒸压加气砌块---砂		产品名称 2	蒸压加气砌块---灰	
原材料名称 1	尾矿粉（采矿选矿废渣）	71 %	原材料名称 1	水泥	3.5%
原材料名称 2	脱硫石膏	6.5 %	原材料名称 2	石灰	19.7%
原材料名称 3	石灰	12.3%	原材料名称 3	粉煤灰	71%
原材料名称 4	水泥	10.2%	原材料名称 4	脱硫石膏	6.7%
原材料名称 5		%	原材料名称 5		%
原材料名称 6		%	原材料名称 6		%
备注：					

填表人：××　　技术负责人：××　　填表日期：2016 年 12 月

图 251　废弃物为原料的材料配比

图 252　施工过程中扬尘、废水、废气、固体废弃物、场地噪声和光污染等控制

第四是竣工验收，包括：收集并提供各种设备和产品清单、设备检验报告、产品检测检验报告、进场验收记录等竣工验收资料；请有资质的第三方对建筑机电系统、室内外噪声、室内热湿效果、室内空气污染物浓度等进行现场检测；请相关责任单位对机电系统进行调试与试运转。见图 253。

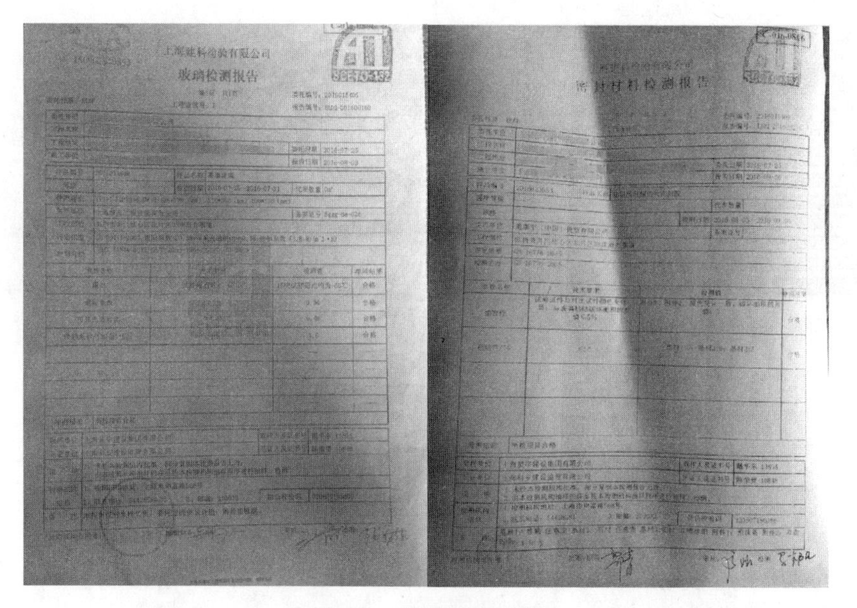
玻璃检测报告

密封材料检测报告

图 253　检测报告示意

需要提供的材料包括但不限于：材料、设备采购合同、工程量决算清单、环境保护计划书、实时记录文件、环境保护自评报告、废弃物回收利用记录以及有关职能部门对环境影响因子（如扬尘、噪声、污水排放）评价的达标证明、施工组织文件、用能、用水、用材方案及消耗记录、相关检测、试验报告、竣工验收证明等。

常用表单示例如表 62～表 68：

环境保护措施实施记录 **表 62**

实施措施		实施时间	责任人签字
文字记录	图像记录		

建筑工程施工废弃物运输用能记录表 **表 63**

工程名称		工程地点	
建筑类型		结构类型	
开发商		承包商	

时间区间	渣土、废弃物、回收品					公务车用油(t)	折算为标煤(t)
	名称	目标地点	数量(t)	运距(km)	用油(t)		
总计							

建筑工程施工用能记录表(一) **表 64**

(施工区用能记录)

工程名称			工程地点			
建筑类型		结构类型		建筑类型		结构类型	
开发商			承包商			
时间区间	施工区					
	生产用电(kW/h)	办公区用电(kW/h)	施工设备用油(t)	其他功能(　)			折算为标煤(t)
总计							

建筑工程施工用能记录表(二) **表 65**

(生活区用能记录)

工程名称			工程地点			
建筑类型		结构类型		建筑类型		结构类型	
开发商			承包商			

续表

工程名称				工程地点			
时间区间	生活区						
	用电（kW/h）	用油（t）	用气（m^3）	其他功能（　）			折算为标煤（t）
总计							

建筑工程施工用能记录表（三） **表66**

（材料、设备运输用能记录）

工程名称			工程地点			
建筑类型		结构类型		建筑类型		结构类型	
开发商			承包商			
时间区间							
	材料、设备名称	源地点	数量（t）	运距（km）	用油（t）		折算为标煤（t）
总计							

降尘措施实施记录 **表67**

工程名称		建设单位	
施工单位		监理单位	
施工阶段		编号	
降尘措施记录			
降尘对象	降尘措施		
填写时间			

降尘检测结果		检测人		检测时间	

建设单位意见 年　月　日	施工单位意见 年　月　日	监理单位意见 年　月　日

降噪措施实施记录　　表 68

工程名称		建设单位	
施工单位		监理单位	
施工阶段		编号	
降噪措施记录			
噪声源	降噪措施		
填写日期			
检查时间		检查人	
建设单位意见 年　月　日	施工单位意见 年　月　日	监理单位意见 年　月　日	

【问题 98】绿色运营管理阶段，重点关注哪些要点，常见的表单和工具有什么？

需要重点关注物业单位制定并实施的节能、节水等资源节约与绿化管理制度；能耗、水耗分项记录完整；对空调系统定时检查、清洗或更换；智能化运作完好；用水水质定期检测；废气、废水、固体废弃物有效分类、回收及处理；建立管理责任制规范化学用品使用；移栽和种植树木的工作记录完整等。见图 254。

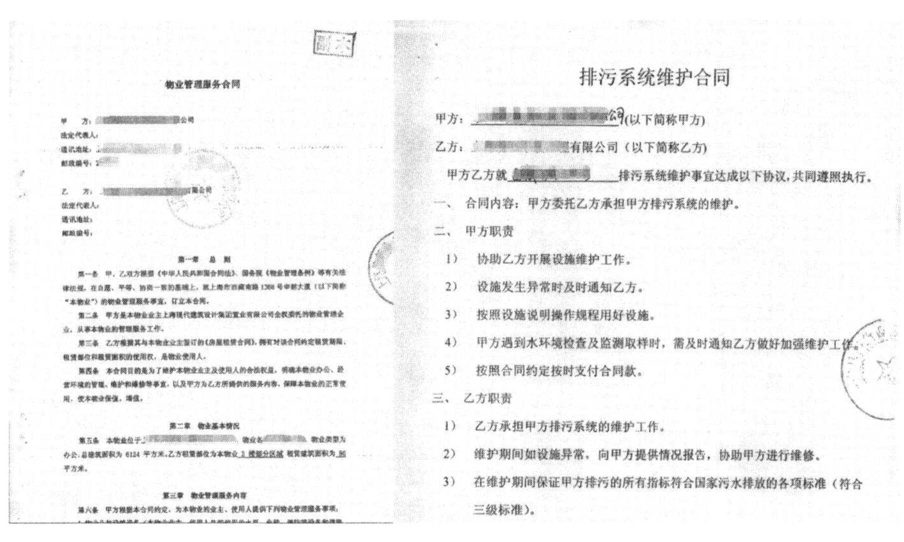

副本

物业管理服务合同

甲　方：公司

法定代表人：

通讯地址：

邮政编码：

乙　方：限公司

法定代表人：

通讯地址：

邮政编码：

第一章　总　则

第一条　甲、乙双方根据《中华人民共和国合同法》、国务院《物业管理条例》等有关法律法规，在自愿、平等、协商一致的基础上，就上海市西藏南路 1368 号中航大厦（以下简称“本物业”）的物业管理服务事宜，订立本合同。

第二条　甲方是本物业业主上海现代建筑设计集团置业有限公司全权委托的物业管理企业，从事本物业的管理服务工作。

第三条　乙方根据其与本物业业主签订的《房屋租赁合同》，拥有对该合同约定租赁期限、租赁部位和租赁面积的使用权，是物业使用人。

第四条　本合同目的是为了维护本物业业主及使用人的合法权益，明确本物业办公、经营环境的管理、维护和维修等事宜，以及甲方为乙方所提供的服务内容，保障本物业的正常使用，使本物业保值、增值。

第二章　物业基本情况

第五条　本物业位于上，物业名，物业类型为办公，总建筑面积为 6124 平方米，乙方租赁部位为本物业 2 楼部分区域 租赁建筑面积为 86 平方米。

第三章　物业管理服务内容

第六条　甲方根据本合同约定，为本物业的业主、使用人提供下列物业管理服务事项。

排污系统维护合同

甲方：公司(以下简称甲方)

乙方：有限公司（以下简称乙方）

甲方乙方就排污系统维护事宜达成以下协议，共同遵照执行。

一、　合同内容：甲方委托乙方承担甲方排污系统的维护。

二、　甲方职责

1）　协助乙方开展设施维护工作。

2）　设施发生异常时及时通知乙方。

3）　按照设施说明操作规程用好设施。

4）　甲方遇到水环境检查及监测取样时，需及时通知乙方做好加强维护工作。

5）　按照合同约定按时支付合同款。

三、　乙方职责

1）　乙方承担甲方排污系统的维护工作。

2）　维护期间如设施异常，向甲方提供情况报告，协助甲方进行维修。

3）　在维护期间保证甲方排污的所有指标符合国家污水排放的各项标准（符合三级标准）。

图 254　运营管理制度与相关文件示意

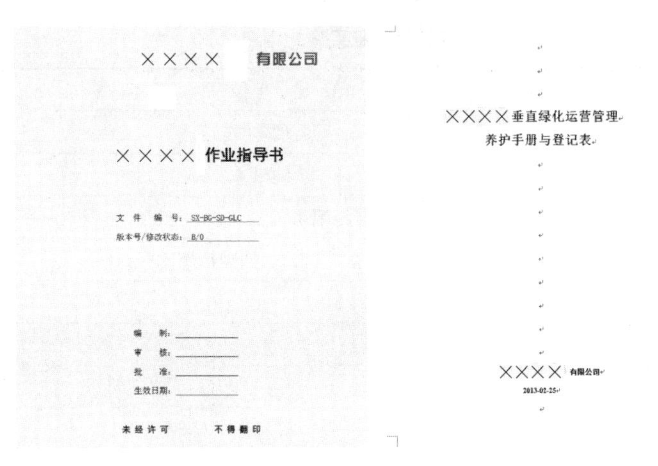

图 254　运营管理制度与相关文件示意（续）

与普通运行管理相比，绿色建筑的运维除了相应增加绿色技术服务的内容，如雨水回用系统、太阳能热水系统、太阳能光伏发电系统、分项计量系统、垂直绿化、屋顶绿化系统等系统或设备等的运行维护外，还应注重从整体运维模式上实现绿色转变。

一是利用信息化手段提高运营管理水平：借助 BIM 技术、BA 技术、能源管理信息技术替代常规手段，转变运维服务模式，提高管理服务水平，降低物业成本。见图 255。

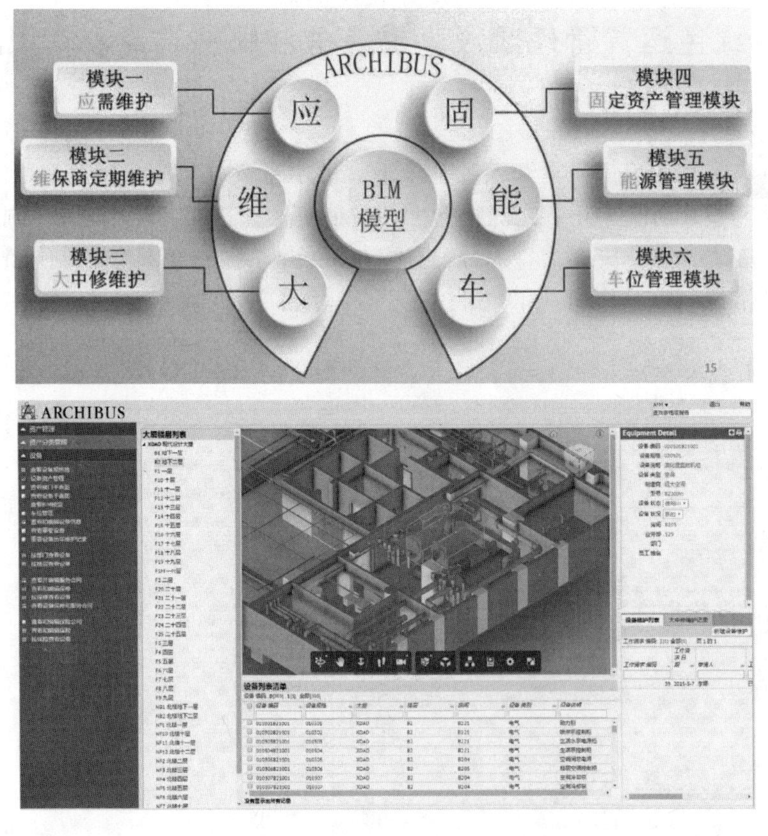

图 255　信息化运营管理模块

二是从安全功能管理向高效管理升级：不仅保证系统安全可靠的正常运行，还要高效，舒适，能够适应环境的变化，如空调新风系统运行与室外环境、室内 CO_2 的关系、空调系统运行与室内外温湿度的关系、雨水系统运行与集水量、降雨量的关系等。见图 256。

图 256　能源管理与分析界面

此外，绿色建筑运营还强调建筑调适，不仅是在施工验收时对围护结构、设备性能进行测试、调整、平衡等调试工作；还包括早期设计阶段的审核、施工阶段的质量审查、施工安装、试运转的测试、培训、运行维护阶段根据运行工况的不断调整、维护与培训，直到建筑整体性能达到最优。

主要用到的表单有运行记录的数据，如用电记录、用水记录、设备运行状况记录、日照巡检记录、收费记录等。示例如图 257 所示。

垂直绿化冷雾点检

13 年 11 月

序号	2楼	3楼	4楼	5楼	6楼	签名	备注
1	✓	✓	✓	✓	✓	[illegible]	
2	✓	✓	✓	✓	✓	[illegible]	
3	✓	✓	✓	✓	✓	[illegible]	
4	✓	✓	✓	✓	✓	[illegible]	
5	✓	✓	✓	✓	✓	[illegible]	
6	✓	✓	✓	✓	✓	[illegible]	
7	✓	✓	✓	✓	✓	[illegible]	
8	✓	✓	✓	✓	✓	[illegible]	
9	✓	✓	✓	✓	✓	[illegible]	
10	✓	✓	✓	✓	✓	[illegible]	
11	✓	✓	✓	✓	✓	[illegible]	
12	✓	✓	✓	✓	✓	[illegible]	
13	✓	✓	✓	✓	✓	[illegible]	
14	✓	✓	✓	✓	✓	[illegible]	
15	✓	✓	✓	✓	✓	[illegible]	
16	✓	✓	✓	✓	✓	[illegible]	

文件编码：RCJL-BG-SD-HJ-02

垃圾清理服务质量表

日期	地点	清运效果	检查人	环卫公司	不合格记录
12/2	11:50	清理	[illegible]		
12/3	11:40	清理	[illegible]		
12/4	11:50	清理	[illegible]		
12/5	11:50	清理	[illegible]		
12/9	11:40	清理	[illegible]		
12/10	11:40	清理	[illegible]		
12/11	11:50	清理	[illegible]		
12/12	11:50	清理	[illegible]		
12/17	11:15	清理	[illegible]		
12/18	11:40	清理	[illegible]		
12/19	11:40	清理	[illegible]		
12/20	11:50	清理	[illegible]		
12/23	11:30	清理	[illegible]		
12/24	11:40	清理	[illegible]		
12/25	11:50	清理	[illegible]		
12/26	11:40	清理	[illegible]		
12/27	11:40	清理	[illegible]		
12/30	11:50	清理	[illegible]		
1/2	[illegible]	清理	[illegible]		
1/3	11:40	清理	[illegible]		
1/6	11:50	清理	[illegible]		
1/7	11:40	清理	[illegible]		
1/8	11:50	清理	[illegible]		

注：如未达到清运标准，检查人记录后需要求环卫公司签字认可，并及时整改。

图 257　运行记录示意

文件编码：BCJL-BG-SB-G[illegible]-01

动力照明系统[illegible]

大厦设备维保记录表

序号	维保内容	所用主要材料名称、规格及数量	保养（维修）人/日期	确认人/日期	备注
2	[illegible]	楼层照明控制箱	[illegible] 12/15	[illegible] 12/16	
4	[illegible]	楼层照明应急控制箱	[illegible] 12/15	[illegible] 12/16	
5	[illegible]	机房设备启动控制箱	[illegible] 12/15	[illegible] 12/16	
6	[illegible]	现场开关/插座	[illegible] 12/15	[illegible] 12/16	
7	[illegible]	常用/应急照明灯/疏导灯	[illegible] 12/5	[illegible] 12/16	
8	[illegible]	楼道照明灯	[illegible] 12/5	[illegible] 12/16	
9	[illegible]	墙面泛光照明灯	[illegible] 12/5	[illegible] 12/16	

189/200

[illegible]2013年10月份电费分摊表

本大楼本月电费使用情况分析表

本月抄见数	上月抄见数	累计读数	倍率	有功读数	总费用	电费单价
[illegible]	[illegible]	42.34	600.00	25704.00	[illegible]	1.07

监耗平台数据测算

实际数		监耗平台总数	数据偏差
总用电数	食堂数量		
25704.00	2112.00	17948.00	5644.000

编号	付款单位名称	能量类别（区域）	电耗	分摊比例	实际耗电	单价	合计	备注
1	[illegible]有限公司	顶层	[illegible]	24.39%	192.92		4086.08	
		6层	[illegible]	100.00%	1303.00			
		大堂	[illegible]	24.39%	746.33			
		地下室	[illegible]	24.39%	656.09			
		监耗数据偏差	5644.00	16.15%	911.43			
2	[illegible]	顶层	791.00	74.07%	585.89		20778.09	
		3-5层	[illegible]	100.00%	7530.00			
		2层	[illegible]	91.82%	2363.45			按2层面积分摊
		大堂	3060.00	74.07%	2266.54	1.07		
		地下室	2690.00	74.07%	1992.48			
		监耗数据偏差	5644.00	82.12%	4634.69			
3	[illegible]公司	顶层	791.00	1.54%	12.18		438.85	
		2层	2574.00	8.18%	210.55			按2层面积分摊
		大堂	3060.00	1.54%	47.12			

		一月	二月	三月	四月	五月	六月	七月	八月	九月	十月	十一月	十二月	
插座		1349.00	2188.00	3891.00	4410.00	4517.00	4095.00	5594.00	5585.00	4650.00	4468.00	4652.00	5291.00	50690.00
	插座设备	1349.00	2188.00	3891.00	4410.00	4517.00	4095.00	5594.00	5585.00	4650.00	4468.00	4652.00	5291.00	50690.00
空调		22789.00	21912.00	16713.00	6894.00	13707.00	16600.00	46171.00	45417.00	21683.00	6652.00	10207.00	38020.00	266785.00
	新风送排室外机	407.00	354.00	220.00	200.00	902.00	621.00	204.00	197.00	195.00	205.00	400.00	5557.00	9462.00
	VRF室内机	1540.00	1713.00	1563.00	1051.00	1275.00	1615.00	2809.00	2826.00	2002.00	1266.00	1280.00	2323.00	21263.00
	新风空调箱	583.00	306.00	405.00	325.00	4846.00	1213.00	511.00	626.00	586.00	536.00	1989.00	4125.00	16051.00
	通风机	6.00	3.00	3.00	2.00	3.00	2.00	2.00	2.00	3.00	2.00	2.00	3.00	33.00
	VRF室外机	20253.00	19556.00	14522.00	5316.00	6681.00	13149.00	42645.00	41766.00	18897.00	4643.00	6536.00	26012.00	219976.00
照明		3537.00	5377.00	7430.00	6162.00	6991.00	5961.00	6756.00	6445.00	6283.00	6141.00	7083.00	8134.00	76300.00
	泛光照明	0.00	0.00	0.00	0.00	0.00	0.00	0.00	0.00	0.00	0.00	0.00	0.00	0.00
	一般照明	3415.00	5186.00	7303.00	6008.00	6870.00	5801.00	6575.00	6202.00	6044.00	5841.00	6776.00	7778.00	73799.00
	应急照明	122.00	191.00	127.00	154.00	121.00	160.00	181.00	243.00	239.00	300.00	307.00	356.00	2501.00
动力		1120.00	1035.00	1376.00	1146.00	1391.00	1212.00	1412.00	1299.00	7059.00	1219.00	1291.00	1645.00	21205.00
	电梯用电	368.00	423.00	565.00	498.00	536.00	494.00	581.00	558.00	526.00	541.00	599.00	645.00	6334.00
	动力	752.00	612.00	811.00	648.00	855.00	718.00	831.00	741.00	6533.00	678.00	692.00	1000.00	14871.00
特殊功能设备		1194.00	1968.00	3037.00	2840.00	2156.00	2000.00	2985.00	2857.00	2344.00	2326.00	2272.00	3011.00	28990.00
	太阳能热水	91.00	114.00	138.00	176.00	80.00	85.00	147.00	38.00	0.00	0.00	45.00	214.00	1128.00
	雨水机房	355.00	341.00	104.00	221.00	212.00	259.00	333.00	236.00	174.00	312.00	211.00	141.00	2899.00
	弱电控制	73.00	0.00	0.00	0.00	0.00	0.00	0.00	3.00	2.00	0.00	0.00	0.00	78.00
	智能控制	46.00	20.00	17.00	13.00	24.00	58.00	103.00	99.00	81.00	55.00	16.00	43.00	575.00
	厨房用电	629.00	1493.00	2778.00	2430.00	1840.00	1598.00	2402.00	2481.00	2087.00	1959.00	2000.00	2613.00	24310.00
	其他设备	/	/	/	/	/	/	/	/	/	/	/	/	0.00

		一月	二月	三月	四月	五月	六月	七月	八月	九月	十月	十一月	十二月	
雨水回收用水	喷雾用水	1	1	1	0	0	1	1	0	1	1	3	0	10
	垂直绿化	0	0	2	3	22	2	4	3	2	10	7	8	63
	道路冲洗、水景补水	3	2	8	6	4	6	5	8	5	14	5	5	71
	绿地浇灌	44	270	25	69	60	34	38	42	46	20	19	9	676
	自来水雨水补水	0	67	26	15	0	0	0	0	0	1	0	0	109
	回收的雨水量	48	206	10	63	86	43	48	53	54	44	34	22	711
		一月	二月	三月	四月	五月	六月	七月	八月	九月	十月	十一月	十二月	
水(m^3)		156	415	222	235	383	180	293	255	270	262	304	317	3292
	盥洗、冲厕用水	49	129	142	123	232	72	171	125	125	134	171	201	1674
	空调用水	9	6	9	8	11	9	10	10	8	8	9	7	104
	厨房用水	49	73	60	41	54	55	63	67	82	75	87	87	793
	回收的雨水量	48	206	10	63	86	43	48	53	54	44	34	22	711
	喷雾用水	1	1	1	0	0	1	1	0	1	1	3	0	10

图 257　运行记录示意（续）

【问题 99】碳排放如何计算？

根据最新的全球碳排放发展趋势报告，截至 2015 年年底，中国碳排放量占全球总排放量的 30%，而且这个数值明显呈现出逐年增加的趋势。

根据相关理论研究，建筑的全生命周期包括建材的生产与运输、建筑施工、建筑的运行维护以及建筑的拆除等阶段。每个阶段都会消耗不同的物质和能源，从而直接或间接释放 CO_2。

建筑的全生命周期排放总量 $LCCO_2$（Life Cycle CO_2）可拆分为 5 部分：

$$LCCO_2 = Cm + Ct + Cc + Co + Cd$$

式中　Cm——建材生产阶段 CO_2 排放量；

Ct——建材运输阶段 CO_2 排放量；

Cc——建筑施工阶段 CO_2 排放量；

Co——建筑运行阶段 CO_2 排放量；

Cd——建筑拆除阶段 CO_2 排放量。

其中 Cm 和 Ct 之和对应《绿色建筑评价标准》GB/T 50378—2014 中的建筑固有的碳排放量；Co 对应《绿色建筑评价标准》GB/T 50378—2014 中标准运行状态下的资源消耗碳排放量。

关于详细计算公式，可参考《建筑碳排放计量标准》CECS374：2014。在这本标准中公式（4.3.3）是计算材料生产阶段建筑碳排放量的，（4.3.4）是计算施工建造阶段建筑碳排放量的。

4.3.3 材料生产阶段建筑碳排放量应按下式进行计算

$$E_{SC}=\sum_{i=1}^{n}(AD_{ZTi}\cdot EF_{ZTi})+\sum_{i=1}^{n}(AD_{WHi}\cdot EF_{WHi})+\sum_{i=1}^{n}(AD_{TCi}\cdot EF_{TCi}) \tag{4.3.3}$$

式中　E_{SC}——材料生产阶段建筑碳排放量（tCO_2）；

AD_{ZT}——主体结构材料使用量（t）；

EF_{ZT}——主体结构材料碳排放因子（tCO_2/t）；

E_{SC}——材料生产阶段建筑碳排放量（tCO_2）；

AD_{WH}——围护结构材料使用量（t）；

EF_{WH}——围护结构材料碳排放因子（tCO_2/t）；

AD_{TC}——填充体材料使用量（t）；

EF_{TC}——填充体材料碳排放因子（tCO_2/t）；

i——材料种类；

4.3.4 施工建造阶段建筑碳排放量计算应按下式计算：

$$E_{SG}=\sum_{i=1}^{n}(AD_{SGDi}\cdot EF_{D})+\sum_{i=1}^{n}(AD_{SGYi}\cdot EF_{Y})+\sum_{i=1}^{n}(AD_{SGMi}\cdot EF_{M})+\sum_{i=1}^{n}(AD_{SGQi}\cdot EF_{Q})+\sum_{i=1}^{n}(AD_{SGQTi}\cdot EF_{QT})+\sum_{i=1}^{n}(AD_{SGSHi}\cdot EF_{SH}) \tag{4.3.4}$$

式中　E_{SG}——施工建造阶段建筑碳排放量（tCO_2）；

AD_{SGD}——施工建造阶段某单元过程中耗电量（kW・h）

EF_{D}——电力碳排放因子［(tCO_2/(kW・h)］；

AD_{SGY}——施工建造阶段某单元过程中耗油量（t）；

EF_{Y}——燃油碳排放因子（tCO_2/t）；

AD_{SGM}——施工建造阶段某单元过程中耗煤量（t）；

EF_{M}——煤炭排放因子（tCO_2/t）；

AD_{SGQ}——施工建造阶段某单元过程中耗燃气量（t）；

EF_{Q}——燃气碳排放因子（tCO_2/t）；

AD_{SGQT}——施工建造阶段某单元过程中其他能源消耗量（t_{ce}）；

EF_{QT}——其他能耗碳排放因子（tCO_2/t_{ce}）；

AD_{SGSH}——施工建造阶段某单元过程中耗水量（t）；

EF_{SH}——水碳排放因子（tCO_2/t）；

i——单元过程种类。

对于建筑生产和运输阶段的 CO_2 排放量可参考清华大学开发的 BELES 建筑环境负荷评价体系。北京工业大学开发的典型材料环境协调性评价 MLCA 数据库及评价软件以及四川大学的 EBALANCE 数据库等。

对于运行阶段的 CO_2 排放量，可根据实际运行中产生的资源消耗量乘以对应的碳排放因子来计算。

主要计算流程如下：

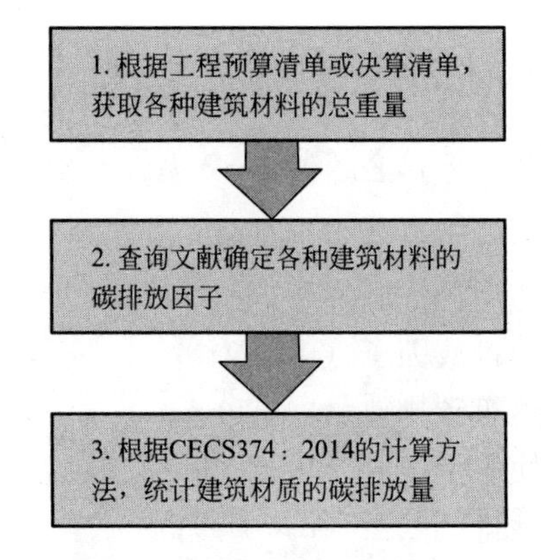

常用建材生产阶段的碳排放因子，供参考。见表 69。

常用建材生产阶段的碳排放因子 **表 69**

材料名称	碳排放因子（tCO_2/单位）
混凝土（m^3）	0.3616
建筑砂浆（t）	0.0001034
钢材（t）	2.79
砌块（t）	0.12
木材（t）	0.0739
玻璃（t）	0.00291
铝合金型材（t）	0.0265
屋面型材（t）	6.26

建筑碳排放计算及其碳足迹分析，不仅有助于帮助绿色建筑项目进一步达到和优化节能、节水、节材等资源节约目标，而且有助于进一步明确建筑对于我国温室气体减排的贡献量。经过多年的研究探索，我国也有了较为成熟的计算方法和一定量的案例实践。绿色建筑作为节约资源、保护环境的载体，理应将此作为一项技术措施同步开展。

《绿色建筑评价标准》GB/T 50378－2014 中 11.2.11 条“进行建筑碳排放计算分析，采取措施降低单位建筑面积碳排放强度，评价分值为 1 分。”

根据《绿色建筑评价标准》GB/T 50378－2014 中 11.2.11 条的条文说明，设计阶段

的碳排放计算分析报告主要分析建筑的固有碳排放量。

根据相关文献资料和课题研究报告，整理出常用建材生产阶段的碳排放因子，如表70所示。

常用建材生产阶段的碳排放因子　　表70

建材类型	CO_2 排放因子	
	数值	单位
型钢	1.722	t/t
钢筋	2.208	t/t
铁	1.01	t/t
水泥	0.894	t/t
预拌混凝土	0.22	t/m^3
加气混凝土砌块	0.291	t/m^3
多孔砖	0.418	t/千块
石灰	1.2	t/t
商品砂浆	0.19	t/m^3
木材	0.074	t/m^3
中空玻璃	0.024	t/m^2
聚苯板	0.341	t/m^3
涂料	0.89	t/t
建筑陶瓷	0.017	t/m^2
沥青	0.028	t/t
砂	0.0031	t/t
碎石	0.0037	t/t

【评价案例】

上海某建筑，地上两层，总建筑面积1283.30m^2，主要功能包括商业、老年康体活动室、居委会、物业管理等。根据该项目的相关图纸和测算书等资料，首先计算出各种建筑材料的重量。然后乘以对应的碳排放因子，可以得到生产阶段的碳排放总量。详细计算数据见表71：

建筑材料重量和生产阶段碳排放量计算表　　表71

建筑材料种类	单位	用量	密度	重量	碳排放因子	碳排放总量
			kg/m^3	t		tCO_2
现浇泵送混凝土(5～40)C20	m^3	119.19	2400	286.06	0.894	255.74
现浇泵送混凝土(5～40)C30	m^3	409.85	2400	983.64	0.894	879.37
现浇现拌混凝土(5～20)C15	m^3	79.05	2380	188.14	0.894	168.20
建筑砂浆	m^3	210.6	2000	421.20	0.19	80.03
乳胶漆	kg	2144.04	—	2.14	0.89	1.90

续表

建筑材料种类	单位	用量	密度	重量	碳排放因子	碳排放总量
			kg/m³	t		tCO_2
多孔砖	m³	159.66	320块/m³	4.79千块	0.418	2.00
钢筋	t	47.44	—	47.44	2.208	104.75
砌块	m³	264.1	600	158.46	0.291	46.11
木材	m³	17.41	600	10.45	0.074	0.77
门窗玻璃	m²	106.44	33kg/m²	3.51	0.024	0.08
聚苯板	m³	72.71	32	2.33	0.341	0.79
合计						1539.76

建材的运输距离准确数据的获取非常困难，特别是对于设计阶段进行碳排放量计算分析时，无法预知所用建材品牌以及其生产地址。即使在建成后准确追溯其距离也不容易。

对于上海以及国内其他地区的建筑材料平均运输距离，当前缺乏相关基础性研究，造成这种基础数据较少见之于文献资料。朱嫣等以中国货运构成为基础，总结归纳各主要建材的平均运输距离于表72中。

主要建材的平均运输距离 **表72**

建材	运输距离(km)	建材	运输距离(km)
砂石	200	玻璃	100
水泥	100	木材	80
钢材	125	涂料	80
墙材	60	非金属矿物	50
陶瓷	105	混凝土砌块	50

数据来源：朱嫣等，住宅建筑生命周期能耗及环境排放案例。

从简化计算方法的角度，对于常规建筑建议取60%重量的建材运输距离为100km，40%重量的建材运输距离为500km进行计算。

结合汽油车和柴油车的耗油指标，可以得到公路运输中汽油车和柴油车的碳排放系数如表73：

公路运输工具碳排放系数 **表73**

运输方式	CO_2排放系数
公路(汽油)	$0.12kgCO_2/(t\cdot km)$
公路(柴油)	$0.16kgCO_2/(t\cdot km)$

本次计算假定所有建材都是由公路（柴油）输送。

建材运输过程的CO_2排放量Ct与建材的重量、运输工具、运输距离有关，相应计算公式如下：

$$\mathrm{Ct}=\sum C_i L_i \eta/1000$$

其中C_i为第i种建材的重量（t），L_i为第i种建材的运输距离（km），η为对应运输

工具的 CO_2 排放系数 [$kgCO_2/(t \cdot km)$]。见表 74、表 75。

建筑材料运输阶段碳排放量计算表 **表 74**

建筑材料种类	单位	用量	密度	重量	距离	碳排放总量
			kg/m^3	(t)	km	tCO_2
现浇泵送混凝土(5～40)C20	m^3	119.19	2400	286.06	100	11.90
现浇泵送混凝土(5～40)C30	m^3	409.85	2400	983.64	100	40.92
现浇现拌混凝土(5～20)C15	m^3	79.05	2380	188.14	100	7.83
建筑砂浆	m^3	210.6	2000	421.2	100	17.52
乳胶漆	kg	2144.04	—	2.14	50	0.08
多孔砖	m^3	159.66	320 块/m^3	4.79 千块	50	0.18
钢筋	吨	47.44	—	47.44	125	2.09
砌块	m^3	264.1	600	158.46	50	5.83
木材	m^3	17.41	600	10.45	80	0.41
门窗玻璃	m^2	106.44	33kg/m^2	3.51	100	0.15
聚苯板	m^3	72.71	32	2.33	60	0.09
总计						86.99

小计：

本项目碳排放计算结果 **表 75**

种类	tCO_2
建材生产阶段碳排放量	1539.76
建材运输阶段碳排放量	86.99
总计	1626.75

具体的减排措施：

(1) 材料的高效利用

首先，建筑与室内设计一体化，可以减少构成建筑体系的要素，减少不必要的材料损失与能耗。本项目的公共部位采用土建专修一体化。

其次，采用高性能的建筑材料，增强建筑材料使用寿命，有助于减少单位时间建筑的碳排放。本项目 HRB400 级以上钢筋用量占钢筋总用量比例为 94.86%。

(2) 可循环和可再利用材料的使用

很多常用的建筑材料的生产和运输都会对环境产生不利影响。选用可循环和可再利用的建筑材料，延长建筑材料的生命周期，不仅可以减少 CO_2 的排放，还能有效控制和减少建筑在建设、使用和废弃后对环境产生的污染。本项目选用的可再循环材料利用率为 10.37%。

结论：

经计算，本项目在设计阶段的碳排放量为 1626.75t，单位面积指标为 1.27t/m^2。

【问题 100】目前全国各省市中有哪些省市将绿色建筑标准作为新建建筑必须执行的标准？这些标准所针对的建筑类型主要是哪些？

目前，全国各个省市均已经出台绿色建筑的发展行动计划（港澳台除外），具体可参见表 76。目前，大多数省份对绿色建筑均有硬性要求，针对对象基本在以下范畴内：

（1）公共机构建筑和政府投资的学校、医院等公益性建筑；

（2）单体超过 2 万 m^2 的大型公共建筑；

（3）建筑面积 10 万 m^2 以上的住宅小区；

（4）政府保障性住房项目；

（5）部分城市的“低碳生态”等新区的新建建筑。

全国各省市、自治区绿色建筑实施行动计划文件摘要 **表 76**

序号	省市及地区	绿色发展行动计划的规定	文号及实施期
1	北京市	◇ 政府投资的建筑、单位建筑面积超过 2 万 m^2 的大型公共建筑，按照绿色建筑二星级及以上标准建设	◇ 京政办发[2013]32 号 ◇ 2013
2	上海市	◇ 所有新建建筑全部执行绿色建筑标准，其中大型公共建筑、国家机关办公建筑按照绿色建筑二星级及以上标准建设。 ◇ 低碳发展实践区、重点工功能区域内新建公共建筑按照绿色建筑二星级及以上标准建设的比例不低于 70%。 ◇ 创建全市绿色施工示范工程，建筑施工业万元增加值能耗下降 10%	◇ 沪府办发[2014]32 号 ◇ 2014～2016 年
3	重庆市	◇ 主城区新建公共建筑自 2013 年起率先执行一星级国家绿色建筑评价标准； ◇ 主城区新建居住建筑和其他区县（自治县）城市规划区新建公共建筑自 2015 年起执行一星级国家绿色建筑评价标准	◇ 渝府办发[2013]237 号 ◇ 2013～2020 年
4	天津市	◇ 新建示范小城镇、保障性住房、政府投资建筑和 2 万 m^2 以上大型公共建筑建设项目未取得建设工程规划许可证的，按照绿色建筑标准进行建设	◇ 津府办发[2014]57 号 ◇ 2014
5	安徽省	◇ 公共机构建筑和政府投资的学校、医院等公益性建筑以及单体超过 2 万 m^2 的大型公共建筑要全面执行绿色建筑标准； ◇ 合肥市保障性住房全部按绿色建筑标准设计、建造。积极引导房地产项目执行绿色建筑标准，推动绿色住宅小区建设	◇ 皖政办[2013]37 号 ◇ 2013
6	福建省	◇ 政府投资的公益性项目、大型公共建筑（指建筑面积 2 万 m^2 以上的公共建筑）、10 万 m^2 以上的住宅小区以及厦门、福州、泉州等市财政性投资的保障性住房全面执行绿色建筑标准	◇ 闽政办[2013]129 号 ◇ 2013

续表

序号	省市及地区	绿色发展行动计划的规定	文号及实施期
7	广东省	◇ 新建大型公共建筑(单体建筑面积在 2 万 m^2 以上)、政府投资新建的公共建筑以及广州、深圳市新建的保障性住房全面执行绿色建筑标准； ◇ 2017 年 1 月 1 日起，全省新建保障性住房全部执行绿色建筑标准	◇ 粤府办[2013]49 号 ◇ 2013
8	广西壮族自治区	◇ 南宁市 2 万 m^2 以上的大型公共建筑、10 万 m^2 以上的住宅小区以及保障性住房全面执行绿色建筑标准，南宁市五象新区的新建 1 万 m^2 以上项目全面执行绿色建筑标准	◇ 桂发改资[2013]1407 号 ◇ 2013
9	贵州省	◇ 对政府投资公益性项目、保障性安居工程等非营利民生项目未执行绿色建筑标准的，一律不予通过审查	◇ 黔府办发[2013]55 号 ◇ 2013
10	海南省	◇ 政府机关办公建筑、政府投资公益性建筑和大型以公共建筑等执行绿色建筑标准的强制性规定，全面实行住宅建筑执行绿色建筑标准	◇ 琼府办[2013]96 号 ◇ 2013
11	河北省	◇ 政府投资的学校、医院、博物馆、科技馆、体育馆等建筑，以及单体建筑面积超过 2 万 m^2 的机场、车站、宾馆、饭店、商场、写字楼等大型公共建筑，自 2014 年起，全面执行绿色建筑标准	◇ 冀政办[2013]6 号 ◇ 2013
12	河南省	◇ 全省新建保障性住房、国家可再生能源建筑应用示范市县及绿色生态城区的新建项目、各类政府投资的公益性建筑以及单体建筑面积超过 2 万 m^2 的机场、车站、宾馆、饭店、商场、写字楼等大型公共建筑，全面执行绿色建筑标准	◇ 豫政办[2013]57 号 ◇ 2013
13	黑龙江省	◇ 政府投资的国家机关、学校、医院、博物馆、科技馆、体育馆等建筑，哈尔滨、大庆市市本级的保障性住房，以及单体建筑面积超过 2 万 m^2 的机场、车站、宾馆、饭店、商场、写字楼等大型公共建筑，自 2014 年起全面执行绿色建筑标准	◇ 黑政办发[2013]61 号 ◇ 2013
14	湖北省	◇ 国家机关办公建筑和政府投资的公益性建筑，武汉、襄阳、宜昌市中心城区的大型公共建筑，武汉市中心城区的保障性住房率先执行绿色建筑标准；自 2015 年起，全省国家机关办公建筑和大型公共建筑，武汉全市域、襄阳、宜昌市中心城区的保障性住房开始实施绿色建筑标准	◇ 鄂政办发[2013]59 号 ◇ 2013
15	湖南省	◇ 政府投资的公益性公共建筑全面执行绿色建筑标准。推动建筑面积 2 万 m^2 以上的大型公共建筑率先执行绿色建筑标准	◇ 湘政发[2013]18 号 ◇ 2013
16	吉林省	◇ 全省地级城市、公主岭市、梅河口市、延吉市的新建住宅项目(未通过施工图审查的)和全省县以上城市政府投资的新建公益性建筑及大型公共建筑项目(未开工的)，应当按照一星级及以上绿色建筑标准进行规划、设计、施工和验收	◇ 吉建发[2014]10 号 ◇ 2014

续表

序号	省市及地区	绿色发展行动计划的规定	文号及实施期
17	江苏省	◇ 全省保障性住房、政府投资项目、省级示范区中的项目以及大型公共建筑四类新建项目，全面执行绿色建筑标准； ◇ 2013 年制定出台《江苏省绿色建筑设计标准》，将一星级绿色建筑控制指标纳入标准强制性条文	◇ 苏建科[2013]589 号 ◇ 2013
18	江西省	◇ 国家机关办公建筑，政府投资的学校、医院、博物馆、科技馆、体育馆等建筑，省会城市的保障房，机场、车站等大型公共建筑，以及纳入当地绿色建筑发展规划的项目应当按照绿色建筑标准规划和建设	◇ 省政府令第 217 号 ◇ 2015
19	甘肃省	◇ 在全新区范围内，由政府投资的国家机关、学校、医院、博物馆、科技馆、体育馆等建筑和单体建筑面积超过 2 万 m^2 的大型公共建筑全面执行绿色建筑标准；保障性住房、房地产开发项目和工业建筑全面推广执行绿色建筑标准	◇ 甘政办发[2013]185 号 ◇ 2013 年
20	辽宁省	◇ 政府投资的党政机关、学校、医院、博物馆、科技馆、体育馆等建筑，沈阳、大连及有条件的市建设的保障性住房，以及单体建筑面积超过 2 万 m^2 的机场、车站、宾馆、饭店、商场、写字楼等大型公共建筑，自 2015 年起率先执行绿色建筑标准	◇ 沈建发[2015]179 号 ◇ 2015 年
21	内蒙古自治区	◇ 政府投资的国家机关、学校、医院、博物馆、科技馆、体育馆等建筑，从 2014 年起全面执行绿色建筑标准； ◇ 我区新建的保障性住房全部执行绿色建筑一星级标准； ◇ 新建单体建筑面积超过 2 万 m^2 的机场、车站、宾馆、饭店、商场、写字楼等大型公共建筑，自 2014 年起全面执行绿色建筑标准	◇ 内政办发[2014]1 号 ◇ 2014 年
22	宁夏回族自治区	◇ 全区保障性住房，新建的国家机关办公建筑，政府投资的学校、医院、博物馆、科技馆、体育馆等公益性建筑，单体建筑面积超过 2 万 m^2 的机场、车站、宾馆、饭店、商场、写字楼等大型公共建筑项目，规划面积超过 10 万 m^2 的住宅小区，申报绿色建筑评价标识的民用建筑等，在建设工程项目立项审查、规划审批、初步设计审查、施工图审查、施工许可、验收备案等环节，必须严格执行绿色建筑强制性标准和管理规定	◇ 宁建（科）发［2016］22 号 ◇ 2016 年
23	青海省	◇ 政府投资的办公楼、学校、医院、博物馆、科技馆、体育馆等公共建筑； ◇ 各市、州集中兴建的保障性住房。新建保障性住房至少要达到《绿色建筑评价标准》确定的一星级标准； ◇ 单体建筑面积超过 1 万 m^2 的机场、车站、宾馆、饭店、商场、写字楼等大型公共建筑； ◇ 国家及我省有其他相关规定，需进行绿色建筑设计的	◇ 青政办[2013]135 号 ◇ 2013 年

续表

序号	省市及地区	绿色发展行动计划的规定	文号及实施期
24	山东省	◇ 政府投资或以政府投资为主的机关办公建筑、公益性建筑、保障性住房，以及单体面积2万 m^2 以上的公共建筑，全面执行绿色建筑标准	◇ 鲁政发[2013]10号 ◇ 2013年
25	山西省	◇ 单体建筑面积超过2万 m^2 的机场、车站、宾馆、饭店、商场、写字楼等大型公共建筑、太原市新建保障性住房全面执行绿色建筑标准	◇ 晋政办发[2013]88号 ◇ 2013年
26	陕西省	◇ 凡政府投资建设的机关、学校、医院、博物馆、科技馆、体育馆等建筑，省会城市保障性住房，以及单体建筑面积超过2万 m^2 的机场、车站、宾馆、饭店、商场、写字楼等大型公共建筑，全面执行绿色建筑标准	◇ 陕政办发[2013]68号 ◇ 2013年
27	四川省	◇ 政府投资新建的公共建筑以及单体建筑面积超过2万 m^2 的新建公共建筑全面执行绿色建筑标准	◇ 川办发[2013]38号 ◇ 2013年
28	西藏自治区	◇ 对政府投资的机关用房、保障性住房、学校和医院以及单体建筑面积超过2万 m^2 的机场、车站、宾馆、饭店、商场等公共建筑，达不到绿色建筑标准的，项目审批单位将不予审批或核准	◇ 藏政发[2014]65号 ◇ 2014年
29	新疆维吾尔自治区	◇ 政府投资的党政机关、学校、医院、博物馆、科技馆、体育馆等建筑，乌鲁木齐市、克拉玛依市建设的保障性住房，以及单体建筑面积超过2万 m^2 的大型公共建筑，各类示范性项目及评奖项目，率先执行绿色建筑评价标准； ◇ 2015年起，其他各地保障性住房执行绿色建筑评价标准	◇ 新政办发[2013]135号 ◇ 2013年
30	云南省	◇ 对政府投资建设的学校、医院、博物馆、科技馆、体育馆等建筑以及昆明市内单体建筑面积超过2万 m^2 的机场、车站、宾馆、饭店、商场、写字楼等大型公共建筑全面执行绿色建筑标准； ◇ 城镇保障性安居工程执行1星级绿色建筑标准	◇ 昆政发[2013]73号 ◇ 2013年
31	浙江省	◇ 全省新建民用建筑按照一星级以上绿色建筑强制性标准进行建设；其中，国家机关办公建筑和大型公共建筑按照二星级以上绿色建筑强制性标准进行建设	◇ 浙建设发[2015]350号 ◇ 2015～2017年